多羔羊育种

——超级母羊育成技术

姜勋平　杨会国　刘桂琼　著

化学工业出版社

·北京·

图书在版编目（CIP）数据

多羔羊育种 : 超级母羊育成技术 / 姜勋平，杨会国，刘桂琼著. -- 北京 : 化学工业出版社，2025. 10.

ISBN 978-7-122-48675-2

I. S826. 2

中国国家版本馆 CIP 数据核字第 2025FR4007 号

责任编辑：邵桂林　　文字编辑：樊贵丹　师明远

责任校对：杜杏然　　装帧设计：韩　飞

出版发行：化学工业出版社

(北京市东城区青年湖南街 13 号　邮政编码 100011)

印　　装：北京科印技术咨询服务有限公司数码印刷分部

710mm×1000mm　1/16　印张 16¾　彩插 2　字数 291 千字

2026 年 1 月北京第 1 版第 1 次印刷

购书咨询：010-64518888　　售后服务：010-64518899

网　　址：http://www.cip.com.cn

凡购买本书，如有缺损质量问题，本社销售中心负责调换。

定　　价：88.00 元

前言

绵羊作为农业经济中的重要家畜，其肉、奶、毛、皮等产品对全球经济贡献显著。本书致力于深化对绵羊育种领域的理解，旨在通过科学方法提升绵羊的生产性能与适应性，进而促进畜牧业的可持续发展。

随着分子生物学和生物信息学的飞速发展，传统的绵羊育种方法也经历了革新。全基因组选择（genomic selection，GS）技术的引入，为育种工作提供了一种基于高密度分子标记的高效策略。该技术通过预测个体的基因组估计育种值（genomic estimated breeding value，GEBV），实现早期选种与加速遗传改良。

本书深入探讨了本品种选育与杂交育种两大策略，前者侧重于优良个体的选择与繁殖，后者则利用品种间的遗传差异，通过杂交重组优势基因，创制新种质。书中通过实例分析，探讨了杂交育种计划的优势与不足，并详细讨论了全基因组选择技术与分子标记辅助选择（molecular marker-assisted selection，MAS）方法在育种计划中的应用。

在精准智能设计育种领域，深入研究基因组学以探索物种基因组结构和功能是必不可少的。通过发掘具有重要育种价值的基因，为精准育种奠定坚实的数据基础。同时，生物技术的广泛应用也是关键，利用基因编辑、基因转移等前沿技术，实现高效、快速的品种改良。利用大数据和人工智能等技术手段推进智能化育种进程也至关重要，以精准管理和优化育种过程，进一步提高效率和准确性。国际交流与合作也需积极推进，通过引进国际先进的育种技术和经验，促进我国育种学科的快速发展。此外，也要培养具备国际水平的育种科学家和工程师，为精准智能设计育种提供坚实的人才支持。

精准智能设计育种是一个充满挑战和创新的方向。研究者应加强研究和实践，不断优化和完善育种技术和方法，为动物农业生产和食品安全作出更大贡献。期待本书能为育种科学家、农业技术人员以及相关政策制定者提供宝贵的知识和经验，以共同推进我国乃至全球肉羊产业的繁荣发展。

本书出版由绵羊种质创新工程（2023A02004）、高性能肉羊核心种源系统选育（2023BAA029）、国家现代农业产业技术体系（CARS-38）和天池英才特聘专家资助。

姜勋平

2025 年 10 月

目录

第一章

绵羊高繁殖力品种

随着我国肉羊产业向集约化、标准化的转型，对适合舍饲的绵羊高繁殖力品种需求日益凸显。这关乎生产效率和经济效益，是转型的核心要素。传统的放牧方式正逐步被集约化舍饲取代，以应对环境压力。现役放牧绵羊品种适应性强，但生长和繁殖性能低。市场需求转向羔羊肉生产，需培育兼具高繁殖力、舍饲适应性和快速生长性能等的新品种。高繁殖力品种培育和应用具有参考价值。品种资源与种质资源有差异，前者是经济价值品种，后者是遗传物质基础。我国的绵羊品种分蒙古羊系、藏羊系和哈萨克羊系，掌握其特性对产业可持续发展至关重要。应利用现代育种技术挖掘和利用遗传资源，提高绵羊生产性能和抗逆性，并引进国外优良品种和技术，促进产业升级和转型。

第一节　我国的主要绵羊品种资源

中国最早的羊骨出土于河北武安磁山文化遗址，表明中国养羊史可追溯至约 8000 年前。随着时间推移，野羊经人工选择，体型和种质特性发生显著变化。因自然和经济条件差异，各地形成了不同的市场消费品种。自 18 世纪起，绵羊品种发展迅速，广泛传播。专家认为，中国家羊不是在同一地域驯化后扩散，而是在不同地域分别驯化、发展和扩散的，整体由北向南流动。我国绵羊品种 89 个，包括地方品种 44 个、培育品种 32 个、引入品种 13 个。

一、地方品种

我国绵羊地方品种资源丰富，在《国家畜禽遗传资源品种名录（2021 年版）》中登记的绵羊地方品种有 44 个，具体见表 1-1。

表 1-1　我国 44 个绵羊地方品种

品种	产地和特点
1. 阿勒泰羊	主要分布在新疆阿勒泰地区，是哈萨克绵羊的一个亚种。其肉质鲜美，被视为新疆羊肉的代表之一
2. 巴尔楚克羊	主要分布在新疆喀什地区的巴楚县，其特点是肉质鲜美、出肉率高，被视为当地的美食佳品
3. 巴什拜羊	产于新疆塔城地区，是哈萨克羊的一个品系。其肉质鲜美，被誉为“新疆羊肉之王”
4. 巴音布鲁克羊	主要分布在新疆和静县，这种羊具有较好的产毛性能和肉质
5. 策勒黑羊	主要分布在和田地区的策勒县，具有适应性强、耐粗饲等特点
6. 大尾寒羊	主要分布在河北、山东、山西等地，是我国著名的肉用绵羊品种之一
7. 迪庆绵羊	产于云南迪庆藏族自治州，是藏系绵羊中的一个品种
8. 多浪羊	主要分布在新疆喀什地区，是当地的主要家畜品种之一
9. 广灵大尾羊	产于山西广灵县，具有生长发育快、肉质鲜美等特点
10. 贵德黑裘皮羊	产于青海贵德县，其毛皮具有很高的经济价值
11. 哈萨克羊	主要分布在新疆北部，是哈萨克族的重要家畜之一
12. 汉中绵羊	产于陕西汉中地区，是我国著名的肉用绵羊品种之一
13. 和田羊	主要分布在新疆和田地区，是当地的主要家畜品种之一
14. 呼伦贝尔羊	产于内蒙古呼伦贝尔市，是当地的主要家畜品种之一
15. 湖羊	主要分布在江苏和浙江地区，是我国著名的多胎绵羊品种之一
16. 晋中绵羊	产于山西晋中地区，是当地的主要家畜品种之一
17. 柯尔克孜羊	主要分布在新疆克孜勒苏柯尔克孜自治州，是当地的主要家畜品种之一
18. 兰坪乌骨绵羊	产于云南兰坪县，具有独特的乌骨和乌肉特征
19. 兰州大尾羊	产于甘肃兰州市，具有生长发育快、肉质鲜美等特点
20. 鲁中山地绵羊	产于山东中部山区，是当地的主要家畜品种之一

续表

品种	产地和特点
21.罗布羊	主要分布在新疆尉犁县罗布泊地区，具有耐盐碱、耐干旱等特点
22.蒙古羊	主要分布在中国内蒙古地区，是当地的主要家畜品种之一
23.岷县黑裘皮羊	产于甘肃岷县，其毛皮具有黑亮的外观和高经济价值
24.宁蒗黑绵羊	产于云南宁蒗彝族自治县，其肉质细嫩、味道鲜美
25.石屏青绵羊	产于云南石屏县，是当地的主要家畜品种之一
26.泗水裘皮羊	产于山东泗水县，具有较好的毛皮品质
27.苏尼特羊	主要分布在内蒙古苏尼特右旗等地，肉质细嫩、味道鲜美
28.塔什库尔干羊	产于新疆塔什库尔干塔吉克自治县，是当地的主要家畜品种之一
29.太行裘皮羊	产于河北和山西两省接壤的太行山区，具有较好的毛皮品质
30.滩羊	主要分布于宁夏的贺兰山地区，其毛皮质量优异，是我国著名的裘皮用绵羊品种之一
31.腾冲绵羊	产于云南腾冲市，是当地的主要家畜品种之一
32.同羊	主要分布于山西、河北和陕西等地，是我国著名的肉用绵羊品种之一
33.吐鲁番黑羊	产于新疆吐鲁番市，具有适应性强、耐粗饲等特点
34.洼地绵羊	产于山东莱州等地，肉质鲜美、脂肪含量低
35.威宁绵羊	产于贵州威宁彝族回族苗族自治县，其毛皮品质优良
36.乌冉克羊	产于新疆北部地区，肉质优良
37.乌珠穆沁羊	产于内蒙古锡林郭勒盟的乌珠穆沁草原，肉质细嫩、味道鲜美
38.西藏羊	主要分布在西藏地区，可适应高寒缺氧的生存环境
39.小尾寒羊	主要分布在河北、山东和河南等地，是我国著名的肉用绵羊品种之一
40.叶城羊	产于新疆叶城地区，是当地的主要家畜品种之一
41.豫西脂尾羊	主要分布在河南省西部地区，肉质鲜美
42.昭通绵羊	产于云南昭通地区，是当地的主要家畜品种之一
43.欧拉羊	产于甘肃省的玛曲县，是我国著名的裘皮用绵羊品种之一
44.扎什加羊	产于青海省玉树藏族自治州曲麻莱县，是中国地理标志农产品

我国畜牧业中，各地绵羊品种各具特色，应用广泛。一些品种以优质肉质闻名，另一些则以出色的毛皮品质受到赞誉。这些品种在牧羊业中占据重要地

位，为畜牧业持续发展提供了坚实基础。

二、培育品种

经长期培育，我国现拥有丰富的绵羊品种资源，《国家畜禽遗传资源品种名录（2021年版）》登记目录中共计32个绵羊品种，详见表1-2。但据最新普查，毛用羊存栏量偏少，需进一步关注研究。

表1-2　我国32个绵羊培育品种

品种	产地和特点
1.新疆细毛羊	产地新疆，特点是体质结实、适应性强、毛质优良，是我国第一个毛肉兼用型细毛羊品种
2.东北细毛羊	产地东北三省，特点是体质结实、耐粗饲、抗寒耐热、适应性强、羊毛品质好
3.内蒙古细毛羊	产地内蒙古，特点是体质结实、结构匀称、毛丛结构良好、羊毛密度大、产毛量高
4.甘肃高山细毛羊	产地甘肃省张掖市肃南裕固族自治县，特点是适应高寒地区生活、羊毛品质优良、肉质鲜美
5.敖汉细毛羊	产地内蒙古赤峰市一带，特点是适应能力强、抗病力强，适于干旱沙漠地区饲养，是较好的毛肉兼用型细毛羊品种
6.中国卡拉库尔羊	产地新疆，特点是适应干旱地区生活，羊毛品质独特，是制作毛毯、地毯等纺织品的优良原料
7.中国美利奴羊	产地全国多个省份，特点是羊毛品质优良、毛丛结构好、净毛率高，是我国培育的第一个毛用细毛羊品种
8.云南半细毛羊	产地云南，特点是适应高原地区生活、羊毛产量高、肉质较好
9.新吉细毛羊	产地新疆吉木乃县，特点是羊毛品质优良、产毛量高、适应性强
10.巴美肉羊	产地内蒙古巴彦淖尔市，特点是生长速度快、肉质鲜美、适应性强
11.彭波半细毛羊	产地西藏彭波地区，可能具有适应高原地区生活、羊毛品质优良等特点
12.凉山半细毛羊	产地四川凉山彝族自治州，可能具有适应山区生活、羊毛产量高等特点
13.青海毛肉兼用细毛羊	产地青海，可能具有毛肉兼优、适应高原地区生活等特点
14.青海高原毛肉兼用细毛羊	产地青海高原，特点与青海毛肉兼用细毛羊相似，但可能更适应高海拔地区生活

续表

品种	产地和特点
15. 鄂尔多斯细毛羊	产地内蒙古鄂尔多斯市，可能具有羊毛品质优良、耐粗饲等特点
16. 呼伦贝尔细毛羊	产地内蒙古呼伦贝尔市，可能具有适应草原地区生活、羊毛产量高等特点
17. 科尔沁细毛羊	产地内蒙古科尔沁区，特点与呼伦贝尔细毛羊相似，但可能更适应科尔沁草原的气候和环境
18. 乌兰察布细毛羊	产地内蒙古乌兰察布市，可能具有羊毛品质优良、耐粗饲等特点
19. 兴安毛肉兼用细毛羊	产地内蒙古兴安盟，可能具有毛肉兼优、适应草原地区生活等特点
20. 内蒙古半细毛羊	产地内蒙古多个地区，可能具有适应性强、羊毛产量高等特点，其羊毛品质和细度可能与内蒙古细毛羊略有差异
21. 陕北细毛羊	产地陕西省北部地区，特点是需要经常运动、对饲养管理要求较高，但羊毛品质优良
22. 昭乌达肉羊	产地内蒙古赤峰市，特点是肉质鲜美、生长速度快、适应性强
23. 察哈尔羊	产地内蒙古锡林郭勒盟，特点是适应草原地区生活、羊毛产量高
24. 苏博美利奴羊	产地新疆博乐地区，特点是羊毛品质优良、产毛量高
25. 高山美利奴羊	产地新疆高山地区，特点是适应高山地区生活、羊毛品质优良
26. 象雄半细毛羊	产地西藏阿里地区，特点是适应高原地区生活、羊毛产量高
27. 鲁西黑头羊	产地山东鲁西地区，特点是肉质优良、生长速度快
28. 乾华肉用美奴羊	产地吉林省乾安县，特点是肉质优良、生长速度快
29. 戈壁短尾羊	产地内蒙古，特点是短尾、适应干旱地区生活和放牧
30. 鲁中肉羊	产地山东地区，特点是生长快、产肉性能好
31. 草原短尾羊	产地内蒙古呼伦贝尔地区，特点是短尾明显、耐寒耐粗饲
32. 黄淮肉羊	产地河南黄淮流域，特点是繁殖力强、肉质好

三、引入品种

官方目录中引入了 13 个绵羊品种及配套系，包括夏洛来羊、考力代羊、澳洲美利奴羊、德国肉用美利奴羊、萨福克羊、无角陶赛特羊、特克赛尔羊、杜泊羊、白萨福克羊、南非肉用美利奴羊、澳洲白羊、东佛里生羊、南丘羊。

第二节　高繁殖力绵羊品种资源

绵羊群体繁殖能力用繁殖率表示，即羔羊数与能繁母羊数的百分比。繁殖率＞200％为高繁殖力品种；＜100％为低繁殖力品种；100％～200％为中等繁殖力品种。多数放牧绵羊品种为低繁殖力品种，季节性繁殖，产单羔，但品系、家系中也可能有高繁殖力遗传基因。例如，蒙古羊中有产双羔的家系。全球绵羊品种约1400个，其中高繁殖力品种（系）约占0.1％，饲养量占1％。高繁殖力品种性能详见文献［1］。

一、湖羊

湖羊主产于浙江的吴兴、嘉兴和江苏的吴江等地，是我国特有的羔皮羊品种，属于蒙古羊系。目前主要用于羔羊肉生产。湖羊被毛呈白色，头狭长，公母羊均无角，耳大下垂，体躯狭长，背腰平直，体质结实，四肢纤细而高（图1-1和图1-2）。

图1-1　湖羊（公）

图 1-2　湖羊（母）

湖羊在生产性能方面表现出色，成年公羊和母羊体重分别可达 76kg 和 48kg，屠宰率也较高。在繁殖方面，湖羊能实现高频繁殖，且胎产羔数多。湖羊被广泛用于纯种繁育和杂交利用，展现出显著优势。

湖羊适应性强，在规模化舍饲环境中表现出色。早期生长发育速度快，舍饲模式降低了劳动量，提高了劳动生产率。但舍饲养殖成本较高，对饲料品质要求严格，疫病防控难度加大，技术要求也较高。湖羊体型较小，纯种商品羊在生长后期增长速度较慢。

总之，湖羊在规模化舍饲养殖中展现出优势和局限性，应充分挖掘其优势并改进局限性，合理选择和使用品种。

二、小尾寒羊

小尾寒羊源自山东、河北南部和河南东北部，因其适应性强、耐寒、耐粗饲、生长速度快和肉质优良而受养殖者喜爱。随着技术的进步和市场需求的变化，其饲养范围扩大至东北、新疆和内蒙古等地。在东北，其具有的耐寒性使其能在严寒冬季保持健康生长；在新疆和内蒙古，其具有的耐粗饲和快速生长特性使其成为牧民的重要经济来源；在河南，气候和土地条件适宜其生长。消费者对高品质羊肉的需求增长，使得小尾寒羊市场前景广阔，并且现代养殖技术提高了饲养效率和品质，增强了市场竞争力。小尾寒羊的扩大饲养以及相应的技术上的提升为养殖者带来了经济效益，也为消费者提供了美味健康的羊肉。展望未来，市场需求变化和养殖技术创新必将促进小尾寒羊养殖业的快速发展。

小尾寒羊毛色多为白色，少数个体臀部有色斑。公羊角呈螺旋状，母羊角较小。耳朵大而下垂，体质坚实，胸部宽阔，肋骨开张良好，背部和腰部平直。体躯长而呈圆筒状，四肢粗壮，脂尾短小（图 1-3 和图 1-4）。

图 1-3　小尾寒羊（公）

图 1-4　小尾寒羊（母）

小尾寒羊生产性能突出，体重稳步增长，成年公羊体重可达 94.1kg、母羊 57.3kg。周岁公羊屠宰率高达 52.5%，显示优质肉质。繁殖能力强，胎产羔率高，春秋季发情，利于舍饲生产。

利用效果显著，纯种繁育提升种群质量，杂交改良展现杂种优势，提高生长速度、繁殖性能、适应性和抗病性。

规模化舍饲下优势显著，但骨架大、食量大、净肉率低，需掌握先进养殖技术和管理经验，控制饲料成本，加强疾病防控。

三、东佛里生羊

东佛里生羊是荷兰与德国优质乳用绵羊品种，被誉为“绵羊界的荷斯坦”，其产奶性能优异，乳房发育发达，乳脂率高。繁殖性能出色，产羔率高。母羊10个月龄初次配种，公羊为18个月龄。成年公羊体重90～120kg，母羊70～90kg。泌乳期260～300d，产奶量500～810kg，乳脂率6％～6.5％。

东佛里生羊在羔羊胴体均一性方面存在不足，影响养殖效益。国内外养殖场采用与萨福克羊、杜泊羊、特克赛尔羊等肉羊杂交，提升后代生长和繁殖性能。

经数个世纪的饲养与改良，东佛里生羊成为高产奶量品种，其性格温顺，适应固定式挤奶系统。其在温带气候地区适应性强，辽宁、北京、内蒙古等地成功引进并养殖，但部分区域适应性差，饲养效果不理想。

东佛里生羊具有的高产奶量、高乳脂率、高繁殖力等优势，是畜牧业发展的关键因素。饲养中需重视饲料配比和疾病预防。虽在规模化舍饲中优势显著，但仍面临挑战。控制饲料成本、加强疾病防控、提升养殖技术是实现可持续发展的关键。

四、策勒黑羊

策勒黑羊是新疆和田地区的优良多胎绵羊品种，以多胎繁殖和优质黑色螺旋形花卷羔皮闻名。其肉质营养丰富，被誉为“草原瑰宝”。

策勒黑羊主要产于策勒县，该县地处高寒干燥地区，适合其生长。该地区植被丰富，为策勒黑羊提供了充足食物。起源不明，但经过长期选育，已发展成为可适应干旱环境的优良品种。

策勒黑羊以季节性放牧为主，饲草多样，辅以精料。其羔皮品质高，繁殖力强，适应性强。但种群数量少，生长发育慢，需加强选育和饲养管理。

外貌上，策勒黑羊体型中等偏大，被毛黑色，头窄长，耳大下垂，体躯长，骨骼发育好，肌肉不发达，四肢匀称，尻部大，尾锥形下垂。公羊有角，母羊多无角（图1-5和图1-6）。

策勒黑羊公羊平均体重59kg、母羊42kg，体尺、体重指标存在性别差异，但离散程度适中，体型稳定。羔皮品质好，皮毛卷紧密，每一个毛卷之间贴合紧实，排列紧凑，但光泽不佳。羔羊屠宰时间因用途而异。策勒黑羊产毛量较低，每年剪毛两次。繁殖性能卓越，全年可发情，繁殖率高。发情高峰期在 4～5 月和 11 月，妊娠期约 148～149d。平均产羔率高，新生羔羊体重适中，断奶后成活率高。

图 1-5　策勒黑羊（公）

图 1-6　策勒黑羊（母）

五、皮山红羊

皮山红羊，别名土羊、木吉羊或哈萨克羊，是新疆和田地区特有的多胎肉羊品种。该品种以体格健壮、性情温和、高繁殖率和强大的抗逆性著称。皮山红羊适应性强，能在干旱条件下生存，适合舍饲或放牧，毛色偏红棕色，遗传性能稳定。

2021年的调查显示，皮山红羊在和田地区的存栏量约为9.1万只，其中皮山县、墨玉县和和田县为主要产区。和田地区具有适宜的气候条件和丰富的光能资源，为皮山红羊提供了理想的生长环境。

皮山红羊公羊平均体重76kg、母羊52kg，体型结实匀称。它们在5～6月龄性成熟，全年发情，发情周期为17～21d，妊娠周期为150d。羔羊60日龄断奶成活率超90%，母羊两年可产三胎，展现出卓越的繁殖性能。

皮山红羊的平均繁殖率高达129.6%，在散养条件下表现出色。养殖户通常在沟渠林带、林果地等地区放牧，冬春季少量补饲。2018年建立的皮山红羊繁育基地，推动了该品种高繁性状的开发与利用。

六、和田羊

和田羊是新疆和田地区的特有地毯毛型绵羊品种，具有优良毛质和强适应性。其主要分布在奥依托格拉克乡和阿羌乡等干旱、阳光充足地区，生态环境良好。1952年，新疆创建了于田地方羊场，专门负责培育和田羊。通过选育和建立基础母羊核心群，提升了羊群品质。和田羊羊毛优质，适用于纺织地毯，享誉国际。

和田羊体型小，公羊多具螺旋形角，母羊多无角，四肢修长匀称。短脂尾形态多样，毛色多样。产肉性能卓越，肉质细嫩、口感鲜美且营养丰富，受消费者喜爱。产毛性能可观，毛质细腻保暖，适合纺织高品质羊毛制品。繁殖性能强，发情期长，受胎率和繁殖成活率高。

和田羊品种经自然选择和人工饲养选育，适应性强，成为新疆重要羊种之一，存栏量大。其饲养方式多样，肉质鲜嫩、营养丰富，毛皮价值高，市场潜力大。

第三节　高繁殖力品种在遗传改良中的用途

高繁殖力品种主要用于舍饲养殖。在舍饲品种缺乏的地区，可以用高繁殖力品种对本地品种进行级进杂交，然后用高代杂种进行舍饲养殖。

一、高繁殖力品种作母本的杂交效果

通过利用高繁殖力品种作为母本与生长速度快的父本杂交，能提高肉羊生产效率和竞争力。湖羊是江苏和浙江两地的主要全舍饲绵羊品种，与引入品种杜泊羊杂交后展现出良好的生产效果。但随着杜泊羊级进杂交代数增加，湖羊血缘比例低于1/4时，母羊产羔数会明显下降。这一发现对优化杂交方案和提高生产效率具有重要的指导意义。我国肉羊生产正由放牧转向舍饲，通用规则是“本地选母，异地选公”。但本地放牧品种不适合舍饲，因此引入外地父本和母本品种进行规模化生产。湖羊作为母本被引入多个省区，与世界知名父本品种杂交，舍饲表现良好，展现出显著的杂交优势（表1-3）。

表1-3 引入品种和湖羊杂交后代的生产性能

杂交组合	初生重/kg	6月龄重/kg	6月龄体长/cm	6月龄体高/cm	6月龄屠宰率/%	6月龄净肉率/%
杜湖	3.57	39.68	63.60	60.40	53.03	46.69
特湖	4.04	39.92	71.38	62.36	50.17	39.12
陶湖	3.99	35.30	68.12	57.81	51.10	38.72
萨湖	3.95	35.16	71.50	57.80	51.90	40.29
澳湖	4.60	41.78	72.81	62.13	51.21	40.05
夏湖	3.31	—	—	—	—	—
美湖	3.83	—	—	—	—	—

注：杜湖—杜泊羊×湖羊；特湖—特克赛尔羊×湖羊；陶湖—无角陶赛特羊×湖羊；萨湖—萨福克羊×湖羊；澳湖—澳洲白羊×湖羊；夏湖—夏洛来羊×湖羊；美湖—美利奴羊×湖羊。

湖羊在舍饲条件下生产性能无地域差异，表现良好。用多种引入品种为父本与湖羊杂交，F1代在生长和屠宰性能上有杂种优势。但湖羊作为放牧品种表现不佳，放牧能力弱，羔羊成活率低。小尾寒羊是我国的另一高繁殖力品种，放牧能力强于湖羊，舍饲适应性较差，需设运动场，在放牧补饲的家庭羊场表现良好，引入品种与小尾寒羊杂交的F1代生长和繁殖性能也较好（表1-4）。

表 1-4 引入品种和小尾寒羊杂交后代的生产性能

杂交组合	初生重/kg	3月龄重/kg	6月龄重/kg	6月龄体长/cm	6月龄体高/cm	屠宰率/%
杜寒	3.03	24.36	38.60	38.60	63.80	49.44
陶寒	3.75	22.33	40.09	40.09	64.19	51.60
波寒	4.26	19.56	37.42	37.42	61.55	50.50
萨寒	4.19	21.73	41.50	41.50	60.95	51.90
东寒	3.15	21.51	43.43	43.43	72.10	46.76
美寒	3.93	24.60	—	—	—	—

注：杜寒—杜泊羊×小尾寒羊；陶寒—无角陶赛特羊×小尾寒羊；波寒—波德代羊×小尾寒羊；萨寒—萨福克羊×小尾寒羊；东寒—东佛里生羊×小尾寒羊；美寒—美利奴羊×小尾寒羊。

从表 1-3 和表 1-4 可以看出，绵羊繁殖性能的杂种优势显著。用高繁殖力品种与低繁殖力品种杂交，杂交后代的产羔数显著增加。随着高繁殖力品种血液在各级杂交组合中的比例降低，后代的产羔数随之减少。

二、高繁殖力品种作父本的遗传改良效果

用高繁殖力品种作为父本与低繁殖力品种母本结合，可实现良好的遗传改良效果。罗曼诺夫羊作为高繁殖力品种，已成功推广到全球多个国家。将其与法国肉用品种杂交，F1 代窝产羔数提升 40%以上；与西班牙阿拉贡粗毛羊杂交，F1 代繁殖率提高至 172%。在匈牙利和前南斯拉夫，罗曼诺夫羊作为父本改良当地羊繁殖性能，效果显著。芬兰羊在杂交改良中也表现出良好的繁殖性能。在爱尔兰，芬兰羊与孟洛威母羊杂交，后代产羔数明显提升。在新西兰和美国，芬兰羊作为父本杂交，后代的经济效益和性能指标均优于纯种羊。

然而，导入杂交改良需要合适的自然条件和生产环境配合，否则可能导致失败。例如，前南斯拉夫利用芬兰羊和当地考索夫羊杂交，F1 代羔羊出生后死亡率高达 47.2%，原因是杂交羔羊生长发育快，但母羊泌乳量少，营养不足导致成活率低。

三、引种数量和引入地持续选育

从多国引种成功案例看，这些国家初期引入品种少，但重视持续选育和应

用，包括优化改良品种以增强适应性和生产性能，以及合理利用和管理引入品种。

罗曼诺夫羊在美国经过 200 多年选育，已完全适应当地环境，其生产性能与俄罗斯同类相当，显示选育和应用的重要性。选育是人工选择过程，可改善遗传组成，而合理应用则需了解并利用物种特性。

我国种羊业常陷入“引种—退化—再引种”怪圈，仅引入新品种而不持续选育，导致品质下降。快繁技术和市场需求推动品种扩繁和炒种，但投机心理可能损害品种质量。国家应加强品种管理和市场监管。

在育种领域，业内共识是保留优质资源至核心群体，因此引种后的选育工作必不可少。持续选育提升引入品种的经济性和有效性，降低疫病风险，提升群体品质和性能。我国应重视持续选育，提升肉羊产业竞争力。

四、在繁殖群中高繁殖力品种血缘比例应控制在较高水平

在繁殖群管理中，维持高繁殖力品种血缘的高比例对于提升整体繁殖性能至关重要。二十世纪七八十年代，法国和加拿大通过引入罗曼诺夫羊显著提升了经济效益，其高繁殖力和生长速度快的特性使陶罗 F1 母羊在产羔数上显著优于当地品种，从而展现出卓越的综合效益。实践表明，当高繁殖力品种血缘比例控制在 1/4～1/2 时，繁殖率较高；而低于 1/4 时，繁殖率则显著降低。因此，在选育新品种或设计杂交组合时，应将高繁殖力品种血缘比例维持在约 50%，以最大化繁殖性能。

罗曼诺夫羊因其高繁殖力和生长速度快等优势，在全球范围内得到广泛应用，成为养殖场提升效率和生长速度的优选品种。类似地，我国新疆、内蒙古等地也曾通过引入湖羊或小尾寒羊与当地品种杂交，实现 F1 代产羔数的显著提升，进而带来显著的经济效益。然而，部分地区采用本地公羊与 F1 代母羊杂交的方式，导致后代产羔数下降，这主要归因于杂交后代中仅含有 1/4 的湖羊或小尾寒羊血缘，凸显了保持适当高繁殖力品种血缘比例的重要性。

在影响绵羊产羔数的诸多因素中，母羊自身的遗传因素是内因，品种间和品种内个体间均存在显著差异。此外，饲料营养价值对于母羊的正常发情、配种以及提高配种受胎率和羔羊成活率同样重要。其中，饲料中的能量和蛋白质对母羊的繁殖能力和产羔数具有显著影响，而矿物质和维生素等也发挥着不可或缺的作用。

针对世界各国高繁殖力绵羊品种的研究及其在杂交改良和新品种选育中的

应用表明，保持育成品种或杂交母羊中高繁殖力品种的血缘比例是提高繁殖性能的关键。通过引入高繁殖力品种进行杂交生产，并维持其血缘比例在较高水平（约50%），可以有效加快育种进程和提升生产效率。同时，对引入的高繁殖力品种进行持续选育，有助于保持并优化其优良基因，进一步提升品种质量和生产效益。

在实施高繁殖力绵羊品种的应用研究时，需综合考虑生态环境、饲养条件和市场需求等因素。不同地区的气候、土壤和饲料资源等条件将影响绵羊的繁殖性能和生长表现。因此，在选择引入高繁殖力品种时，需结合当地实际情况进行综合分析。此外，随着消费者对羊肉品质和口感要求的不断提高，选择适应市场需求的高繁殖力品种对于实现更好的经济效益和社会效益至关重要。

总之，通过对世界各国高繁殖力绵羊品种的研究及引种经验总结，可以为我国肉羊产业发展和高繁殖力品种选育提供有益的参考。在引入高繁殖力品种时，需注重保持适当的血缘比例并进行持续选育，同时结合当地实际情况和市场需求进行综合考虑。这些措施将有助于提升我国肉羊产业的效益和发展速度。

参考文献

[1] 姜勋平，许锋，刘桂琼. 世界绵羊高繁殖力品种资源及其利用. 养殖与饲料，2020(3)：5.

第二章

绵羊经济性状遗传规律

绵羊的经济性状是决定其基本特性及其产品品质的关键，涉及繁殖、生长和肉质等多个方面。繁殖力作为种群扩张的基础，通过选择高产品种，可以显著提升繁殖性能，推动养殖业的持续发展。生长性状（包括出生重、断奶重和日增重）通过遗传改良，可以加快生长速度，提高饲料转化率，从而增加养殖效益。肉质，作为影响产品口感和品质的重要因素，选择脂肪适中、肉色鲜艳的品种，可以有效提升市场价值。抗病力是保障绵羊健康和生存的关键，通过选择抗病品种或利用基因编辑技术，可以降低养殖风险。

绵羊性状的遗传学分类包括质量性状、数量性状和阈性状。质量性状表现为质的中断性变化，数量性状表现为连续性的数量变化，而阈性状则在超越某一遗传阈值时出现非连续变异。质量性状通常由一对或少数几对基因控制，表现为非加性遗传；数量性状受多对基因控制，表现为加性遗传；阈性状则由多个基因控制，表现出非连续变异，介于质量性状和数量性状之间。

阈性状的研究对于揭示生物体内复杂遗传机制具有重要意义。例如，绵羊的产羔数性状，受多个基因控制，表现出非连续变异，但在特定阈值处发生突变。通过对阈性状的研究，科研人员可以发掘影响这些性状的关键基因，为遗传改良和育种提供理论依据。

数量性状遗传比质量性状遗传更为复杂，受多对基因控制，这些基因可能以加性或非加性方式，或两者兼备的方式影响表型。例如，胴体品质和质量主要受基因加性作用影响，而繁殖率和存活率主要受非加性作用影响。几乎所有数量性状都可能受加性和非加性基因的共同影响，只是程度不同。

第一节　绵羊经济性状分类

绵羊的经济性状主要体现在肉、奶、毛、皮四大类产品的生产性能上，这些性状不仅决定了绵羊的基本特征，也直接影响到最终的产品质量和产量。

一、繁殖性状

绵羊的繁殖性能涉及多个方面，包括性成熟、发情与排卵、配种季节和周期、生育方式以及羊羔成活率等。母羊在生长发育到一定年龄后，会经历性成熟，即出现发情征兆。通常，母羊在 4～10 月龄时达到性成熟，而公羊则在 5～7 月龄时达到性成熟。性成熟后，绵羊会进入发情期，这是配种的关键时期。

放牧绵羊品种具备鲜明的季节性繁殖特性，其配种活动主要聚焦于秋季和冬季两个时段。在这一自然循环中，绵羊种群能够随着草场的枯荣有序繁衍，确保后代的健康成长。在北半球的温带气候中，特别是从 9 月开始直至次年 1 月，这段时间气候适宜、资源丰富，成为绵羊繁殖的最佳季节。在此期间，母羊会表现出一系列明显的发情征兆，如积极接近公羊、食欲减退以及阴唇黏膜红肿等生理变化。这些发情征兆通常持续 1～2d，而整个发情周期平均约为 17d。这种精准的繁殖模式有助于绵羊在自然环境中优化种群结构，提高后代的存活率和适应能力。

舍饲绵羊品种需具备全年繁殖能力，以适应非放牧环境下不受季节限制的生产需求。为稳定供应绵羊产品，必须组织节律性生产活动，通过科学饲养管理和繁殖技术，确保舍饲绵羊持续高效繁殖，满足市场需求。

无论是放牧绵羊还是舍饲绵羊，其繁殖性能都受到多种因素的影响，包括品种、营养状况、健康状况以及饲养环境等。因此，在养殖过程中，需要综合考虑这些因素，制订科学的饲养管理计划，为绵羊提供良好的繁殖条件，以实现最佳的繁殖效果。

通过深入了解放牧绵羊和舍饲绵羊的繁殖特性，可以更好地掌握其繁殖规律，优化繁殖技术，提高绵羊的繁殖性能和经济效益。这将有助于推动绵羊养殖业的可持续发展，满足市场对绵羊产品的需求。

在分娩方式方面，绵羊普遍通过自然分娩的方式繁殖后代，且多数健康状况良好的绵羊能够顺利完成此过程。然而，若母羊在分娩过程中遭遇困难，为确保母羊及幼羊的安全，可能需采取人工助产措施。此项操作应由具备专业知识的兽医或经验丰富的农民进行。

绵羊的繁殖性能受到多种因素的影响，包括生物学特性、环境因素以及饲养管理条件等。为了提高绵羊的繁殖性能，需要充分考虑这些因素，并采取相应的措施进行优化和管理。

绵羊的繁殖性能是通过一系列关键性状来衡量和评估的，这些性状包括但不限于产羔率、受胎率、羔羊初生重以及泌乳能力等。这些性状不仅反映了绵羊的繁殖能力，而且直接影响了其后代的质量和生长速度。

性成熟年龄是决定绵羊繁殖生涯长短的关键因素。性成熟越早，母羊开始配种的时间就越早，从而延长了其繁殖周期，增加了潜在的繁殖次数和后代总数。

发情周期是绵羊繁殖活动中的另一个重要指标。一旦性成熟，母羊会经历规律性的发情周期，这是其生理上准备接受交配的时期。发情周期的稳定性和持续时间直接影响到受孕的可能性和产羔的间隔时间。一个理想的情况是发情周期既规律又适中，这样可以最大化受孕机会，同时保持合理的产羔间隔，避免母羊过度疲劳。

发情表现是识别母羊是否准备好交配的直接信号。在发情期间，母羊可能会发出特定的叫声、频繁地嗅闻周围环境、站立不动以展示其接受配种的意愿。对这些行为的细致观察有助于养羊人准确判断发情期，并及时安排配种，从而提高受孕率。

受胎率是衡量配种成功与否的直接指标。高受胎率意味着大部分配种的母羊都能够成功怀孕，这是繁殖效率高的体现。为了维持和提高受胎率，除了选择健康的种公羊外，还需要对母羊进行适当的管理和营养补充。受胎率则是指母羊群体受孕的概率。它直接关系到绵羊的繁殖效率，受胎率高，意味着大部分母羊都能够成功怀孕，从而增加繁殖成功率。

产羔率是指单位数量的母羊在特定时间内所产羔羊的数量。这是一个衡量绵羊群体繁殖性能的重要指标，高产羔率通常意味着母羊在繁殖过程中能够高效地产生后代。对个体来说，就是胎产羔数和年产羔胎数，表现为每只母羊年生产的断奶羔羊数（LEY）。

羔羊初生重则关系到其生长速度和育肥效果。初生重轻的羔羊可能需要更多的饲料来满足其生长需求，而重的羔羊则可能在出生后更快地增加体重，从而提高日后的生长和育肥表现。

羔羊成活率受到多种因素的影响，包括品种、饲养管理、气候条件等。不同品种的羔羊成活率会有所不同，一些肉羊品种的羔羊成活率通常会比乳羊品种更高。此外，良好的饲养管理和适宜的气候条件也有助于提高羔羊的成活率。

泌乳能力是母羊繁殖性能中的另一个关键组成部分。母羊的乳汁质量与数量直接关系到羔羊的成长速度和健康状况。因此，在选择母羊时，其泌乳能力是一个重要的考量因素。

母性行为涉及母羊对羔羊的照顾和保护。良好的母性行为包括及时清理羔羊、提供温暖和庇护以及保护羔羊免受捕食者的威胁。这些行为对于羔羊的生存至关重要，也是评估母羊繁殖性能时不可忽视的因素。

繁殖寿命的长短直接影响了母羊的总繁殖年限。一只长寿的母羊能够在其一生中产生更多的后代，从而为种群做出更大的贡献。因此，在选择种羊时，其繁殖寿命也是一个值得考虑的因素。

总之，这些因素综合起来，直接影响了绵羊的繁殖能力和后代质量。通过优化这些性状，可以提升绵羊的繁殖性能，从而为养殖户带来更高的经济效益。

二、生长性状

绵羊的体重增长轨迹在不同的生命周期阶段表现出明显的差异，这些差异受到品种特性、性别以及饲养管理条件的共同影响。例如，某些品种的绵羊由于其遗传特性，初生时体重较重，这通常意味着它们具有更强的生长潜力和更好的早期生存能力。以英国的萨福克羊为例，这是一种肉用品种，以其出生时较大的体重和较快的生长速度而闻名。相比之下，一些本地品种的羔羊可能在初生时体重较轻，这使它们更容易受到环境因素的影响，如母乳供应不足。

在初生阶段，羔羊的体重是预测其未来生长发育的关键因素。研究表明，初生体重每增加 1 千克，羔羊的断奶体重和周岁体重都有可能显著提高。因此，确保羔羊获得足够的初乳和适当的哺乳管理至关重要。例如，通过及时的人工辅助哺乳或使用代乳品，可以帮助那些母乳不足的羔羊维持正常的体重增长。

断奶重是衡量绵羊育肥效果的一个重要指标。在这个阶段，羔羊需要适应从母乳到固体饲料的转变，这对它们的消化系统是一个挑战。例如，当羔羊从母乳过渡到草料或浓缩饲料时，它们的采食量和消化效率可能会发生变化。如果在这个时期提供充足的营养和适当的管理，如逐步引入固体饲料并确保充足的饮水，羔羊的体重将迅速增加。相反，如果管理不当，羔羊可能会出现食欲不振、消化不良等问题，导致体重增长缓慢，影响其最终的肉用品质和市场价值。

周岁重是评估绵羊生长性能和潜在产品产量的一个重要指标。周岁时，绵羊的骨骼和肌肉已经得到了显著的发展，这个时期的体重可以反映其生长潜力和未来的生产性能。例如，在澳大利亚和新西兰，周岁重常被用作选择肉用绵羊品种的主要标准之一。在这些国家，周岁体重较重的绵羊通常具有更高的产肉量和更好的肉质，因此在市场上更受欢迎。

绵羊的成年体重和生长模型是绵羊育种和饲养管理中非常重要的参考指标，它们受到品种、性别、饲养条件以及环境等多种因素的影响。不同品种的绵羊，由于其遗传背景和生理特性的差异，成年体重往往会有所不同。

以常见的绵羊品种为参照，其成年后的体重普遍在 52～100kg 之间。在这一范围内，公羊因其体型偏大，其体重通常超过母羊。相对而言，母羊体型较小，其体重自然较轻。然而，这仅仅是一个普遍的参考区间，实际体重还会受到饲养环境、饲料品质、气候条件等多重因素的共同影响。对于大型肉用羊品种，其成年体重可以达到 150～200kg，甚至更重。这类品种因其生长速度快、肌肉含量高，通常更适宜作为肉用羊进行饲养。

绵羊的生长模型也是育种和饲养管理中的重要考虑因素。生长模型通常基于绵羊的生长数据，包括体重、体尺等指标，并结合环境因素进行综合分析。通过构建生长模型，我们可以预测绵羊在不同生长阶段的体重和体尺变化，从而制定更加科学的饲养管理方案。以杜泊羊为例，其生长模型可能显示出生长速度较快的阶段和生长速度逐渐减缓的阶段。在这些不同的生长阶段，饲养管理策略也需要相应调整，以确保绵羊能够获得足够的营养和适宜的生长条件，实现最佳的生长性能。

绵羊的成年体重和生长模型是了解其生长特性、制定饲养管理方案和进行育种决策的重要依据。通过对这些指标的研究和分析，我们可以更好地优化绵羊的饲养效益和选育出更加优良的品种。在实际应用中，还需要结合具体的饲养环境和条件，制定适合当地情况的饲养管理方案，以实现绵羊产业的可持续发展。

绵羊的初生重、断奶重和周岁重等体重性状是评估其生长潜力和育肥成效的关键参数。在实际生产中，对这些指标的监测和分析对于品种选育、饲养策略的制定以及经济效益的评估都具有重要意义。例如，通过记录和分析不同品种和饲养条件下的体重数据，生产者可以选择最适合当地环境和市场需求的绵羊品种，制订出更有效的饲养计划，从而提高整体的养殖效率和盈利能力。通过对这些关键性状的持续优化，可以推动绵羊产业的可持续发展，提高整体的生产水平和市场竞争力。

三、乳用性状

绵羊的乳用性状是评估其作为奶畜养殖重要性的关键因素，而其产奶量、乳脂率及乳蛋白率等生物学特性则构成了评估乳用性能的核心指标。产奶量作为直观反映母羊产奶能力的关键参数，通常是指在特定时间内（如平均每只母羊每年）产奶的总量，这一指标对于衡量绵羊乳用性能具有决定性意义。它是衡量绵羊乳用性能的重要指标，直接关系到绵羊的饲养经济效益和奶产品的产量。

乳脂率和乳蛋白率则从不同角度揭示了绵羊乳品品质的细节特征。乳脂率是指乳脂肪占总乳质量的比例，该指标对于评价奶产品的口感和风味具有决定性作用，高乳脂率的乳产品通常伴随着更好的香味和口感体验，从而影响消费者对奶产品的接受度和市场价值。而乳蛋白率则从蛋白质含量的角度来衡量乳品质，作为蛋白质来源的重要指标，其含量越高，通常意味着奶产品的营养价值越高，也越能满足消费者对高品质蛋白质摄入的需求。

这些性状都是衡量绵羊乳用性能的重要指标，它们直接关系到绵羊的饲养经济效益，影响到绵羊的奶产品产量和品质，从而影响到消费者的购买决策和市场反馈。因此，在绵羊养殖过程中，充分理解并关注这些关键性能指标的优化管理，对于提升绵羊的整体养殖效益和奶产品的市场竞争力具有重要意义。

四、数量性状和质量性状

在杂交改良和育种过程中，由于所应用的选择方式和选配程序不同，受多对基因控制的数量性状在其表型表现上所受加性基因作用、非加性基因作用以及二者兼备的基因作用的类型是不同的，所以预先知道目标性状受哪一种基因类型影响是重要的。

如表 2-1 所示，遗传力高且性别差异显著的数量性状，其表型主要受加性基因作用的影响，而非加性基因作用相对较小。这意味着加性基因作用显著的经济性状具有高度可遗传性，往往缺乏杂种优势和近交衰退现象。相反，与杂种优势和近交衰退紧密相关的数量性状，则主要受非加性基因作用的影响，与单一加性基因无直接关联，但也可能在一定程度上受到加性和非加性基因的共同作用。

表 2-1 影响数量性状的基因作用类型

类型	基因表型类型		
	加性	非加性	兼有加性和非加性
遗传力	高	低	中
杂种优势	没有	相当大	有些
近交衰退	没有	相当大	有些
性别差异	大	小	很小

在遗传层面，质量性状由一对或几对基因控制，其基因型可通过表现型明显区分，多数遵循孟德尔遗传规律。因此，深入理解质量性状的特性及其遗传规律，对于选种、育种及预测杂交效果等方面具有重要意义，有助于更加精准地进行遗传改良工作。

五、羊毛性状

在南方温暖湿润的气候环境下，粗毛羊因其出色的环境适应性深受养殖者喜爱，其产出的羊肉质量也颇为上乘。近年来，人们逐渐关注到绵羊夏季自动脱毛的特性，并期望南方粗毛羊品种能够具备这一特点，以减少人工剪毛的烦琐。

与此同时，北方细毛羊的经济效益亦不容忽视。其羊毛品质主要取决于毛长、毛细度和毛色这三大核心指标。这些指标不仅是评估羊毛价值的重要依据，也是培育优良品种和开发高端纺织产品的关键所在。

毛长和毛细度是决定羊毛品质的关键，毛长增加纱线资源，毛细度影响吸湿透气性和纱线稳定性，进而影响纺织品质量。毛色则作为审美因素，影响羊毛产品的外观品质和市场价值，不同品种的绵羊拥有从纯白到深棕的多种毛色，增加了市场的多样性。健康的毛色是优良饲养环境和遗传基因的体现，纯净、光亮的毛色意味着低杂质含量和高品质。

在肉羊产业中，黑色毛色在某些地区和文化中特别受欢迎，被认为具有更高的营养价值和口感品质，但是这种认知缺乏科学依据。尽管毛色不影响肉用品种的产肉性能，但育种者仍倾向于选择白色或黑色品种，这与品种一致性和市场偏好有关。品种一致性有利于生产管理和品种推广，而市场偏好则推动了对白色和黑色品种的需求。育种者应综合考虑市场需求、遗传特性和生长性能，实现最佳经济效益。消费者应理性看待毛色对肉品质的影响，认识到不同毛色的羊，其肉质在营养价值上并无差异。

绵羊毛色由黑色素和类胡萝卜素决定，受多基因互动影响，表现为质量性状遗传。色素含量、分布和相互作用决定最终毛色。毛色遗传涉及多个基因位点，每个位点上的等位基因以复杂方式相互作用。显性基因（如 W）倾向于产生深色，而隐性基因（如 w）导致浅色或白色毛色。花斑现象由另一套复等位基因系统控制，受环境条件影响。通过研究遗传网络和表型变异的关系，可以更好地理解毛色多样性的起源与发展，并利用现代遗传学技术进行羊种选育和改良。

六、角型

绵羊角具有多样性，表现为无角、两角或多角。通常情况下绵羊品种特征之一为角的有无，有 2 只角或无角。细毛绵羊要求公绵羊具备螺旋形角，而母羊则无角。绵羊角遗传受三个复等位基因 P、P′和 p 控制，其中 PP 基因型的公母羊均无角，P′P′基因型的公母羊均有角，pp 基因型的公绵羊有角，母羊无角。在杂合状态下，P 对 P′和 p 呈不完全显性，P′对 p 亦呈不完全显性。根据显性法则，角的有无可分类如下：有角母羊基因型为 P′P′、P′p；无角母羊基因型为 PP、PP′、Pp、pp；有角公绵羊基因型为 P′P′、P′p、pp；无角公绵羊基因型为 PP、PP′、Pp。基因型为 PP、PP′和 Pp 的公母羊均无角，而基因型为 P′P′和 P′p 的公母羊均有角。这个写入教科书的遗传机制大体上是对的。绵羊角的产生和发育过程受常染色体上特定位点调控。Coltman 和 Pemberton 提出包含三个等位基因的遗传模型，分别代表有角（H+）、性别相关的成角现象（HL）和无角状态（HP）[1]。Beraldi 等指出与羊角产生机制相关的基因可能位于 10 号染色体或 AGLA226 附近[2]。Kijas 等对来自不同地区的 74 种绵羊进行基因分型，发现 10 号染色体上检测到最高的选择信号，特别是在 OAR10-29511510 位置的单核苷酸多态性（SNP）与羊角的发育紧密相关[3]。

Wiedemar 和 Drögemüller 发现特克赛尔羊中有角羊的 *RXFP2* 基因中存在特定片段缺失[4]。Johnston 等研究野生索厄羊全基因组，认为 *RXFP2* 基因是控制有角公羊角大小的基因座[5]。Duijvesteijn 等发现美利奴羊有角/无角状态的关键 SNP 位于 ORA10-29546872.1 和 OAR10-29458450 处[6]。在 10 号染色体 2.78Mb 附近存在一个 1.78kb 基因片段的插入，这一插入是导致无角羊产生的关键因素。

经过对雅各布绵羊（Jacob sheep）、马恩岛绵羊（Manx Loaghtan sheep）、冰岛绵羊（Icelandic sheep）、赫布里底绵羊（Hebridean sheep）、泗水裘皮羊（Sishui fur sheep）、蒙古羊（Mongolia sheep）、阿勒泰羊（Aletai sheep）、达玛拉羊（Damara sheep）等多个品种绵羊的观察和分析，发现在这些群体中，存在着一小部分个体羊角数＞2，即多角绵羊个体。尽管这些多角绵羊在整体群体中的数量相对较少，但是绵羊角数量在种群内表现出多态性仍然引起了学者的注意。在泗水裘皮羊种群中，存在 0～6 个角的绵羊个体，角的生长和弯曲方向在不同个体之间存在明显的表型差异。泗水裘皮羊的顶部两角与正中矢状面呈 30°～45°角发出，并向左右两侧延伸生长；而下部两角则基本与眼眶平行发出，贴近脸部并向下向前生长。相比之下，蒙古羊或阿勒泰羊的顶部两角更为粗壮，向上发出并向后弯曲生长；其下部两角则贴近脸部，向下向前生长。马恩岛绵羊的顶部两角同样粗壮，向上发出并向前弯曲生长；下部两角则贴近脸部，向下向前生长，并在末端变得尖细，呈现出叶状特征。赫布里底绵羊的顶部两角粗壮，形状类似胡萝卜，与正中矢状面呈 30°～45°角发出后，直立生长；其下部两角则左右发出，贴近脸部并向下向前生长。在多角绵羊品种中，五角个体通常表现为顶部其中一侧角基同时发出两角；而三角个体则多在下部两角中其中一侧出现缺失。两角个体的角形与两角绵羊品种的角形相似。

在全球范围内，两角绵羊最常见，四角绵羊在多角绵羊个体中的比例很小，公开报道的品种包括雅各布绵羊（图 2-1）、赫布里底绵羊和泗水裘皮羊等。通过对比两角和四角泗水裘皮羊的遗传信息，发现 2 号染色体的 132.0～133.1Mb 区域是多角性状的强候选基因组区域，该区域内已注释了 13 个基因，包括 *Metaxin2*、*HOXD* 家族、*EVX2* 等[7]。Kijas 等研究者对雅各布绵羊和纳瓦霍-丘罗羊的 125 个个体（包括 0、2、4、5 角）进行了全基因组关联性分析[8]。他们在绵羊 2 号染色体上观察到了一个显著的关联信号，表明影响多角性状的基因可能源自这一区域。其中，10 个与多角性状最密切相关的 SNPs 都位于 ORA2 的 131.9～132.6Mb 区域内。这些 SNPs 与 *Metaxin2* 基因最为接近，该基因位于 132.6～132.7Mb 上游约 93kb 处，其次是 *HOXD1*

基因，位于上游约 251kb 处。通过对绵羊 2 号染色体的深入研究和相关基因的挖掘，发现多角性状的遗传机制相当复杂，可能受到多个基因座的共同调控。类似地，达玛拉羊的研究结果也显示 ORA2 是控制多角性状遗传和表达的关键区域。这些发现对于进一步理解绵羊多角性状的遗传基础和分子机制具有重要意义。

图 2-1　雅各布绵羊（Jacob sheep），4 只角

控制角的基因显然相当多，当前研究仍面临一些待解的问题。例如，绵羊 2 号染色体（多角位点）和 10 号染色体（成角位点）的相关区域内有大量基因，这些基因的具体功能尚未得到验证。同时，羊角生长受到遗传、激素、气候、季节等多种因素的影响，其生长发育调控网络复杂，目前对于基因-信号通路-靶细胞的调控体系并不明确。

肉羊产业中，舍饲品种的选择与培育至关重要。育种者常倾向于选择培育无角羊，以提高管理效率和生产效益。无角羊是自然或人工选育的缺乏角的品种，在舍饲环境下优势显著，如减少争斗、降低饲养成本和提高肉质。育种实践发现，无角性状与主要经济性状如生长速度、繁殖性能和肉质等无负遗传相关，为育种者提供了更大的选育空间。研究显示，湖羊、小尾寒羊等无角羊在生长速度和繁殖性能上均不亚于有角羊。因此，选育无角羊是科学可行的，有助于满足市场需求和提高生产效益。

七、耳型

绵羊品种繁多，耳型作为重要特征，在鉴定和分类中作用显著。其耳型主要分短直耳和长垂耳两类。短直耳型耳朵短小直立，展现紧凑精神风貌；长垂耳型耳朵长而下垂，显得温和顺从。中国地方绵羊品种以长垂耳或半下垂耳为主，这与饲养环境和历史传承紧密相关。其中，瓦格吉尔羊（Waggil sheep）和多浪羊（Duolang sheep）以显著长垂耳著称。瓦格吉尔羊耳朵长达 40cm，形似芭蕉扇，在羊群中极为显眼（图 2-2）。该品种原产于中亚亚热带山区，因恶劣气候而具备强健特质，但近年来种群数量锐减。在新疆地区，经长期培育形成了具有地方特色的多浪羊品种（图 2-3）。

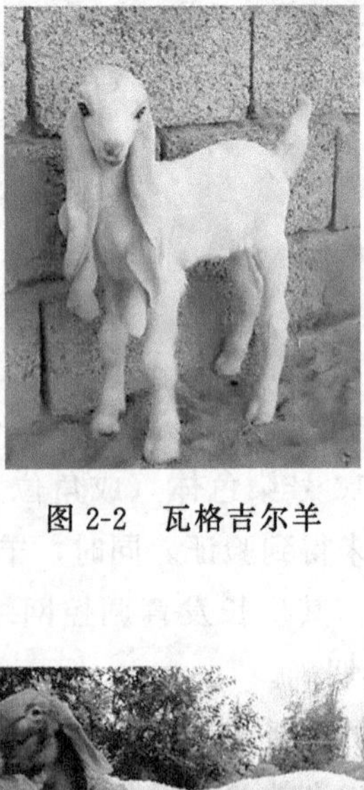

图 2-2　瓦格吉尔羊

图 2-3　多浪羊

绵羊耳型变异显著，主要体现在耳朵大小和形状上。不同品种绵羊耳朵大小差异大，有的羊耳朵硕大占据头部半边，有的小巧玲珑。这种变化不仅影响外观，还与听觉、散热等生理特性相关。耳型同样多变，除了短直和长垂两种基本类型，还有多种过渡形态，如半下垂耳，边缘平直或卷曲等。这些变化丰富了绵羊外观，可能与其生活习性、环境适应性有关。

中国地方绵羊品种耳型特征体现了深厚历史背景和地域特色。在长期自然淘汰与人工选择下，各地绵羊演化出适应当地生态条件的耳型。如高原品种耳朵大，有助于散热；平原品种耳朵小而紧凑，适应温暖湿润环境。

耳型作为品种鉴定的关键，其多样性与变异性拓宽了绵羊生物学特性内涵，为饲养业发展注入新活力。深入研究耳型可精准掌握绵羊生理特征、生活习性等，为选育、饲养和管理提供科学依据，推动可持续发展。

Paris 等利用包含 34k SNP 基因分型数据的方法，对来自 17 个不同品种的 515 只绵羊的耳型进行了深入研究。通过全基因组关联分析（GWAS），他们发现 *MSRB3* 基因与绵羊耳朵的形态特征存在显著关联[9]。*MSRB3* 基因负责编码甲硫氨酸亚砜还原酶 B3，它与耳型的关联确实让人难以解读。Gao 等采用 Ovine Infinium HD BeadChip 技术在 115 只具备不同大小下垂耳朵的成年多浪绵羊中进行了全基因组关联分析[10]。结果显示，基因 *DCC*、*PTPRD* 和 *SOX5* 在绵羊耳朵发育过程中扮演着至关重要的角色。特别是 *PTPRD* 基因，作为蛋白酪氨酸磷酸酶（PTP）家族的一员，它调控着多种细胞过程，包括但不限于细胞生长与分化、有丝分裂以及致癌转化。值得注意的是，该基因在内耳发育和听力功能中也已被证实具有关键作用。根据长耳多浪绵羊与短耳迪庆绵羊的 SNP 芯片数据，Wei 等通过 GWAS 分析，在 3 号染色体上的 *MSRB3* 基因内发现一个 SNP 位点，该位点在两个群体间表现出显著的等位基因频率差异，表明该位点可能与绵羊耳朵大小具有关联[11]。

八、尾型

绵羊尾型作为一种复杂的遗传性状，其形成涉及多个基因与环境因素的交互作用。这一性状不仅影响绵羊的外观特征，还直接关系到其生存适应性和经济价值。在绵羊群体中，尾型多样，包括短瘦尾、长瘦尾、短脂尾、长脂尾和脂臀尾等，每种尾型都有其独特的遗传基础和外在表现。

从遗传学角度来看，绵羊尾型的形成与变异是多基因协同作用的结果。这些基因通过直接调控尾部脂肪沉积的程度和形态，或间接影响脂肪代谢、生长发育等过程，从而塑造出不同的尾型。科研人员利用全基因组关联分析、连锁不平衡检测等先进方法，能够精确鉴定与尾型紧密相关的基因和遗传标记，为绵羊的分子育种提供理论支持。

中国地方绵羊品种根据尾型可分为短脂尾羊、长脂尾羊、短瘦尾羊、长瘦尾羊和脂臀羊五大类。据历史、考古及遗传学资料证实，蒙古羊是中国短尾羊品种的共同祖先。随着公众对健康、营养和肥胖问题的关注提升，对肉类食品质量的要求也日益严格。脂肪含量成为评价肉类品质的关键指标，脂肪过度积累不仅影响动物健康，还影响肉类的口感和营养价值。因此，瘦肉型绵羊因其具有高蛋白、低脂肪的特点在市场上备受青睐。

例如，呼伦贝尔羊分为“短尾羊”和“大尾羊”两个类群。其中，短尾绵羊因其具有高蛋白、独特肉质、高瘦肉率和遗传稳定性等优势而备受关注。综合考虑消费者偏好和牧民经济效益，短尾绵羊的养殖逐渐成为新的选择。

尾型改良在绵羊育种中具有重要地位。通过选育具有理想尾型的绵羊品种，可以提升绵羊的生存能力、降低饲养成本、改善羊产品的质量，进而提高其经济价值。同时，针对特定尾型的培育，如短尾绵羊，还有助于减轻因断尾带来的应激反应和动物福利问题，促进畜牧业的可持续发展。

第二节　绵羊主要经济性状遗传力

绵羊作为畜牧业中的关键家畜，其经济性状呈现丰富且多元的面貌，涵盖了肉、奶、毛、皮等多个方面，不仅决定了其饲养价值，更是畜牧业经济效益的基石。从遗传学的视角来看，这些性状可归结为质量性状与数量性状两大类。质量性状，如毛色、角的存在与否等，呈现明显的非连续性变异，通常由单个或少数基因主导。而数量性状，如产奶量、体重等，则展现连续的变异特性，它们受多基因的共同调控，且在绵羊的经济性状中占据主导地位。同样，绵羊的肉质以及生长速度等也是数量性状，其变异程度广泛，且受环境条件和饲养管理等多重因素影响。鉴于数量性状由多基因控制，其遗传机制尤为复杂。在绵羊育种实践中，需运用选择育种、杂交育种等手段，结合现代分子生物学技术，对目标性状进行精确的遗传改良。通过不断优化绵羊的遗传结构，提升其经济性状的表现水平，从而推动畜牧业的稳健发展。

一、绵羊主要经济性状遗传力的特征与度量

绵羊的遗传力是指绵羊性状（如产羔数）的遗传能力或倾向，这是由绵羊的基因所决定的。遗传力值不是一个固定不变的常数，它受性状本身特性、群体遗传结构及环境条件等因素的影响而变化。但对同一环境条件的同一群体羊来讲，其性状遗传力值则是相对稳定的。从理论上讲，遗传力值在0～1之间变动，没有与环境无关的性状（$h^2=1$），也没有与遗传无关的性状（$h^2=0$）。绵羊性状遗传力值高低的区分界限是：0.4以上属高遗传力；0.2～0.4属中遗传力；0.2以下属低遗传力。绵羊主要经济性状遗传力值见表2-2[12-13]。

表2-2　绵羊主要经济性状遗传力

性状类型	性状	遗传力	性状	遗传力
生长类型	出生重	0.32	断奶前日增重	0.16
	断奶重	0.15	断奶后日增重	0.12
	4月龄重	0.18	增重效率	0.23
	6月龄重	0.20	采食量	0.26
	9月龄重	0.17	剩余采食量	0.32
	12月龄重	0.24	饲料转化率	0.12
	18月龄重	0.39	体型	0.23
繁殖性状	产羔率	0.04	出生总窝重	0.09
	断奶羔羊存活率	0.04	断奶总窝重	0.01
	产羔数	0.07	阴囊周长	0.30
	断奶羔羊数	0.05	多产性	0.09
胴体性状	胴体眼肌面积	0.31	热胴体	0.26
	胴体眼肌深度	0.26	屠宰率	0.25
	胴体眼肌宽度	0.33	超声波背膘厚	0.28
	胴体皮下脂肪深度	0.31	超声波肌肉深度	0.29
	超声波眼肌面积	0.21	腰部脂肪厚度	0.23
	超声波眼肌深度	0.30	腰部眼肌面积	0.48
	超声波皮下脂肪深度	0.26	肌肉大理石状	0.23
	肌肉嫩度	0.33	胴体含脂率	0.38
	胴体等级	0.18	胴体瘦肉率	0.33
	屠宰等级	0.23		

续表

性状类型	性状	遗传力	性状	遗传力
其他性状	每克粪便中的虫卵数	0.17	寿命	0.08
	眼睛黏膜颜色	0.26	粪便虫卵数	0.29
	红细胞压积	0.22	甲烷排放	0.17
	乳腺炎	0.07	体况评分	0.21
	腐蹄病	0.15	会阴区粪便污染	0.30

表 2-2 详细列出了绵羊主要经济性状的遗传力，包括生长、繁殖、胴体及其他多个维度。遗传力作为衡量性状遗传传递能力的关键指标，在育种实践中具有重要的参考价值。这些经济性状的遗传特点因性状类型而异，深入理解其遗传特性对于制定高效的育种策略至关重要。

在生长性状方面，绵羊从出生到 18 月龄的遗传力逐渐变化，反映了不同生长阶段的遗传特性差异。增重效率、采食量、剩余采食量和饲料转化率的遗传力各有特色，这些性状在育种中具有显著的经济价值。

在繁殖性状方面，虽然产羔率、断奶羔羊存活率等性状的遗传力相对较低，但阴囊周长和多产性等性状的遗传力较高，是育种中需重点关注的性状。通过选择和育种，可以提高绵羊的繁殖性能，以满足市场需求。

胴体性状关乎羊肉品质和价值。胴体眼肌面积、屠宰率等性状具有较高的遗传力，表明这些性状在后代中具有较好的遗传稳定性，是育种工作中的重点关注对象。

此外，其他性状如抗寄生虫能力、眼睛黏膜颜色等虽与主要经济性状关系不大，但在实际生产中仍具有参考价值。例如，粪便虫卵数可作为评估绵羊抗寄生虫能力的指标。

在育种实践中，应综合考虑各性状的遗传力大小、生产需求和市场需求，选择合适的育种目标和方法。通过遗传改良和选择育种，可以优化绵羊的遗传结构，提高经济效益。同时，结合现代生物技术手段，如基因编辑技术，可以进一步拓展育种的可能性，推动绵羊产业的持续发展。

二、遗传相关

绵羊诸多性状之间是具有显著相关性。表型相关是由遗传相关和环境相关二者组成的。当性状遗传力高时，表型相关主要决定于遗传相关；反之，则决定于环境相关。在育种工作中，遗传相关是选择公羊的重要依据。

遗传相关是指两个性状间育种值的相关，也就是亲代某一性状的基因型与子代另一性状基因型的相关。遗传相关可用于间接选择，并可以间接估计选择效果。特别是只能在一个性别上度量的经济性状，如母羊产奶量、产羔数等，在选择公羊时，就要通过公羊亲代与这些性状遗传相关的计算结果进行。多采用半同胞关系计算性状间遗传相关。公式是：

$$r_{A(xy)}=\frac{MP_{B(xy)}-MP_{W(xy)}}{\sqrt{[MS_{B(x)}-MS_{W(x)}][MS_{B(y)}-MS_{W(y)}]}}$$

式中，$r_{A(xy)}$为性状 x 与性状 y 之间的遗传相关系数；$MP_{B(xy)}$为性状 x、y 组间均积；$MP_{W(xy)}$为性状 x、y 组间均积；$MS_{B(x)}$，$MS_{B(y)}$为性状 x、y 组间均方；$MS_{W(x)}$，$MS_{W(y)}$为性状 x、y 组内均方。

遗传相关高低的区分界限是：0.6 以上是高遗传相关，0.4～0.6 为中等遗传相关；0.2～0.4 为低遗传相关，0.2 以下为遗传相关性很小。

绵羊主要经济性状间遗传相关见表 2-3。

表 2-3 绵羊经济性状间遗传相关[14]

性状	遗传相关
初生重-断奶重	0.34
初生重-初生至断奶时增重	0.30
初生重-120 日龄重	0.33
断奶重-平均日增重	0.53
断奶重-每增重 0.45kg 饲料消耗量	0.55
断奶重-原毛量	0.06
断奶重-毛丛长度	−0.15
断奶重-毛被等级	−0.24
平均日增重-每磅增重饲料消耗量（1lb=0.45359kg）	−0.73
平均日增重-毛丛长度	−0.20
平均日增重-原毛量	0.17
平均日增重-毛被等级	0.16
胴体等级-活体脂肪厚度	0.31
胴体等级-腰部眼肌面积	−0.28

人类从绵羊身上获取了大量的肉、奶、羊皮和羊毛等产品，其经济性状的研究和改良对绵羊养殖业的发展至关重要。绵羊的经济性状包括羊毛性状、生长性状、繁殖性状、肉质性状以及抗病性状等，这些性状受到遗传基因的影响，并可以通过遗传改良来提高。

三、绵羊经济性状遗传和环境相互作用

在绵羊育种领域，基因作为遗传功能的基本单元，对性状的发育、变异和杂交遗传起着决定性作用。基因型，即亲代传递的基因组合，为性状的稳定表现提供了内在基础。而表型，即个体的外在表现，是性状的直观体现。在绵羊中，基因型的传递和重组不仅构建了遗传联系，还产生了遗传变异，这在自然选择的作用下促进了适应性和种群进化。

环境因素对绵羊性状的表现至关重要，与基因相互作用，共同决定表型。例如，不同饲养环境下的同一基因型绵羊可能在生长速度和肉质上表现出显著差异。因此，在育种实践中，除了优良基因型的筛选与培育外，环境条件的优化同样重要。科学饲养管理和合理营养搭配可以最大限度地发挥基因潜力，提升经济性状。

遗传力是衡量基因型对表型贡献的重要指标，有助于预测性状在不同环境下的变异程度，为制定育种策略提供依据。环境因素，如饲料营养、气候条件、饲养管理和疫病防治，对绵羊的生长、繁殖和健康有显著影响。例如，良好的饲料营养和适宜的气候条件有利于提高生长速度和产肉量，而不良条件则可能导致下降。

温度和湿度对绵羊生长至关重要。极端温度和湿度会减缓新陈代谢和使食欲减退，而适宜的温度和湿度有利于保持稳定的生理状态。羔羊需要更温暖的环境，20～30℃最为适宜。光照对生长发育、行为节律和繁殖性能有显著影响，长光照周期促进新陈代谢和体重增长。通风对羊舍环境管理也很重要，适宜的风速可以改善环境，减少潮湿和有害气体。饮水与饲料直接相关，绵羊每天需要饮用相当于体重2%～3%的清水，以帮助消化和代谢。

遗传和环境相互作用，影响绵羊的经济性状。遗传背景提供潜力，环境激发潜力。遗传性疾病或缺陷可能影响经济性状，因此在育种中需重视筛查和防治。通过遗传评估与选择，结合环境因素，可以预测性状表现，优化饲养管理。

综合调控遗传和环境因素，选择优良遗传背景的绵羊，优化饲养管理，改善环境条件，可以最大化经济性状潜力，提高生产性能和经济效益。随着科技进步和畜牧业发展，遗传与环境互作研究面临新趋势和挑战，需要跨学科整合和创新应对新问题。基因与环境共同塑造绵羊性状表现。在育种中，应综合考虑遗传与环境因素，优化基因型与环境条件匹配，以提升经济性状。

参考文献

[1] Coltman D W, Pemberton J M. Inheritance of coat colour and horn type in hirta Soay sheep. Soay Sheep Journal, 2003: 321-327.

[2] Beraldi D, Mcrae A F, Gratten J, et al. Development of a linkage map and mapping of phenotypic polymorphisms in a free-Living population of soay sheep (Ovis aries). Genetics, 2006, 173(3): 1521-1537.

[3] Kijas J W, Lenstra J A, Hayes B, et al. A genome-wide analysis of the world's sheep breeds reveals high levels of historic mixture and strong recent selection. PLos Biol, 2012, 10 (2): e1001258.

[4] Wiedemar N, Drögemüller C. A 1.8-kb insertion in the 3′-UTR of RXFP2 is associated with polledness in sheep. Animal genetics, 2015, 46(4): 457-461. https://doi.org/10.1111/age.12309.

[5] Johnston S E, McEwan J C, Pickering N K, et al. Genome-wide association mapping identifies the genetic basis of discrete and quantitative variation in sexual weaponry in a wild sheep population. Molecular ecology, 2011, 20(12): 2555-2566.

[6] Duijvesteijn N, Bolormaa S, Daetwyler H D, et al. Genomic prediction of the polled and horned phenotypes in Merino sheep. Genetics Selection Evolution : GSE, 2018, 50(1): 28.

[7] He X H, Zhou Z K, Pu Y B, et al. Mapping the four-horned locus and testing the polled locus in three Chinese sheep breeds. Animal Genetics, 2016, 47(5): 623-627.

[8] Kijas J W, Hadfield T, Naval Sanchez M, et al. Genome-wide association reveals the locus responsible for four-horned ruminant. Animal Genetics, 2016, 47(2): 258-262.

[9] Paris J M, Letko A, Häfliger I M, et al. Ear type in sheep is associated with the MSRB3 locus [J]. Animal Genetics, 2020, 51(6): 968-972.

[10] Gao L, Xu S S, Yang J Q, et al. Genome-wide association study reveals novel genes for the ear size in sheep (Ovis aries). Animal Genetics, 2018, 49(4): 345-348.

[11] Wei C, Wang H, Liu G, et al. A comprehensive genome-wide analysis reveals insights into the population structure and selection patterns among indigenous sheep breeds in China. BMC Genomics, 2015, 16(1): 194.

[12] Medrado B D, Pedrosa V B, Pinto L F B. Meta-analysis of genetic parameters for economic traits in sheep. Livestock Science, 2021,247: 104477.

[13] Mucha S, Tortereau F, Doeschl-Wilson, et al. Animal Board Invited Review: Meta-analysis of

genetic parameters for resilience and efficiency traits in goats and sheep. Animal, 2022, 16 (3): 100456.
[14] 姜勋平，刘桂琼. 羊生产学. 北京：科学出版社，2023.

第三章

绵羊产羔数及其主基因

绵羊产羔数调控涉及多基因协同，包括排卵数和胚胎成活率。提升产羔数可增加产能，降低环境负荷。揭示湖羊产羔数遗传机制，特别是相关候选基因，有助于深入理解其遗传基础，为精准提高产羔数提供策略。

第一节　绵羊产羔相关概念及模型

绵羊产羔数是复杂的数量性状，受遗传基因、表观遗传修饰及生殖激素等多种因素调控。产羔数数量性状受主效基因和微效多基因共同影响。主效基因在遗传过程中起决定性作用，但微效多基因也参与调控，它们共同影响绵羊产羔数。研究时需综合考虑主效基因和微效多基因的作用，以全面了解遗传规律。

一、绵羊产羔数和产羔模型

据统计，在全球范围内绵羊品种的产羔率仅有少数能超过200%，且数量有限。在这些优越品种中，布鲁拉美利奴绵羊种群凭借卓越的表现独占鳌头，其平均产羔率的表现尤为优异，甚至能达到惊人的350%。这些数据使人眼前一亮，充分彰显出布鲁拉美利奴绵羊种群的独特优势。中国拥有丰富的绵羊品种资源，有两种绵羊品种以多产著称，即湖羊与小尾寒羊。这两种绵羊品种的平均产羔率都极为出色，能轻松超越250%，甚至更多。这意味着在中国的畜牧养殖业中，通过遗传改良和选育，提升产羔率拥有巨大的潜力与发展空间。然而，也需关注到，在国内大部分放牧绵羊品种中，产单羔仍是主流现象[1]。这一现象要求在畜牧养殖业中应持续调整与优化，通过培育与繁殖技术的改进，致力于提升产羔率，以促使更多绵羊品种能实现多产生产，进而进一步提高畜牧养殖业的经济效益。

（一）绵羊产羔数

绵羊产羔数是最重要的经济性状，它的生物学均值和上限备受关注和争议。现实中各个品种都有自己的窝产羔数，观测到的窝产羔数主要分布在 1～3 只，4～7 只比例很小（图 3-1；表 3-1）。育种专家经常考虑或讨论绵羊窝产羔数的生物学上限和畜牧学上限，考虑能否把窝产羔数为 4～7 只的那些个体选出来育成新的品种。

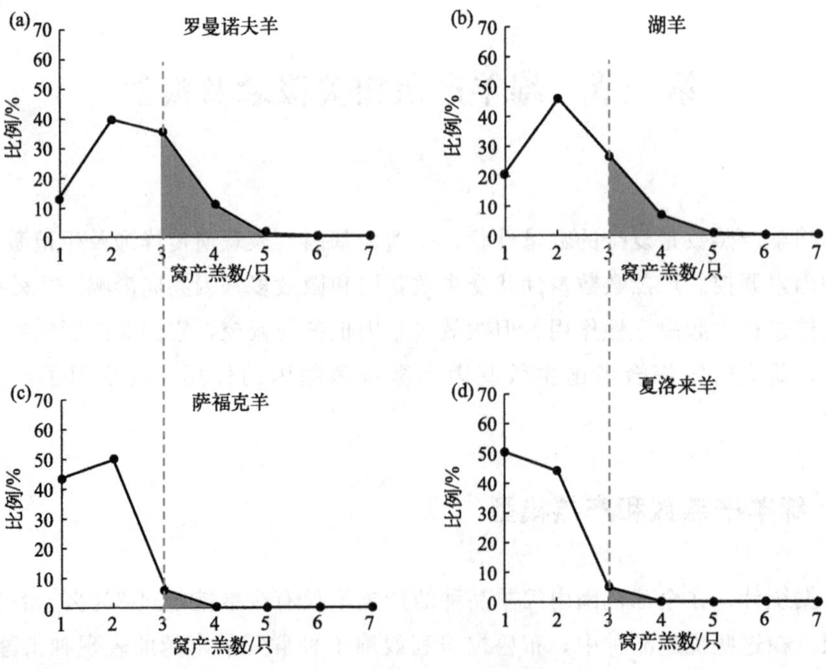

图 3-1　湖羊等 4 个品种窝产羔数分布比例

绵羊产羔数的生物学分布。绵羊的产羔数因品种、年龄、季节、饲养管理等因素而异，有些品种的绵羊一窝可能会产 4 只羔羊，但这并不是在物种水平的生物学均值。通常观察到的放牧绵羊品种的窝产羔数为 1～2 只，群体生物学均值是 1～2 只之间的某个分布。

绵羊产羔数的生物学上限。绵羊的产羔数因品种、年龄、季节、饲养管理等因素而异，但是生物学上限显然是有限制的。有研究说绵羊的生物学上限窝产羔数为 4 只，超过这个数量，会对母羊健康和生产能力造成负面影响。想要培育出窝产羔数为 4 只的新品种，这是有可能实现的，但需要进行长期的繁殖和选择。首先，需要对绵羊的遗传基础进行深入的研究和分析，以确定哪些基因和遗传特征与产羔数有关。然后，通过选择和选配，逐步筛选淘汰产羔数较少的个体，最终形成产羔数较为稳定的新品种群。

显然，这个过程需要大量的人力和物力，并且需要耐心和持续努力。如果成功培育出窝产羔数为 4 只的新品种，那将对绵羊养殖业产生革命性的影响，成为全舍饲养殖模式的基础品种。因此，这项工作的产业价值不言而喻。

表 3-1　绵羊窝产羔数分布[2]

品种	窝产羔数						
	1 只	2 只	3 只	4 只	5 只	6 只	7 只
夏洛来羊（法国）	50.52% (7261)	44.25% (6360)	5.02% (721)	0.20% (29)	0.01% (1)	0.00% (0)	0.00% (0)
罗姆尼羊	49.42% (11997)	46.38% (11258)	4.05% (983)	0.16% (38)	0.00% (0)	0.00% (1)	0.00% (0)
美利奴羊	59.69% (10773)	38.03% (6864)	2.08% (376)	0.16% (29)	0.03% (5)	0.01% (1)	0.00% (0)
罗曼诺夫羊	12.80% (992)	39.59% (3068)	35.33% (2738)	10.62% (823)	1.50% (116)	0.15% (12)	0.01% (1)
舒玛瓦	68.87% (23467)	30.15% (10275)	0.97% (329)	0.01% (4)	0.00% (0)	0.00% (0)	0.00% (0)
萨福克羊	43.84% (16852)	50.23% (19308)	5.75% (2211)	0.18% (68)	0.01% (3)	0.00% (0)	0.00% (0)
特克塞尔羊	50.40% (3494)	45.73% (3170)	3.81% (264)	0.07% (5)	0.00% (0)	0.00% (0)	0.00% (0)
湖羊	20.54% (785)	45.87% (1753)	26.35% (1007)	6.49% (248)	0.63% (24)	0.10% (4)	0.00% (0)

良种是我国肉羊产业发展的核心要素。目前，国内肉羊产业的主力品种主要包括地方品种及其杂交后代，以放牧为主，适应性较强，但生产效率相对较低，专门化舍饲品种的缺失也制约了其发展。地方品种表现出适应性强、耐粗饲、繁殖力高和肉质优良等特点，若要在国内发展肉羊产业，必须合理利用这些优势，并结合引入国外肉用性能良好的品种，选育出适合国内市场的专门化肉羊品种，从而实现高效的肉羊生产。

（二）绵羊产羔模型

绵羊产羔模型是用于模拟绵羊繁殖过程中各胎次产羔数的数学模型。该模型基于生物学原理和实验数据，用于预测绵羊在一定环境条件下的繁殖表现和产羔情况。绵羊产羔模型在畜牧业生产中具有重要意义，可以帮助养殖者了解绵羊繁殖规律，优化繁殖计划，提高生产效益。

绵羊产羔模型的建立需要考虑多种因素，包括绵羊的品种、年龄、生理状态、营养状况以及所处环境条件等。这些因素对绵羊的繁殖性能产生影响，进而影响产羔数量和质量。通过引入数学函数和公式，将生物学规律转化为可量化计算的形式，研究者可以构建出预测精度较高的绵羊产羔模型。图 3-2 是夷

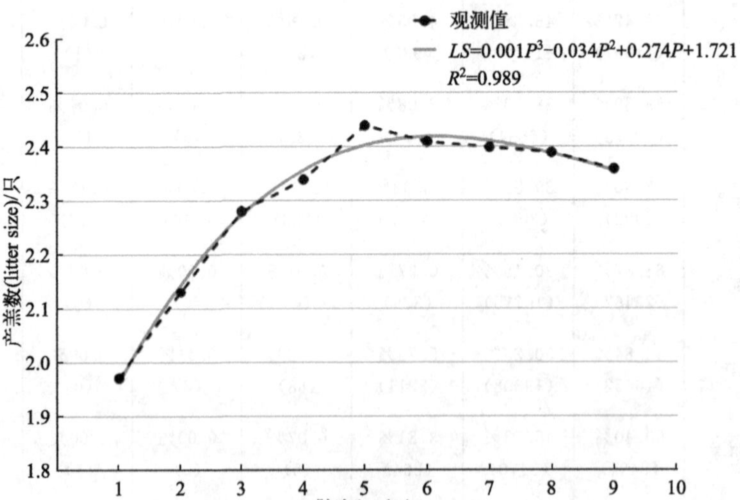

图 3-2　夷陵绵羊 1～9 胎的产羔数及其拟合曲线

陵绵羊 1～9 胎的产羔数及其拟合曲线。横坐标表示胎次（P），纵坐标表示产羔数（LS）。产羔数对胎次的回归方程为：$LS=0.001P^3-0.034P^2+0.274P+1.721$（$R^2=0.99$）。产羔数随着胎次的增加呈先增加后下降的变化趋势，产羔数的峰值在第五胎至第六胎之间。

绵羊产羔模型的应用范围广泛，包括预测种群增长、评估繁殖效率、制订繁殖计划等。通过模拟不同环境条件下的繁殖表现，可以为养殖者提供针对性的管理建议，如调整饲料配方、改善饲养环境等。此外，绵羊产羔模型还可以用于研究不同品种、不同年龄绵羊的繁殖性能差异，为育种工作提供理论支持。

在绵羊分子设计育种领域，绵羊产羔模型的应用也具有重要意义。通过结合基因组学、生物信息学等技术手段，可以深入研究与绵羊繁殖相关基因的作用机制，揭示遗传因素对繁殖性能的影响。这将有助于优化育种方案，提高绵羊繁殖效率，促进畜牧业的发展。

（三）产羔数和乳房数的关系——半数定律

乳房结构复杂，包括皮肤、皮下脂肪、乳腺实质及乳头，各部分协同实现泌乳功能。乳腺实质由乳腺小叶构成，负责产生乳汁。绵羊中，有些个体乳腺实质缺失，仅留乳头，称为乳，不分泌乳汁，育种价值较低。而有些绵羊乳房数量超过两只，均能正常泌乳，非乳，具有潜在育种价值。在育种过程中，应区分乳羊与多乳房羊，并倾向选择多乳房羊。

古希腊哲学家亚里士多德曾推测乳房数量与产羔数正相关，现代研究证实了这种相关性，但并非绝对。尽管多数哺乳动物乳房数与产羔数正相关，但存在例外。重要的是，二者相关而非因果，均为繁殖力进化的结果。因此，乳房数量可作为产羔数的指示性状。关于乳房数量与动物繁殖能力的关系，有观点认为乳房数量是进化选择的因素之一，也有观点认为是适应产羔数进化的结果。若二者相关，则可能受共同因素如环境和遗传的影响。关于乳房数与产羔数的因果关系仍需进一步研究和探讨，互为因果的可能性亦存在。

半数定律（one-half rule）是指哺乳动物的乳房数量通常是其平均窝产仔数的两倍，而最大窝产仔数则与乳房数量相等。这是描述哺乳动物乳房数量和窝产仔数之间关系的规律，反映了哺乳动物在繁殖过程中为了保证足够的安全边际而准备多余的乳房数量[3]。半数定律揭示了哺乳动物乳房数量的普遍规律，即其数量通常为实际需求的两倍，以此确保繁殖过程中的安全边际。这种安排意味着即使部分乳房出现问题，幼崽仍能获得充足的营养。例如，需喂养两只幼崽的哺乳动物常拥有四个乳房，从而提供足够的泌乳量。尽管这一规律在多数哺乳动物中通用，但也存在例外，如鲸类和海豹等水生哺乳动物仅有一对乳房。此外，乳房数量并非完全决定产仔数量，如牛有四个乳房却通常只产一犊[4]。总体而言，半数定律为哺乳动物的繁殖提供了重要的安全保障。

二、绵羊繁殖力的指标

繁殖能力（reproductive ability）可以用生育能力、多羔性和繁殖力来衡量[5]。生育能力和繁殖力是指每年能够产生的后代数量，繁殖力通常被广泛使用，而生育能力则较少使用。多羔性是指每窝能够产生的后代数量。评估绵羊的繁殖能力可以通过生育能力、多羔性和繁殖力这三个指标来进行评估。然而，这些指标在含义上存在一定的重复，有时在一些场景甚至可能被交叉使用，具体含义要根据上下文而定[6]。绵羊的繁殖能力通过多胎性、多羔性、繁殖力和繁殖能力来衡量。多胎性指母羊每年产羔的胎次，反映繁殖系统活跃程度；多羔性指每次分娩产生的羔羊数，体现单次繁殖效率；繁殖力则指动物在一定时间内产生后代的能力，通常以繁殖率来衡量；繁殖能力则综合考虑了生理、遗传和环境等多方面因素。多胎性、多羔性与繁殖力正相关，但非等同，需综合考虑。此外，生育能力描述公羊产生健康精子并与卵子成功结合的能力，描述母羊孕育胎儿的能力。繁殖力则指雌性动物平均生育后代数，反映分娩次数和每次分娩羔羊数。评估这些指标有助于了解绵羊的繁殖特性和管理水平，从而优化繁殖效率。

1. 多胎性（fertility）

多胎性是指母羊每年成功繁殖的胎数，是衡量其繁殖能力的重要指标。具体而言，它反映了母羊繁殖系统的活跃度和繁殖周期的频率。根据品种和饲养方式的不同，多胎性表现出显著的差异。

放牧品种受季节性繁殖特性的制约，通常每年只能繁殖一次，以适应草场资源的季节性变化。相比之下，舍饲品种则需要具备全年繁殖的能力，以满足生产的节律性、均衡性和高效率要求。因此，舍饲品种的多胎性通常更高，一年可生产 1.5～2 胎。

值得注意的是，多胎性与多羔性虽然常相伴出现，但两者并不等同，应加以区分。多胎性主要关注母羊每年繁殖的胎数，而多羔性则是指每胎产羔的数量。

在畜牧生产中，提高繁殖效率和生产效益是重要目标，因此多胎性被视为一种优良的遗传特性。然而，过度追求多胎性可能对母羊的健康造成负面影响，如体能下降、疾病易发等。因此，在评估多胎性时，需要综合考虑母羊的健康状况和生产效益，以实现可持续的繁殖生产。多胎性是评估母羊生育特性的关键指标，但在实际应用中需根据品种和饲养条件进行合理调整，确保在提高生产效益的同时保障母羊的健康和福利。

2. 多羔性（prolificacy）

多羔性指母羊在一次分娩过程中产生的胎儿数，是衡量绵羊繁殖效率的重要指标。具备高多羔性的绵羊在单次分娩时能产生较多的后代，显著提升了繁殖效率。这一指标直接反映了母羊单次繁殖的产出能力，具体表现为每次分娩的窝产羔数或平均产羔数。多羔性不仅与母羊的个体特征紧密相关，还深受遗传因素的影响，因此不同品种或个体间在繁殖能力上存在差异。它直接反映了绵羊在相同繁殖周期内能够产出的后代数量，例如每胎产一羔、两羔或多羔等。这一指标的评估对于提高绵羊的繁殖效率具有重要意义。具备较高多羔性的绵羊品种，能在相同的时间内产生更多的后代，有助于优化羊群结构，提升养殖效益。

3. 繁殖力（reproductive rate， fecundability）

繁殖力是指动物在一定时间内产生后代的能力，通常用繁殖率来衡量。繁殖率高的动物在较短的时间内可以产生较多的后代，从而提高繁殖效益。繁殖力指一个物种或群体中每个雌性动物平均能够生育的后代数量。绵羊的繁殖力是指每只母羊每年生产的羔羊总数[7]。繁殖力反映了母羊在一年内的分娩次数和每次分娩所产生的羔羊数量，即年生产的断奶羔羊数（lambs weaned per ewe per year，LEY）。LEY 是衡量整体繁殖效率的指标，它实际上是受多胎性和多羔性共同影响的复合性状，也受到管理和环境的影响。绵羊繁殖力提供在特定时间段内能够产生的后代数量的最小值、最大值以及平均值。对 LEY 的评估有助于了解绵羊在特定环境条件下的繁殖能力和管理水平。

4. 生育力（fertility）

生育力也被称为可育性或生殖力，特指动物在繁殖过程中的能力。对于公羊而言，生育力主要体现在其产生健康精子并与卵子成功结合的能力；而对于母羊，生育力则体现在其能够正常排卵并成功孕育胎儿的能力。

5. 繁殖能力（reproductive ability）

繁殖能力更侧重于描述绵羊个体（无论公母）在维持种群延续方面的能

力。这包括生产足够数量的健康后代，以确保种群的持续发展和稳定。

6. 繁殖潜力（reproductive potential）

繁殖潜力是一个更为综合的概念，它描述了一个生物在特定时间段内所能达到的最大繁殖水平。这不仅涵盖了生育能力和繁殖能力，还涉及了动物在繁殖过程中的整体表现和潜力。母羊的生命周期与其繁殖潜力密切相关，因为繁殖潜力的发挥直接影响了其繁殖效率和后代质量。因此，在绵羊育种实践中，我们需要充分考虑这些因素，以提高绵羊的繁殖性能和种群质量。

为了更准确地评估和理解绵羊的繁殖能力，可以从多个方面进行考量，包括绵羊的繁殖周期、绵羊的交配频率、季节性变化以及环境因素。绵羊的繁殖周期和交配频率是影响其繁殖能力的重要因素，而季节性变化则会导致绵羊在不同季节中的繁殖能力出现差异。此外，环境因素也对绵羊的繁殖能力产生重要影响，例如饲料、水源和栖息地的状况，这些因素都是决定绵羊繁殖成功率的关键。通过深入了解绵羊的繁殖能力，可以更好地掌握其繁殖策略、适应能力以及对环境变化的反应。些指标相互关联，其中多胎性和多羔性是决定繁殖力的重要因素。多胎性影响每年产羔的次数，而多羔性影响每次分娩所生产的羔羊数量。综合多胎性和多羔性得出繁殖力的值反映了绵羊种群或个体在繁殖上的整体表现[8-9]。在生产实践中，人们通常把多胎多羔连在一起用，常把繁殖力很高的绵羊称为多胎多羔羊。

第二节　与绵羊产羔数相关的基因

绵羊繁殖特性对养羊业经济意义大，主要反映在产羔数和季节性发情上。产羔数作为关键生产指标，受多种因素影响，特别是排卵数。数据显示，绵羊产羔数与排卵数高度相关（0.96）。虽然产羔数遗传力（0.11）较低，但排卵数遗传力较高，自然群体中约为0.19，选择群体中可高达0.30。这是因为产羔数是个复合性状，最少可以分为排卵数、受精率和胚胎成活率等组分。绵羊在出生前，卵巢上就已经形成了大量的原始卵泡。在初情期之前，这些卵泡虽然能够发育，但无法成熟并排卵。当卵泡发育到一定程度时，它们会闭锁并退化。然而，在初情期之后，每个发情周期中可能有多达几十个卵泡能够发育。

然而，在单羔品种中，最终能够发育成熟并排卵的卵泡通常只有1～2个，而其余的卵泡会在中途闭锁并凋亡。相比之下，多羔品种的卵泡则有更多的机会发育成熟并排卵。

绵羊繁殖特性研究取得显著进展，已鉴定出多个与多羔性状相关的重要基因突变，主要集中在转化生长因子-β（TGF-β）通路的相关基因上，如*FecB*、*BMP15*、*GDF9*等。此外，还发现了不属于TGF-β信号通路的*FecL*基因，该基因可调控绵羊排卵数。

大多数多羔主效基因均属于TGF-β信号通路成员。其中，*FecB*基因亦称为*fecundity booroola*，是首个被证实与绵羊产羔数密切相关的主效基因。Montgomery等（1994）通过运用微卫星标记和遗传连锁方法，成功地将*FecB*基因定位于绵羊的6号染色体上[10]。随后的深入研究进一步揭示，该基因实际上是绵羊骨形态发生蛋白受体1B型基因（*BMPR1B*）的编码区发生了A746G的突变，导致其所编码的氨基酸由谷氨酰胺转变为精氨酸（Q249R）。这一特定的突变削弱了*BMPR1B*在BMP信号通路中的配体功能，从而加速了卵母细胞的成熟和排卵过程，最终导致排卵数的增加。

研究表明，*FecB*突变在多个高产羔数的绵羊品种中均有所发现，包括湖羊、小尾寒羊、布鲁拉美利奴羊（Booroola Merino sheep）、印尼爪哇羊（Indonesia Javanese sheep）和加罗莱羊（Garole sheep）等。

位于绵羊X和5号染色体上的骨形态发生蛋白15（*BMP15*）和生长分化因子9（*GDF9*）基因也是TGF-β家族中的重要成员。这两个基因是通过欧洲科学家利用自然突变的高产羔数绵羊群体，构建遗传连锁图谱，并利用微卫星扫描或全基因组关联分析（GWAS）定位获得的影响绵羊产羔数的主效基因。*BMP15*和*GDF9*基因具有高度的氨基酸序列同源性，通常共同形成异源二聚体，作用于骨形态发生蛋白Ⅱ型受体（BMPRⅡ），并激活Smad2/3和Smad1/5/8信号通路，以促进颗粒细胞的增殖和分化、卵泡发育，并增加排卵数。目前，已在不同绵羊品种中识别出*BMP15*基因的10个与排卵率、繁殖力相关的点突变，这些突变具有不同的功能。与此同时，在*GDF9*基因中也发现了11个突变，这些突变均可对排卵和产羔产生影响。

基因编辑技术已经应用于大动物模型上。研究者们利用CRISPR/Cas9技术成功获得了具有g. A746G点突变的*FecB*绵羊。然而，关于这些突变羔羊繁殖能力的研究尚未见报道。吴艳芳等获得了突变的滩羊，还证明了具有*FecB*突变的滩羊比野生型滩羊具有更高的产羔数[11]。这些研究为通过获得*FecB*突变的绵羊来提高绵羊产羔数提供了新的方向。

至于*BMP15*和*GDF9*，由于效应位点较多且难以选择，或在一些绵羊群体中存在自然突变，关于它们在绵羊上的报道相对较少。

经过全球范围内多个绵羊品种的验证，上述三个与多羔性状紧密相关的主效基因中的多个突变位点已被确认。近年来，研究者利用不同的绵羊群体，在这三个基因中发现了新的突变，这些发现为绵羊产羔性状的研究提供了新的视角和参考依据。此外，通过运用转录组及代谢组等分析手段，研究者发现，在这三个基因发生突变的个体中，与胰岛素分泌、cAMP、MAPK、Smads、Hippo等关键信号通路存在显著的富集现象。进一步的研究还发现，这些突变个体卵泡液中的葡萄糖6-磷酸、天冬氨酸、半胱氨酸、谷胱甘肽等关键代谢物与排卵率的提升存在显著关联。这些研究成果将有助于更深入地理解和阐明绵羊多羔性状的发生机制。

除了TGF-β信号通路，还有其他主效基因对绵羊产羔数产生影响。其中，*FecL*基因是经由法国农科院Bodin等从1975年至1996年间，通过五个世代的选育构建的Lacaune绵羊回交家系，经过基因组扫描、高通量测序以及分子生物学验证，于2013年成功定位*B4GALNT2*基因（beta-1，4-N-acetylgalactosaminyltransferase2），其可能的机制是突变导致*B4GALNT2*基因在卵泡中的异位表达。这种异位表达使得颗粒细胞中该蛋白的高表达改变了卵泡中特定靶蛋白的糖基化状态，从而影响排卵数[12]。

近期研究还揭示了其他与绵羊产羔性状相关的重要基因，如*FSHR*、*LEPR*、*HIRA*、*COIL*等。这些功能基因上的突变位点会对繁殖相关的生物学过程产生影响。例如，*FSHR*通过影响排卵过程而影响产羔数；*LEP*及其受体*LEPR*参与卵泡的成熟和发育，影响胚胎附着和排卵过程；*HIRA*可能通过参与卵母细胞的发育而影响产羔数；而*COIL*则影响绵羊卵巢和卵泡发育。

研究者还利用产羔数有显著差异的绵羊个体进行了比较生物学研究。从转录组和蛋白质层面，他们鉴定到了多个相关基因及信号通路，如*DLG4*、*GSTK1*、*RRM2B*、*STMN1*等，这些基因分别参与昼夜节律、谷胱甘肽（GSH）代谢和胰岛素分泌合成等相关激素调节过程。同时，PRL、POMC和GNRH1能影响促性腺激素释放激素（GnRH）活性和生殖激素的释放；FOXO4可调节卵泡发育和卵母细胞成熟；FLT3与KILTG能协同促进卵泡成熟和排卵；NLRP5可与卵泡发育相关的蛋白质相互作用，参与卵泡生成。这些结果使研究者对影响绵羊繁殖性状的机制有了更深入的认识。

第三节　与绵羊季节性发情相关的基因

绵羊季节性发情研究已鉴定出与 *TSHR*、*MTNR1A* 等基因有关，这些基因通过绵羊对光照的反应调控生殖激素合成，影响发情。这为理解绵羊繁殖机制和提高养羊业效益提供了理论基础和实践指导。季节性发情是绵羊繁殖能力的重要限制因素，光照通过下丘脑-垂体-性腺轴（HPGA）系统引起季节性发情。其机制是光照刺激视网膜产生视神经冲动，传至下丘脑视交叉上核(SCN)，SCN 作为生物钟信号至松果体，引起褪黑素（MLT）分泌改变。MEL 通过 HPGA 轴引起促性腺激素释放激素（GnRH）及相关生殖激素的合成和释放，调控季节性发情。*TSHR* 和 *MTNR1A* 基因被认为是影响绵羊季节性发情的重要调控基因，可作为改良绵羊季节性发情的重要分子标记。

TSHR 最初在狗的甲状腺中被发现，经过对不同环境下野生和家养品种的选择性分析，发现 *TSHR* 在鸡和绵羊的驯化过程中均受到强烈选择。此外，*TSHR* 可通过 HPGA 轴通路反馈调节季节性繁殖活动。目前认为，下丘脑中的促甲状腺激素 β 亚基（TSHβ）可与 *TSHR* 结合，通过 cAMP 通路调控四碘甲状腺原氨酸（T4）与三碘甲状腺原氨酸（T3）的转换，进而调节哺乳动物对光照周期的应答与季节性发情。在索依绵羊（Soay sheep）中，光照长短能通过调节 TSHR 的表达影响绵羊的季节性繁殖活动。通过对国内多个地方绵羊品种的重测序及分群验证，证实该基因的多态性与中国本土绵羊的季节性发情行为和繁殖活动显著相关。

MTNR1A 基因于 1996 年首次在西伯利亚仓鼠中被发现，参与介导褪黑素对哺乳动物生殖活动的影响。随后，在阿尔勒美利奴羊（Arles Merino sheep）、阿拉贡内萨羊（Aragonesa sheep）和萨达羊（Sarda sheep）、小尾寒羊等绵羊品种中陆续发现 *MTNR1A* 基因与绵羊卵巢的排卵活动和产羔频率相关。目前，绵羊 *MTNR1A* 基因的不同突变不仅与绵羊的季节性发情和产羔有关，同时某些突变还对雄性绵羊的繁殖活动（如外阴嗅探、爬跨等）产生促进作用，因此 *MTNR1A* 基因被公认为调节哺乳动物繁殖活动的重要基因。

第四节　乳腺发育和泌乳量

乳腺是哺乳动物分泌乳汁哺育后代的重要器官，对于哺乳动物的繁殖至关重要。乳腺的发育主要在出生后进行，进入初情期后乳腺导管不断延伸直至铺满整个脂肪垫，妊娠后，乳腺会进一步发育进而能够分泌乳汁。乳腺发育受到激素和复杂信号网络的精密调控。

一、乳腺发育过程

乳腺是哺乳动物特有的器官，其发育和泌乳过程是生物学上的一个奇迹。乳腺发育始于胚胎期，那时乳腺的原始组织就开始形成。出生后，随着幼畜成长，乳腺进一步发育，最终在雌性动物进入生育期时，乳腺完全成熟。在发育过程中，乳腺组织逐渐分化出输乳管、腺泡等结构。这些结构在泌乳时会分泌乳汁，并通过输乳管输送到乳头，供幼畜吸食。此外，乳腺发育过程中还会形成大量的乳腺细胞，这些细胞是产生乳汁的场所。

在母羊的一生中，乳腺经历了大小、结构、组成和活性的变化。乳腺的发育包括五个不同的阶段：(1) 乳腺生成[13] (mammogenesis)、(2) 初乳形成 (colostrogenesis)[14]、(3) 泌乳启动[15] (lactogenesis)、(4) 泌乳维持 (galactopoiesis)[16] 和 (5) 乳腺退化[17] (involution)。

乳腺的发育在出生前开始并在出生后继续，尤其是在不同的生殖期。乳腺主要由两个主要结构组成：①基质，由支持结缔组织和脂肪组织组成；②薄壁组织，它们是特化的分泌细胞，腺薄壁组织负责乳汁的产生[18]，产生的奶量受到乳腺中存在的细胞数量和每个细胞的分泌能力的限制。在母羊中，20%的乳腺生长和发育发生在出生到第一次妊娠期间，78%发生在妊娠期（乳房形成），2%发生在泌乳期早期。

绵羊乳腺由位于大面积脂肪垫内的部分发育的导管系统组成。一旦妊娠，这些导管系统尺寸增大，上皮细胞增殖，脂肪组织移位形成第一小叶腺泡组织 (lobulo-alveolar tissue)[19]。妊娠期间，乳腺发育受到垂体前叶、卵巢和肾上腺分泌的促乳素（催乳素）、雌激素、孕激素的刺激，还有由发育中的胎儿释放的胎盘催乳激素的刺激。乳腺在整个妊娠期持续发育。

在反刍动物中，初乳形成和积累在妊娠最后一个月内开始[20]。初乳形成（产前成分的转移）的发生与下列因素的显著下降有关。而在初乳形成之后，随着分娩临近，一些激素的变化又对大量泌乳的启动起到关键作用，孕酮（分娩前30天至10天）以及催乳素（分娩时）的突然升高，可能有助于大量泌乳的开始。在整个妊娠期，免疫球蛋白被转移到乳腺分泌物中，其中主要的亚类IgG1，占初乳中所有免疫球蛋白的98%。在奶牛乳腺组织中，IgG1主要发现于腺泡上皮细胞和产前组织的腔中，而IgG2局限于腺泡周围的基质区域。乳腺上皮细胞含有一种特异性IgG受体（Fc receptor），该受体在将IgG1移入初乳和乳汁中起着积极作用[21]。从大脑垂体后叶腺体释放的催产素和吮吸刺激反射二者共同作用，导致腺体排乳肌上皮细胞收缩，初乳/乳汁进入乳腺导管而供羔羊吮食。

激素是调节生物体生理活动的重要物质，一些激素如催乳素、催产素等在乳腺发育和泌乳过程中起着重要作用。这些激素可以调节乳腺细胞的增殖和分化，从而影响乳腺的发育和泌乳功能。例如，催乳素可以促进乳腺细胞的增殖和分化，进而促进乳腺的发育。而催产素则可以刺激乳腺细胞分泌乳汁，从而影响乳汁的分泌量。除了以上两种激素外，还有一些其他的激素如生长激素、胰岛素等也对乳腺发育和泌乳过程有一定的调节作用。这些激素通过与乳腺细胞上的受体结合，产生一系列的生理反应，最终影响乳腺的发育和泌乳过程。

总之，乳腺发育和泌乳过程是一个复杂的生物学过程，涉及多个方面的调控机制。了解这些机制有助于更好地理解哺乳动物的生殖和育儿行为，同时也为未来的生物医学研究和疾病治疗提供一定的理论支持。

二、初乳及其重要性

初乳（colostrum）是母羊分娩后1～3d分泌的乳汁，含有丰富的生物活性物质，如糖、脂肪、蛋白质（包括免疫球蛋白、激素、酶和生长因子）、矿物质和维生素等，对新生儿的生长和免疫系统发育具有重要意义。初乳蛋白质含量高，脂肪和糖含量较低，铁含量是常乳的10～17倍，维生素D和维生素A分别是常乳的3倍和10倍。常乳是母羊在分娩后一段时间内持续分泌的乳汁。虽然其营养成分和免疫因子相对较少，但它仍然是新生羊成长所必需的。

初乳具有以下特点：

（1）高蛋白质　初乳蛋白质含量很高，为新生儿免疫系统的构建提供了坚实的保障。不同品种的初乳蛋白质含量在产后均急剧下降，这可能是因为新生的羔羊已经获得了部分免疫。

(2) 低乳糖　乳糖是以单体分子形式存在于乳汁中的唯一双糖，由葡萄糖和半乳糖通过1,4-糖苷键连接而成，经乳腺内乳糖合成酶作用产生。乳糖在小肠中分解成单糖并被吸收，在羔羊的神经系统和骨骼发育过程中起着重要作用。初乳乳糖含量相对于其他营养物质较低，这可能是由于新生羔羊消化功能不成熟，乳糖酶分泌水平和活性没有达到要求的水平，乳糖过多可能会造成羔羊消化不良，低乳糖含量有利于新生儿对免疫球蛋白的吸收[22-23]。此外，初乳乳糖含量随着哺乳天数的增加而增加并趋于稳定，这可能是因为乳糖为新生儿提供了足够的能量，使其在出生后保持恒定的体温[24]。

(3) 高脂肪：在绵羊初乳生物活性物质中，脂质是至关重要的，因为它们具有很高的营养价值，初乳脂肪含量是判断初乳质量的主要指标之一。与其他反刍动物相比，绵羊初乳脂肪含量相对较高为9.94%，而在山羊和奶牛中分别为6.39%和6.66%[25]。此外，由于绵羊初乳脂肪颗粒较小（平均直径为3.6μm)[26]，因此其具有更高的消化率和更高的新陈代谢效率。脂类还可以促进营养物质的吸收，以确保新生儿早期阶段免疫系统的建立。

绵羊是上皮绒毛膜胎盘（epitheliochorial placenta)，其特征是母体子宫内膜的上皮层与胎儿胎盘的绒毛膜紧密贴合，但无蜕膜组织层的存在。这种胎盘只允许母体和胎儿之间进行营养和氧气的交换，而阻止母体和胎儿之间的血液交流，免疫球蛋白和其他免疫因子不能穿过胎盘屏障传给胎儿。因此，新生羔羊在出生时就会出现“无丙种球蛋白血症”（agammaglobulinaemia)，几乎没有循环的免疫球蛋白[27-28]。此外，由于新生羔羊的免疫系统发育不成熟，无法充分预防各种病原微生物的侵袭，因此它们需要初乳进行被动免疫转移。

初乳含有丰富的母体抗体，这些抗体通过羔羊吮吸初乳进入羔羊的循环，随后启动羔羊自身的免疫功能。初乳也是第一个营养来源，含有蛋白质、脂肪、乳糖和矿物质，有助于满足新生羔羊的整体能量需求，支持生长和肌肉发育，并进一步帮助被动免疫转移。初乳还含有激素、抗菌成分、抗炎成分和生长因子，如生长激素和胰岛素样生长因子1（IGF-1)，它们有助于胃肠道的发育并抵御病原体。初乳中这些免疫、内分泌和营养成分的质量和浓度取决于母体因素，包括年龄、营养状况和环境。需要更好地了解这些因素如何影响母羊的初乳产量和质量。

三、绵羊泌乳量

绵羊的泌乳量会受到遗传、年龄、品种、挤奶方式、产羔数、生理状态等因素的影响，然而，由周产奶量轨迹所定义的泌乳曲线总体形状基本保持稳定。从经济或生物学角度来看，泌乳曲线形状具有重要意义，因为在整个哺乳周期中，稳定产出适量奶量的绵羊优于在高峰期产奶量较大，但随后产奶量减少的绵羊。描述哺乳动物产奶量随时间变化规律的模型主要有 Wilmink 模型、逆多项模型及 Ali-Schaeffer 模型和 Wood 模型等，其中 Wood 模型在羊泌乳性能评估中应用最多。Wood 模型为：

$$y=at^{b}\mathrm{e}^{-ct}$$

式中，y 为在泌乳第七天的日产奶量；参数 a 为母羊在产羔后第 i 天的泌乳量；t 为泌乳天数；参数 b 为泌乳高峰出现前泌乳曲线的上升速率；参数 c 为泌乳高峰出现后泌乳曲线的下降速率[29]；e 为自然对数的底。

Wood 模型具有普遍性，是 a、b 和 c 这 3 个参数的时间序列变化。这就是说，在一个具体的泌乳周期中，只要有 3 个测定日的泌乳量，就可以根据这个通用公式估计出个体的泌乳模型。

李金辉等通过 Meta 分析得到的泌乳量预测模型具有代表性（图 3-3）[30]。绵羊泌乳模型是 $y=0.6772t^{0.3494}\mathrm{e}^{-0.014t}$，这包括了乳用绵羊和非乳用绵羊所有测定值。其中，乳用绵羊泌乳模型为 $y=0.7968t^{0.2562}\mathrm{e}^{-0.009t}$，非乳用绵羊泌乳模型为 $y=0.57t^{0.441}\mathrm{e}^{-0.026t}$。模型中，$y$ 为预测泌乳量，kg；t 为泌乳天数，d；e 为自然对数的底（2.7183)。此研究获得的绵羊泌乳模型可为泌乳期母羊和哺乳期羔羊精准饲养提供基础参数。

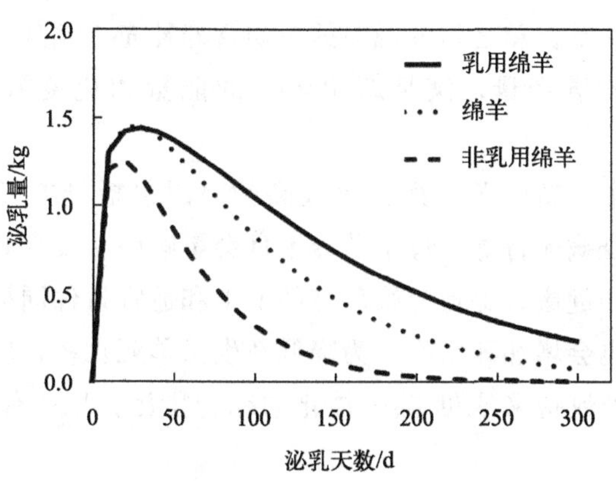

图 3-3 乳用绵羊、非乳用绵羊的泌乳量和泌乳天数拟合图

应用绵羊泌乳模型可以计算出第 1、2 和 3 天的泌乳量分别为 0.67kg、0.84kg 和 0.95kg，它们之和就是初乳量（colostrum volume），约为 2.46kg。这基本上能表示在种属水平上，绵羊初乳量约为 2.5kg。如果测定初乳中 IgG 的比例，就可以大致估算出绵羊通过初乳向羔羊传递的抗体量。这个抗体量就是保护初生羔羊健康所需的基本水平。如果母羊产 n 只羔，这个抗体量将由 n 只羔羊分享。人们经常担心与产单羔相比，这 $1/n$ 抗体量能否保护全部新生羔羊。

绵羊泌乳峰值时间大约为第 25 天，峰值泌乳量约为 1.47kg，泌乳持续力为 5.76。绵羊的泌乳量比山羊的低，在奶绵羊上测定到一天的最大泌乳量约 1.45kg。绵羊泌乳持续期尽管可以模拟计算到 300 日龄左右，但是实际上不会有这么长，大约在 150 日龄基本上就干乳了。

在以放牧为基础的绵羊生产系统中，新生羔羊死亡率通常达到出生羔羊的 15%～20%，多胞胎的死亡率可能会增加一倍[31]。母羊营养状况对初乳的产量具有显著影响。相较于窝产单羔母羊，窝产多羔母羊的营养需求更高，由于妊娠子宫对瘤胃的挤压以及自愿采食的限制，这一问题愈发严重。这些因素的综合效应导致仅依靠牧草供应难以满足多胎母羊的营养需求。为解决此问题，可在妊娠末期补充精料，这种方法可提高初乳产量并降低其黏度，从而使新生羔羊更容易吮吸。此外，产羔数和营养状况会加速循环孕酮浓度的下降，进而触发分娩和泌乳，确保两者的同步进行。

大多数谷物富含淀粉形式的能量，在妊娠晚期用作补充料时，初乳产量将比未补充时增加 90%～185%。不同谷物导致的反应差异可能源于反刍后淀粉消化量的差异。以玉米、大麦和燕麦为例，它们在后级消化道中的淀粉量分别为 14%、8.5%和 2%。补充豆类和油籽等优质蛋白质也可提高初乳产量，但效果较谷物略逊一筹。总之，分娩前的短期营养补充，尤其是富含能量的精饲料，有助于提高初乳产量，满足新生羔羊的能量和免疫需求，提高羔羊存活率。

在绵羊生产中，新生羔羊死亡率较高的原因包括母羊营养状况、分娩环境、气候变化和疫病流行等。母羊营养不良会影响胎儿发育和乳汁质量，进而影响羔羊的生长和健康。保持分娩环境的卫生和适宜条件同样至关重要。气候变化和疫病流行也会增加死亡率。为降低新生羔羊死亡率，应关注这些因素并采取相应对策，特别应采取母-羔一体化的综合措施，以确保绵羊养殖业的可持续发展。

第五节　湖羊产羔数分布和基因组选择

鉴于区分窝产单羔与窝产多羔湖羊群体及提高产羔数候选基因检测准确性之需，从400只经产母羊（产三胎及以上）群体中依据平均窝产羔数，分别从窝产羔数最多和最少的两端各挑选出20只湖羊。这40只湖羊之间不存在血缘关系。窝产单羔窝产与多羔两组湖羊群体平均窝产羔数存在极显著差异（$p<0.01$）。具体来看，窝产单羔群体平均窝产羔数为1.00±0.00只，20只窝产单羔个体在三次及以上的全部胎次中，窝产羔数均为1只；窝产多羔群体平均窝产羔数为3.07±0.19只，20只窝产多羔个体的头胎平均窝产羔数为2只及以上，经产平均窝产羔数为3只及以上。

一、参考群体、候选群体及它们间的关系

参考群体（reference population）是指已经进行了表型和基因型测定，用于估计基因型效应和预测育种值的群体。候选群体（candidate population）是指未知表型但已经进行了基因型测定，需要预测育种值的群体。参考群体和候选群体之间的遗传关系越紧密，对全基因组选择（GS）准确度越有利。通常用它们之间的遗传相关系数来衡量遗传关系紧密程度。

参考群体和候选群体之间的关系受到多种因素的影响，如参考群体的规模、构成、更新策略，以及候选群体的遗传背景、选择强度、性别比例等。因此，优化参考群体和候选群体的构建和更新策略，是提高GS效率的关键。近年来，有许多研究探讨了不同的构建和更新策略对GS准确度和遗传进展的影响。

参考群体规模越大，GS准确度越高；候选群体与参考群体越近缘，GS准确度越高。不同性别比例对GS准确度和遗传进展有不同的影响，需要根据性状遗传力和基因分型比例进行选择[32]。例如，选择对秋季产羔率有较高影响的遗传进展。经过17年的选择提高母羊在非季节性春季交配后的受孕率（即秋季产羔率），选育组母羊的受孕率每年提高约1%，并且大部分母羊在公羊引入时就已经发情，而不是被公羊诱导发情。选择还对母羊体重、公羊阴囊围和初生重等其他性能特征产生一定的影响。选择改善了母羊在非季节性繁殖

中的受孕率，并且与其他性能特征的遗传拮抗较小[33]。

亲缘信息对 GS 准确度有显著的提高作用，尤其是当参考群体规模较小或候选群体与参考群体间存在遗传差异时。利用亲缘信息可以有效地提高 GS 准确度，降低参考数据收集的成本，增加育种方案的灵活性[34]。

二、全基因组选择信号扫描

采用滑动窗口法（窗口大小为 100kb，步长为 10kb），用 F_{st} 和 H_p 两种方法对窝产单羔和窝产多羔湖羊群体进行选择信号扫描。将 F_{st} 和 H_p 结果进行标准化后做曼哈顿图（图 3-4），将 $Z(F_{st})>2.326$ 和 $Z(H_p)<-2.326$ 作为阈值来筛选受选择区域（$p<0.01$）。结果显示：F_{st} 方法筛选出了 585 个受选择区域，区域的平均长度为 195.82kb；H_p 方法筛选出了 4470 个受选择区域，区域的平均长度为 142.73kb。同时达到上述两种检测方法阈值的受选择区域数量为 500 个，其中，包含了 1101 个基因。

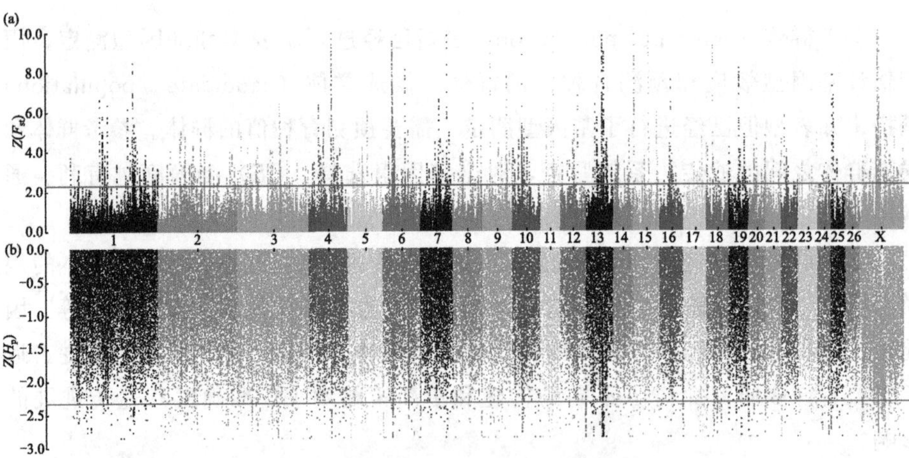

图 3-4 湖羊产羔数全基因组选择信号检测（见文后彩插）

（a）$Z(F_{st})$ 曼哈顿图；（b）$Z(H_p)$ 曼哈顿图

图 3-4（a）中蓝色实线表示选择信号筛选阈值［$Z(F_{st})>2.326$，即 $p<0.01$］；图 3-4（b）中蓝色实线表示选择信号筛选阈值［$Z(H_p)<-2.326$，即 $p<0.01$］。图中不同的颜色代表不同的染色体。

通过 Metascape 在线数据库对筛选出的 1101 个基因进行基因本体（GO）通路富集分析，以 p 值校正后的阈值 q 小于 0.05 为标准筛选显著通路。分析结果显示，这些受选择的基因主要集中在胚胎发育、生殖系统发育以及生殖腺发育等过程。在富集到的通路中，筛选出 11 个与繁殖性能相关的通路，共计包含 101 个候选基因。

三、正选择基因鉴定

正选择基因是指在特定环境或繁殖条件下，能够赋予个体生存或繁殖优势的基因。在绵羊育种中，正选择基因可能涉及提高繁殖能力、生长速度、疾病抵抗力等性状。通过选择具有正选择基因的个体，育种目标可以朝着提高这些性状的方向发展。正选择基因是一种本身就具有优势的基因，能够提高个体的生存和繁殖能力。而基因受到正选择（positive selection，directional selection）则是自然选择过程中对于有利于适应环境的基因变体的定向选择。这两者都表明了自然选择对于基因频率的影响，但侧重点略有不同。

负选择基因是指在特定环境或繁殖条件下，可能导致个体生存或繁殖劣势的基因。在绵羊育种中，负选择基因可能涉及疾病易感性、生长缓慢等性状。通过选择不具有负选择基因的个体，育种目标可以避免这些不利性状的遗传，从而提高整体群体的适应性。负选择基因是受到负选择的基因之一。而基因受到负选择（negative selection，purifying selection）是自然选择的一种结果。无论是负选择基因还是其他基因，都可能受到自然选择的压力，以保持生物体的适应性和多样性。

平衡选择（balance selection）是在正常杂交群体中，部分等位基因的纯合体仅在少数个体中存在，且在适应度上低于杂合体。这将导致选择压力倾向于在多个座位上发展复等位基因系列。因此，平衡选择有助于在种群中维持遗传多样性，而非仅选择最有利于的基因型。这是因为超显性等作用，群体中某些性状的潜在作用位点在选择的作用线上保持较高的遗传多态性和杂合度，可能与绵羊育种中的杂种优势相关。

平行选择（parallel selection）是与平衡选择相对应，在绵羊的不同亚群中，由于偶然或其他主观因素，某些性状的潜在遗传位点朝着相同的方向被选择，这被称为平行选择，如不同绵羊品种对产羔数或产奶量的选择。

歧化选择（disruptive selection）是选择作用导致某些性状的潜在遗传位点在不同的亚群中朝着不同的方向进化，例如果蝇的长翅与残翅。

选择性清除（selective sweep）是在中性进化理论下，新的突变需要较长时间才能在群体中达到较高频率，且这些突变周围的连锁不平衡程度受重组率影响，在一段时间内几乎完全衰减降解。因此，基因组上大部分未受选择作用的遗传位点始终处于随机漂变状态，彼此之间的连锁不平衡容易衰减，单倍型长度相对较短。然而，在选择作用下，有利等位基因频率在较短时间内达到较高值，重组作用受到一定程度的对冲，不能对长范围单倍型造成实质性降解。同时，选择作用导致的连锁不平衡使得选择位点附近的中性位点基因频率随之增加，形成长范围的单倍型纯合。群体遗传学中将这种由选择作用导致的部分染色体片段多态性降低现象称为选择性清除。

搭便车效应（hitchhiking effect）：选择位点周围的中性位点因选择作用而出现基因频率迅速增加的现象，被通俗地称为“搭便车”效应。

用 F_{st} 方法对上述鉴定到的 101 个候选基因内的所有变异位点进行选择信号检测，以 $F_{st}>0.27$ 为标准筛选受选择变异的位点，共筛选到了 47 个受到正选择作用的基因，包括骨形态发生蛋白 2（bone morphogenetic protein 2，*BMP2*）基因、骨形态发生蛋白 5（bone morphogenetic protein 5，*BMP5*）基因、骨形态发生蛋白受体 1B（*BMPR1B*）和透明带蛋白 3（zona pellucida protein，*ZP3*）基因等。无疑，进一步探究其他选择作用具有重要意义。在绵羊的分子设计育种过程中，深入理解正选择基因与负选择基因的作用，对制订育种策略至关重要。通过选择性培育和遗传改良，可以改善绵羊种群的遗传结构和表现性状，以满足人类生产与生活需求。同时，还需关注保持种群遗传多样性和生态平衡，防止过度追求单一性状导致的基因资源和生态环境被破坏。

四、全基因组选择信号检测策略

选择的含义是个体表现型或群体适应度在特定环境条件下（无论是自然环境还是人为干预），影响某一个或多个特定等位基因频率的过程。选择信号是此过程中形成的基因层面的选择痕迹。运用固定指数（F_{st}）和 Hardy-Weinberg 平衡（H_p）两种策略对全基因选择信号进行检测。Wright（1953）首次提出 F_{st} 概念，并随后在此基础上发展出一种基于群体比较的单位点选择信号检测方法[35]。F_{st} 策略被视为群体基因组学比较研究领域的有效手段之一。至今，众多研究采用 F_{st} 方法检测全基因选择信号，取得了显著成果。例如，Axelsson 等成功运用 F_{st} 策略在狼和狗的种群间筛选出淀粉消化功能候选基因[36]。

F_{st} 是评估两群体间遗传分化的参数。另外一种选择信号检测方法，即 H_p 检测法，是用于衡量杂合率的一种参数。杂合率越低的位点，表明其多态性水平越低，受到的选择作用更强。通过结合 F_{st} 和 H_p 两种检测法能够筛选出遗传分化程度高且遗传多样性低的区域，更严格的选择标准能够提高筛选结果的可信度。

在 F_{st} 和 H_p 两种检测法的共同作用下，得以构建起全面、立体的遗传分化指数评估体系，使得遗传分化的研究更为深入、精细。在这一体系之下，研究人员能够对多个群体进行比较分析，以获取更精确的遗传分化信息。

F_{st} 作为衡量两群体间遗传分化的参数，能够提供较为宏观的遗传分化程度信息，它可以揭示群体间的遗传差异，帮助确定研究的重点区域。而 H_p 检测法作为衡量杂合率的一种参数，可以提供更为微观的遗传信息，能够揭示各个位点的基因多态性水平，以及其受到的选择作用。

通过将 F_{st} 和 H_p 两种检测法相结合，可以构建起一个更为全面、细致的遗传分化模型，以帮助深入了解遗传分化的成因和机制。这样，能够根据研究目标和需求，灵活地选择不同的分析策略，从而为后续的遗传分化研究和分析奠定坚实的基础。

通过这种综合的检测方法，可以在研究过程中获取更为可靠的遗传信息，从而提高研究结果的准确性和可信度。这不仅有助于更好地理解遗传分化的现象，同时也为后续的遗传资源开发和利用提供了更为科学的依据。总之，F_{st} 和 H_p 检测法的结合能够为遗传分化的研究提供更为全面、深入的信息。

五、全基因组关联分析和多羔候选基因的筛选

全基因组关联分析（genome-wide association study，GWAS）旨在探讨多个个体在全基因组范围内的遗传变异（标记）多态性，以获取基因型，并将其与表型进行群体水平的统计学分析。通过统计量或显著性 p 值，筛选出最可能影响某一性状的遗传变异（标记），进而挖掘与性状变异相关的基因。

在窝产单羔和窝产多羔湖羊群体的全基因组选择信号检测与通路富集基础上，候选基因主要集中在生殖系统、结构发育和性腺发育等通路上，共筛选出包括 *BMP2*、*BMP5*、*BMPR1B* 和 *ZP3* 在内的 47 个产羔数候选基因。这些候选基因所检测到的正选择位点大部分位于内含子上，可能通过调节基因转录等方面发挥作用，具体的遗传效应需进一步研究。

BMPR1B 基因在生物体中的重要作用已经得到广泛的认可。研究发现，

该基因上的一个非同义突变位点 *FecB* 在布鲁拉羊中具有显著的遗传效应和作用机理。经过多方面的系统性研究，包括表型关联、细胞表达和转录组等，*FecB* 突变被认为是目前绵羊产羔数研究中最为清晰的主效基因。

BMPR1B 基因的 3′UTR 区域另一个变异位点也受到了强烈正选择作用。有趣的现象是，这个位点在窝产单羔和窝产多羔湖羊群体中的等位基因频率与 *FecB* 位点完全一致。进一步的连锁不平衡分析结果表明，这两个位点不存在连锁现象。因此，研究人员推测这两个位点在遗传上具有独立性。然而，这个变异位点是否会影响绵羊的产羔数以及其作用机制仍然是一个值得深入探讨的问题。

研究人员发现，绵羊的 *BMPR1B* 基因位点对产羔数有巨大影响，但在山羊、猪、牛等其他家畜上未观察到此影响。这引发了为什么此基因效应只在绵羊上出现的疑问。为解答此疑问，需进一步研究 *BMPR1B* 基因在绵羊产羔数中的作用机制，以及该基因在其他家畜中的功能。对 *BMPR1B* 基因的深入研究有望为提高绵羊产羔数提供理论依据和技术支持。总之，*BMPR1B* 基因在绵羊产羔数中的重要作用已明确，但关于该基因在其他家畜中的功能及为何在绵羊上具有巨大效应的问题仍需进一步研究。研究人员应继续深入探讨 *BMPR1B* 基因在绵羊产羔数中的作用机制，为我国畜牧业发展提供有益参考。

产羔数候选基因中包括 *BMP2* 和 *BMP5* 基因，这两个基因是 *BMP* 家族成员。*BMP* 家族在体内具有广泛的生物学功能，如软骨和骨的形成、早期胚胎发育、免疫和内分泌功能的调节等。*BMP2* 基因与绵羊尾部脂肪沉积和尾型相关，研究表明 *BMP2* 可能是绵羊产羔数的候选基因。*BMP5* 基因最初被发现在骨发育过程中发挥作用，如颅底骨发育、牙周组织再生和人体骨赘的形成。目前对 *BMP5* 基因的研究主要集中在促进细胞凋亡和抑制肿瘤等方面，尚未发现其对绵羊产羔数的遗传效应。

BMP 家族在生物学中具有重要作用，其成员众多引发了疑问。*BMP* 家族成员具有相似结构和功能，但有一定差异，可发挥特异作用。*BMP* 家族成员众多的原因在于其基因保守性强，使成员能在不同生物中发挥相似功能。基因突变和重组增加其多样性，满足生物生长发育和适应需求。*BMP* 家族成员间的相互作用增加其数量，使它们在生物体内调控网络中占据重要地位。总之，*BMP* 家族的庞大和重要性源于其在生物发育、生长和分化中的关键作用，及成员间的相互作用和多样性。这有助于更好地认识生物体内调控机制，为生物学研究提供新思路。未来对 *BMP* 家族的研究将揭示更多生物生长发育和环境适应的奥秘。

参考文献

[1] 肖帆，张利平，吴建平，等. 绵羊 mtDNA 变异与产羔数关联分析. 畜牧兽医学报，2021，52(7)：1831-1844

[2] Jitka, Schmidová, Michal, et al. Estimation of genetic parameters for litter size in Charollais, Romney, Merinolandschaf, Romanov, Suffolk, Šumava and Texel breeds of sheep. Small Ruminant Research, 2014.

[3] Gilbert A N. Mammary number and litter size in Rodentia: The "one-half rule". Proceedings of the National Academy of Sciences, 1986, 83(13): 4828-4830.

[4] Stewart T A, Upham N S. Why so many mammae, mommy? Testing the one-half rule in mammals. Integrative and Comparative Biology, 2018, 58(6): 1159-1169.

[5] Abdoli R, Zamani P, Mirhoseini S Z, et al. A review on prolificacy genes in sheep. Reproduction in Domestic Animals, 2016, 51(5):631-637.

[6] Almeida A K, Bezerra L A F, Morais O R, et al. Genetic parameters for fertility and prolificacy traits in Santa Inês sheep using random regression models. Revista Brasileira de Zootecnia, 2021, 50: e20200002.

[7] Abdoli, Ramin, Zamani, et al. A review on prolificacy genes in sheep. Reproduction in Domestic Animals, 2016, 51: 631-637.

[8] Santos R C, Carvalho B C, Sousa M J, et al. Assessing the influence of fertility and prolificacy on lambing performance in a commercial sheep flock. Animal Reproduction Science, 2018, 190: 138-142.

[9] Zhang H, Wang Z. The effects of fertility and prolificacy on reproductive performance in sheep breeds. Small Ruminant Research, 2020, 193: 106258.

[10] Montgomery G W, Lord E A, Penty J M, et al. The Booroola fecundity (FecB) gene maps to sheep chromosome 6. Genomics, 1994, 22(1): 148-153.

[11] 吴艳芳. MSTN 基因敲除和 FecB 基因突变滩羊扩繁试验. 咸阳：西北农林科技大学，2021.

[12] Drouilhet L, Lecerf F, Bodin L, et al. Fine mapping of the FecL locus influencing prolificacy in Lacaune sheep. Animal Genetics, 2009, 40: 804-812.

[13] Cowie A T, Forsyth I A, Hart I C. Hormonal control of lactation. Springer-Verlag Berlin, 1980: 4-30.

[14] Castro N, Capote J, Bruckmaier R M, et al. Management effects on colostrogenesis in small ruminants: a review. J Appl Anim Res, 2011, 39: 85-93.

[15] Akers R M. Lactogenic hormones: binding sites, mammary growth, secretory cell differentiation, and milk biosynthesis in ruminants. J Dairy Sci, 1985, 68: 501-519.

[16] Akers R M. Lactogenic hormones: binding sites, mammary growth, secretory cell differentiation, and milk biosynthesis in ruminants. J Dairy Sci, 1985, 68: 501-519.

[17] Petridis I G, Fthenakis G C. Mammary involution and relevant udder health management in

sheep. Small Rumin Res, 2019, 181: 66-75.

[18] Lérias J R, Hernández-Castellano L E, Suárez-Trujillo A, et al. The mammary gland in small ruminants: major morphological and functional events underlying milk production-a review. J Dairy Res, 2014, 81: 304-318.

[19] Knight C H, Peaker M. Development of the mammary gland. J Reprod Fertil, 1982, 65: 521-536.

[20] Castro N, Capote J, Bruckmaier R M, et al. Management effects on colostrogenesis in small ruminants: a review. J Appl Anim Res, 2011, 39: 85-93.

[21] Mayer B, Zolnai A, Frenyó L V, et al. Redistribution of the sheep neonatal Fc receptor in the mammary gland around the time of parturition in ewes and its localization in the small intestine of neonatal lambs. Immunology, 2002, 107: 288-296.

[22] Alves A C, Alves N G, Ascari I J, et al. Colostrum com-position of Santa Inês sheep and passive transfer of immunity to lambs. J Dairy Sci, 2015, 6: 3706-3716.

[23] Romero T, Beltrán M C, Rodriguez M, et al. Short communication: goat col-ostrum quality: litter size and lactation number effects. J Dairy Sci, 2013, 96(12): 7526-7531.

[24] Nowak R, Poindron P. From birth to colostrum: early steps leading to lamb survival. Reprod Nutr Dev, 2006,46(4):431-446.

[25] Kessler E C, Bruckmaier R M, Gross JJ. Immunoglobulin G content and colostrum composition of different goat and sheep breeds in Switzerland and Germany. J Dairy Sci, 2019, 102(6): 5542-5549.

[26] Biadała A, Konieczny P. Goat′s milk-derived bioactive components-A review. Mljekarstvo, 2018, 68(4): 239-253.

[27] Hernandez-Castellano L E, Almeida A M, Castro N, et al. The colostrum proteome, ruminant nutrition and immunity: a review Curr. Protein Pept Sci, 2014, 15: 64-74.

[28] Stelwagen K, Carpenter E, Haigh B, et al. Immune components of bovine colostrum and milk. J Anim Sci, 2009, 87: 3-9.

[29] Wood P. Algebraic model of the lactation curve in cattle. Nature, 1967, 216: 164-165.

[30] 李金辉,陈佳欣,王里彦, 等. 基于 Meta 分析的母羊泌乳模型构建及泌乳性能预测. 动物营养学报, 2022,34(02):1343-1351.

[31] Banchero G E, Milton J T B, Lindsay D R, et al. Colostrum production in ewes: a review of regulation mechanisms and of energy supply. Animal,2015, 9(5): 831-837.

[32] Wei X, Zhang T, Wang L, et al. Optimizing the construction and update strategies for the genomic selection of pig reference and candidate populations in China. Frontiers in Genetics, 2022, 13: 938947.

[33] Asadi-Fozi M, Bradford H L, Notter D R. Direct and correlated responses to selection for autumn lambing in sheep. Genetics Selection Evolution, 2020, 52(1): 56.

[34] Clark S A, Hickey J M, Daetwyler H D, et al. The importance of information on relatives for the prediction of genomic breeding values and the implications for the makeup of reference data sets in livestock breeding schemes. Genetics Selection Evolution, 2012, 44(1): 4.

[35] Meirmans P G, Hedrick P W. Assessing population structure: F(ST) and related measures.

Molecular Ecology Resources, 2011, 11(1): 5-18.

[36] Axelsson E, Ratnakumar A, Arendt M L, et al. The genomic signature of dog domestication reveals adaptation to a starch-rich diet. Nature, 2013, 495(7441): 360-364.

第四章

绵羊四季繁殖的调控基因

多胎性指单位时间内的胎数，放牧品种一般一年一胎，舍饲品种则一年两胎或两年三胎。放牧品种适应季节性繁殖，舍饲品种需全年繁殖。多胎性既是适应性状，也是畜牧管理性状。放牧品种的季节性繁殖对舍饲绵羊品种均衡产量有不利影响，因此影响哺乳动物季节性繁殖的分子机制至关重要。

第一节　放牧品种和舍饲品种

季节性繁殖是放牧品种的适应性特点，而全年繁殖是舍饲品种适应节律生产的特点。

一、放牧品种季节性繁殖的特点

中国拥有丰富的地方绵羊品种，这得益于广阔的土地和多样的气候条件。由于大部分绵羊品种都是用于放牧生产，属于放牧品种，季节性繁殖的特点使它们更容易适应不同的野生或放牧环境。季节性繁殖是多基因控制的数量性状[1]，放牧适应性是长期选育的成果。

放牧绵羊品种通常在每年的9～10月发情配种，随后于次年的2～3月集中分娩。这种繁殖模式与放牧生态环境相得益彰，秋季牧草肥美，有利于母羊健康妊娠；而春季青草初长，又正好满足新生羔羊的饲养需求，促进它们的生长发育。地方绵羊品种的繁殖策略紧密贴合当地放牧环境，使得这些品种能够在中国广袤的土地上生生不息。这些放牧品种的特点在于其高效的适应性，尽管繁殖效率相对较低，但依托草地资源进行的放牧生产，使得饲料成本得以降低，进而保证了养殖效益。

然而，若将这些适应野生或放牧环境的地方绵羊品种直接转为舍饲养殖，则可能引发一系列问题，导致不良后果。首先，由于这些品种习惯在自然环境中拥有较大的活动空间和丰富的食物资源，舍饲环境难以满足其需求，从而增加了饲养成本。其次，舍饲环境下密集饲养、缺乏运动及空气流通不畅等因素，易导致疾病的发生，而地方绵羊品种往往对疾病缺乏较强的抵抗力，一旦发生疫情，将造成重大损失。此外，舍饲环境可能限制地方绵羊品种的运动和食物来源，导致其生长速度减缓，影响养殖效益。最后，长期在舍饲环境下饲养可能导致品种退化，失去其特有的适应能力和特点。

因此，将适应野生或放牧环境的地方绵羊品种直接改为舍饲养殖是错误的做法。我们应充分尊重这些品种的生物学特性和环境需求，保持其在放牧环境下的自然繁殖和生长方式，以确保其健康、高效和可持续的养殖。

二、舍饲品种全年繁殖的特点

绵羊全年繁殖的能力是保障节律生产（均衡生产）的关键，也是舍饲品种必须具备的遗传特征。舍饲绵羊品种通常是指那些适合在圈养条件下饲养的绵羊品种。这里所说的“适合”包括两层意思。一是这些羊具有舍饲适应性，能够和愿意生活在舍饲环境下。二是具有经济适应性，就是高效率，能够适合高投入高产出的生产模式。这些品种通常具有较高的生产性能，能够在有限的空间内快速繁殖和生长，产出优质的羊肉、羊奶和羊毛。在农村地区，土地资源有限而且被分成权属不同的小块，人口稠密，因此放牧生产的模式是受限的，而养殖舍饲绵羊品种可以更好地利用有限的土地资源，提高农民的收入。此外，舍饲绵羊品种也更容易管理，可以更好地控制饲料和营养摄入，特别是充分就近利用农村地区的丰富的秸秆和农副产品，提高生产效率。

相比之下，放牧品种通常需要更大的放牧面积和空间，生长速度较慢，生产出来的产品质量也可能不如舍饲品种。由于牧场草地条件所限，放牧品种的适应性是第一位的，效率不能要求太高，也不可能太高。当然，这并不是说放牧品种没有价值，而是说舍饲就要选用舍饲品种，放牧就要选用放牧品种，不能把两类品种混用或误用。显然，在适宜的草原地理环境和气候条件下，放牧品种仍然可以发挥重要作用。选择养殖哪种绵羊品种取决于当地的实际情况和养殖模式。

农村地区养殖舍饲绵羊品种的原因是因为绵羊是具有适应性强、生长快、肉质好、繁殖力强等特点的优良家畜，适合在农村地区进行规模化养殖。舍饲绵羊品种保持高效率必须具备的 4 个特性，主要包括：①繁殖力强，舍饲绵羊品种需要具有良好的繁殖性能，通过“多产多活”高效地繁殖后代，降低繁殖成本；②生长快，舍饲绵羊品种需要能够在较短的时间内育肥达到上市体重，以提高养殖效益；③产肉多，舍饲绵羊品种需要具有较高的瘦肉率和较少的脂肪含量，以生产出高品质的羊肉；④抗病能力强，舍饲绵羊品种需要具有良好的抗病能力，能够有效预防和控制疾病，降低养殖成本。

然而，随着现代养羊业由放牧向规模化舍饲转型，绵羊对环境依赖度降低，对舍饲的适应性增强，季节性繁殖特性严重限制了绵羊的繁殖效率和企业的均衡生产。这种限制主要表现在以下三个方面：①季节性繁殖使绵羊集中发情和分娩，造成短时间内羊场的人员、设备、场地和药品紧张，而在其他时间段内这些生产要素又处于闲置的状态，造成浪费；②季节性繁殖限制了羔羊和商品肉羊的出栏时间和数量，不能满足市场的均衡需求；③具有季节性繁殖特性的绵羊繁殖力低，多为一年一胎，而全年繁殖的绵羊，如湖羊和小尾寒羊则可以两年三胎或一年两胎，而全年繁殖能够提高绵羊的繁殖力，显著降低繁殖成本和提高生产效率。综上所述，研究绵羊全年繁殖的形成机制，筛选与绵羊全年繁殖相关的遗传变异，能够为高效精准、低成本地对季节性繁殖绵羊品种进行遗传改良提供理论依据。

对绵羊中昼夜节律与周期节律的基因组调控研究逐步深入，多个生物钟基因展现昼夜节律受光周期影响。绵羊视交叉上核与结节部中，*cry1* 和 *per1* 基因在特定时期激活，影响其他时钟基因表达。这些基因对光周期变化反应迅速，影响季节性繁殖。褪黑素是调控季节性繁殖的关键因素，其合成、降解及受体结合过程的研究对于理解哺乳动物如何适应环境季节变化具有重要意义。已发现多个参与褪黑素相关过程的基因，深入研究可筛选出与繁殖显著相关的基因变异，为选育全年繁殖能力强的绵羊品种提供理论依据。基于数据，发现 13 个褪黑素相关基因存在正选择信号，色氨酸羟化酶 1（*TPH1*）和色氨酸羟化酶 2（*TPH2*）基因与季节性繁殖和精子发生相关，是选育候选基因。多胎性是动物育种学重要指标，放牧品种与舍饲品种差异显著。深入探究季节性繁殖分子机制，特别是褪黑素相关基因，对选育全年繁殖品种至关重要。季节性繁殖内分泌调节涉及雌二醇负反馈敏感性和类固醇与褪黑激素相互作用。Kisspeptin 和 GPR54 受体研究揭示了这一机制的核心要素。综上所述，这些研究为选育全年繁殖绵羊品种提供理论和技术支撑，提升养殖效率并为其他哺乳动物研究提供参考。

第二节　松果体和褪黑素

繁殖节律是动物适应外界环境季节性变换的策略之一，通常分为非季节性和季节性两种。在外界环境中，光照是调控动物繁殖节律的主要信号。松果体合成和分泌的褪黑素（melatonin，MLT）是同步外界环境信息和内部生理状态，诱导动物繁殖节律形成的关键激素。在脊椎动物中，松果体对光感受、昼夜节律调控以及睡眠-觉醒周期具有至关重要的生理功能[2]。这种腺体经历了显著的进化过程，揭示了不同脊椎动物之间的功能差异和物种特异性适应。在七鳃鳗、鱼类以及两栖动物中，松果体具备光感受器，能够通过振荡器、光电探测器和褪黑激素合成装置产生褪黑激素节律。而在鸟类和爬行动物中，松果体感光细胞（通常称为修饰感光细胞）表现出退化的外部节段，具有不同程度的退化板层结构。相反，哺乳动物的松果体作为神经内分泌器官，通过视网膜-视交叉上核（SCN）-颈上神经节（SCG）-conarii 神经肾上腺素能通路接收光刺激。尽管哺乳动物松果体细胞本身缺乏光敏性，但在 SCN 内具有主昼夜节律钟，可通过交感神经输入调节褪黑素合成。这一现象揭示了生理功能的显著进化转变。

分子及发育研究表明，松果体与视网膜具有共同的胚胎起源，二者均源于脊椎动物大脑的间脑区域，并共同源于睫状细胞型前体细胞的分化[3]。值得注意的是，即使在哺乳动物松果体高度特化的情况下，松果体细胞仍表现出类似于睫状型视网膜感光细胞的特征，如褪黑素的生成、光传导组分基因子集的表达，以及发育调节 Crx/Otx 相关转录因子。

褪黑素，作为一种吲哚基激素，在松果体中通过色氨酸-血清素生物合成途径生成。其浓度受 SCN 中主昼夜节律钟信号的调控。值得注意的是，褪黑素不仅在松果体外部组织（如视网膜、胃肠道、哈德氏腺、骨髓）中有所生成，还可能在皮肤及部分大脑区域中产生。褪黑素在促进睡眠、调节昼夜节律、调整免疫反应以及影响垂体和肾上腺激素分泌等方面具有重大作用。而褪黑素合成及昼夜节律的紊乱与衰老相关问题和高风险癌症的发病密切相关。在哺乳动物中，松果体细胞是负责产生褪黑素的细胞，其合成受*TPH1*、*Ddc*、*Aanat*和*Asmt*等基因调控[4-5]。值得一提的是，斑马鱼作为脊椎动物的典型代表，其拥有两条*Aanat*基因，这可能源于基因组复制[6]。

松果体基因表达的调节因子进一步提升了松果体的复杂性和进化历程。通过对基因组和遗传表达的比较分析，一套与松果体发育和功能成熟相关的保守转录因子（TFs）和信号分子得以确认，其中包括 NeuroD、Crx、Otx2、Pax6、Pax4、Bsx[7] 和 Lhx4[8]。此外，松果体内细胞通信的认知对于调结褪黑素的生成与释放，以及应对不同环境刺激和选择性压力的适应性反应至关重要。松果体功能转变以基因表达模式显著变化为标志，这促使研究人员探究解释这些不同作用的分子基础。

先前一项研究通过构建一个全面的多物种（斑马鱼、鸡、大鼠、小鼠、恒河猴和人类）及松果体多时间点转录组数据库，揭示了物种间的转录差异。然而，该研究主要采用传统的批量RNA测序（RNA-seq）方法，可能掩盖了细胞类型差异。借助单细胞 RNA 测序（scRNA-seq）或单核 RNA-seq（snRNA-seq）的优势，研究人员在斑马鱼松果体单细胞分辨率下分析了细胞异质性和基因表达模式[9]，同时也应用于老鼠[10]、猴子[11] 等物种。然而，这些研究主要关注特定方面，如褪黑素合成、昼夜节律调控或各物种的光感受。因此，在单细胞分辨率下跨物种的功能和分子差异的全面而综合的比较描述仍待解决。

一、松果体形态、结构及功能

松果体（pineal body）位于大脑中间偏后下方，在间脑前丘和丘脑之间，呈灰红色，类似于松果的形状。松果体是一个位于第三脑室顶部的扁圆锥形单一实质器官，也被称为脑上腺（epiphysis）或松果腺（pineal gland）。它通过一个细柄与第三脑室顶相连，表面被由软脑膜延续而来的结缔组织被膜覆盖。被膜将实质分为许多不规则的小叶，每个小叶主要由松果体细胞、神经胶质细胞和神经纤维等组成。它的大小约为（5～8）mm×（3～5）mm，质量为120～200mg（图4-1）。

在苏木精-伊红（HE）染色切片中，松果体细胞的胞体呈圆形或不规则形，核大且着色浅，核仁明显。在嗜银染色切片中，可以观察到细胞具有长短不一的突起，突起末端膨大，其中短而细的突起终止在邻近细胞之间，长而粗的突起多终止在血管周围。

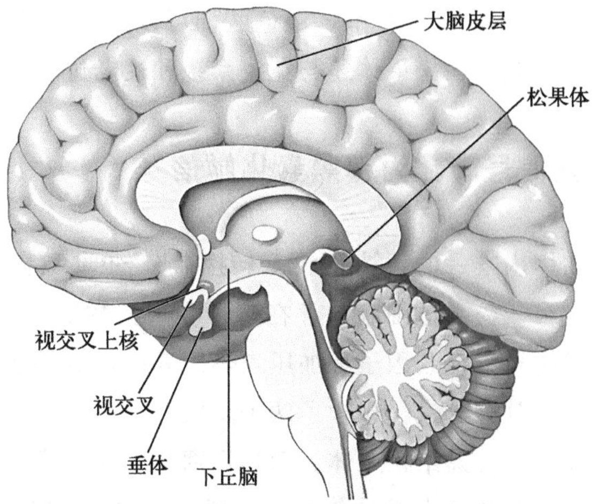

图 4-1　松果体模式图

在电镜下，松果体细胞的胞质内含有大量的线粒体和游离核糖体，同时具有丰富的滑面内质网和高尔基复合体。相比之下，粗面内质网较少。细胞膜常与神经末梢形成突触。在核周、胞突及其末端可以观察到圆形分泌颗粒，颗粒内含有细胞合成的 5-羟色胺（5-hydroxytryptamine，5-HT，血清素）和褪黑素（melatonin，MLT）。这些颗粒的形成可能与黑暗来临前的生物节律有关。此外，细胞近突触部存在突触带（synaptic　ribbon），该结构由电子致密的杆状结构及其周围的小泡组成。这一结构可能参与化学介质的运输和释放过程。

松果体的功能主要与生物节律的调节有关，特别是与光感知和暗暴露的反应相关。它合成并释放褪黑素，这种激素的分泌与环境光照的周期性变化有关[12]。在黑暗环境下，松果体合成褪黑素的量增加，这会引发一系列的生理和行为反应，如睡眠和体温降低等。此外，松果体还合成和释放 5-羟色胺。这种神经递质在许多生理过程中发挥着关键作用，包括情绪、记忆、学习、睡眠和体温调节等。最新的研究还发现，松果体通过分泌不同的分子来调节生物钟。这些分子包括褪黑素和 5-羟色胺，它们通过与大脑和身体的各种细胞相互作用，来影响人体的生物钟。另一项最新研究显示，松果体还与免疫系统有关。研究人员发现，松果体能够产生一种叫做白细胞介素-1（interleukin-1，IL-1）的细胞因子，这种细胞因子能够影响免疫系统的功能。

随着年龄的增长，松果体的结构和功能会逐渐衰退，这可能会导致一些与年龄相关的健康问题，如失眠和体温调节问题等。松果体是一个具有复杂功能的器官，主要功能是分泌褪黑素和 5-羟色胺，可以影响生物钟、情绪、睡眠和体温等生理过程。此外，松果体还与免疫系统和衰老过程有关。

二、松果体将光信号转化为褪黑素化学信号

松果体是动物体内唯一的“神经-激素转换器”，主要负责将环境光信号转化为内分泌激素信号。松果体细胞内存在多种激素类物质，包括 MLT、神经肽 Y、催产素、促生长素抑制因子和加压素等。其中，褪黑素是松果体分泌的最主要的一种激素，其分泌过程包含了两个阶段。

第一阶段，光信号传递给松果体。动物视网膜细胞在感知到光信号后，光感细胞将光信号转化为神经电脉冲信号，由视网膜-下丘脑束传递给视交叉上核（suprachiasmatic nucleus，SCN），抑制 SCN 的内源性振荡节律，导致由 SCN 发出的通过脑干神经核传达到颈上交感神经节的神经信号减少，进而使支配松果体活动的交感神经节后纤维末梢的活性降低，去甲肾上腺素（noradrenalin，NA）分泌量减少，松果体活性降低。该过程如图 4-2（a）所示。

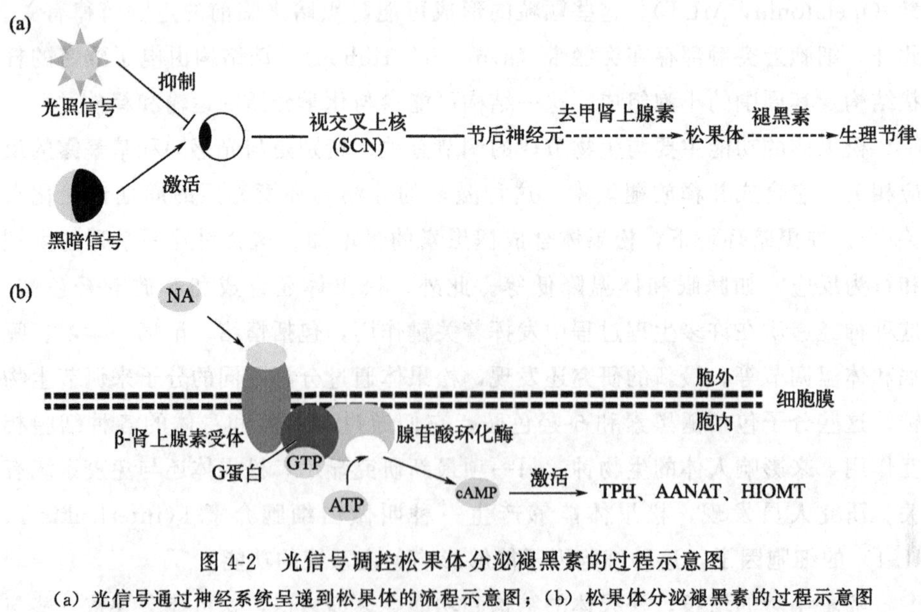

图 4-2 光信号调控松果体分泌褪黑素的过程示意图

(a) 光信号通过神经系统呈递到松果体的流程示意图；(b) 松果体分泌褪黑素的过程示意图

图 4-2（a）中光照信号会抑制松果体活动，黑暗信号会激活松果体活动。两种信号都由视网膜接收，以神经电信号的形势沿神经传递（实线表示）至视交叉上核，再呈递给交感神经节后纤维末梢，由节后纤维末梢分泌去甲肾上腺素（虚线表示）调控松果体分泌褪黑素（虚线表示）。图 4-2（b）中去甲肾上腺素作用于松果体细胞膜上的β-肾上腺素受体，激活腺苷酸环化酶，然后腺苷酸环化酶催化三磷酸腺苷转化为环磷酸腺苷。环磷酸腺苷作为第二信使激活褪黑素合成通路上的相关酶，包括 TPH、AANAT 和 HIOMT。

第二阶段，松果体分泌褪黑素的过程如图 4-2（b）所示。NA 能够作用于松果体细胞膜上的 β-肾上腺素受体，激活腺苷酸环化酶（adenylate cyclase，AC）。然后，腺苷酸环化酶催化三磷酸腺苷（adenosine triphosphate，ATP）转化为环磷酸腺苷（cyclic adenosine monophosphate，cAMP）。在接收到光信号后，NA 的分泌量减少导致了松果体细胞内 cAMP 合成量的减少，从而使色氨酸羟化酶（tryptophan hydroxylase，TPH）、芳香烷基-*N*-乙酰基转移酶（aromatic alkyl-*N*-acetyltransferase，AANAT）和羟基吲哚-*O*-甲基转移酶（hydroxyindole-*O*-methyltransferase，HIOMT）等褪黑素合成通路上的酶的活性降低，MLT 的合成受限。在黑夜环境下，NA 分泌量增加，松果体细胞内 cAMP 合成量增加，最终激活 MLT 的合成过程[13]。最近的研究表明，松果体分泌褪黑素的机制可能受到其他因素的调节。例如，神经递质和激素可以影响褪黑素的合成和分泌。此外，环境因素如光照、温度和应激等也可能对松果体的功能产生影响。这些新的发现为更深入地了解松果体的功能和作用机制提供了更多的线索。

第三节　血清素和褪黑素

一、血清素及其功能

血清素（5-羟色胺，5-HT）是一种吲哚衍生物，存在于哺乳动物各种组织中，不能穿过血脑屏障，具有外周和中枢两个独立的系统。中枢系统主要由脑干中缝核的 5-羟色胺能神经元合成和分泌，作用包括调节情绪、食欲、体温、性欲和睡眠，影响记忆和学习。外周系统则主要由嗜铬细胞合成和分泌，负责血管收缩、调节血液凝固和伤口愈合，及器官发育。同时，血清素也能影响蛋白质修饰，例如通过血清素基化，影响鸟苷三磷酸酶和转谷氨酰胺酶等过程。

（一）肠道和血清素

肠道与血清素之间存在着紧密的联系。肠道是机体内最大的血清素（5-羟色胺）储藏库，据估计，95%的血清素都储藏于此。血清素是一种重要的神经递质，在脑肠轴线中扮演着关键角色，不仅对正常肠道功能的维持至关重要，还能协调肠道收缩，推动食物在消化系统中的进程[14]。此外，血清素还影响睡眠、食欲、疼痛敏感度、情绪以及整体健康等多种重要生理功能[15]。

血清素在肠道中发挥着多种重要作用。首先，它参与调节肠道的运动和消化，协调肠道细胞的正常功能。其次，血清素还参与免疫系统的调节，有助于保护肠道免受病原体的侵袭[16]。此外，血清素对于维持正常的肠道屏障功能也至关重要，可以帮助防止肠道内的细菌和毒素进入血液，从而保持肠道内环境的稳定。

肠道菌群在血清素的合成和代谢过程中也发挥着重要作用。某些肠道细菌能够促进色氨酸的合成，色氨酸是血清素的前体物质。此外，肠道菌群的平衡也与血清素的代谢密切相关。一些研究表明，肠道菌群的改变可能会影响血清素的合成和释放，进而影响人的情绪和行为。

肠道菌群与机体健康有着密切的关系，它们会影响机体的免疫、消化、神经等多种身体机能。良好的肠道菌群平衡对维持身体健康非常重要，而这种平衡受到多种因素的影响，包括用药、饮食习惯、生活方式等。

（二）肠道菌群与脑肠轴

肠道菌群与脑肠轴之间存在着密切的联系。肠道菌群在脑肠轴维持大脑健康和调节压力反应方面发挥着重要的调节作用。通过脑肠轴线，肠道菌群可以影响中枢神经系统的发育和功能，从而对人的情绪、行为和认知产生深远影响。

肠道菌群通过多种途径与脑肠轴进行交流。肠道菌群产生的代谢产物、细胞因子和神经递质等物质可以通过循环系统、神经系统和免疫系统等途径传递信息到大脑。这些信息可以影响神经细胞的发育和功能，进而影响调节情绪、认知和行为等方面的生理过程。

肠道菌群对于维持大脑的健康具有重要作用。一些研究表明，肠道菌群产生的代谢产物可以影响神经细胞的信号传递和神经元的电活动，从而影响大脑的功能。此外，肠道菌群的改变可能会导致抑郁、焦虑等精神类疾病的发生。

另外，肠道菌群还参与调节压力反应。在应激状态下，肠道细菌可以释放促炎性细胞因子，引发全身性的炎症反应，进而影响中枢神经系统的功能。肠道菌群的改变可能会影响压力反应的调节，从而导致情绪和行为的改变。

二、褪黑素及其功能

褪黑素（MLT）是在两栖动物皮肤色素变化中与黑素细胞刺激素互为拮抗的化学物质，因其独特的命名方式而广为人知。它的化学结构为 *N*-乙酰基-5-甲氧基色胺，表现出强大的生理功能，包括调节生物节律、体温、代谢、激素分泌、性成熟、睡眠和抗氧化等。MLT 作为一种强大的内源性睡眠诱导剂，被视为人类和其他生物体内自带的“安眠药”。MLT 能够有效降低夜晚来临时的体温、脉搏和血压，并诱导 α 波的出现，产生睡意，增加快速眼动（REM）睡眠量，缩短 REM 睡眠潜伏期。此外，MLT 也能够清除生化反应过程中形成的羟自由基，抑制由体内过氧化氢堆积引起的过氧化脂含量升高，从而达到抗衰老的效果。同时，褪黑素也能显著抑制多种肿瘤的生长，包括乳腺癌、前列腺癌、膀胱癌、人类葡萄膜黑色素瘤、人成纤维瘤、垂体瘤等。而对于这些肿瘤，适当的外源性褪黑素剂量能够消除对其生长的刺激作用。褪黑素还能通过影响下丘脑-垂体-性腺轴（HPGA）的活性，调控动物的性腺发育和生殖行为。例如，在一些动物中，MLT 能够抑制下丘脑内侧基底部（MBH）及其附近部位的促性腺激素释放激素（GnRH）释放，从而减少垂体的促卵泡素（FSH）和促黄体素（LH）分泌，有效地抑制性腺活动和两性性征的出现。此外，褪黑素还能直接影响垂体结节部分泌催乳素（PRL）的过程，从而影响动物发情。

三、褪黑素调控季节性繁殖的通路

褪黑素在两条重要的生物调控通路中发挥着关键作用，这两条通路分别是 MLT-吻素（kisspeptin-1，Kiss1）-GnRH 通路和 MLT-甲状腺素（thyroxin，TH）-GnRH 通路[17]。

MLT-Kiss1-GnRH 通路最早发现于叙利亚仓鼠中，MLT 通过调整叙利亚仓鼠下丘脑不同核群中 Kiss1 的分泌来调控 Kiss1 的分泌，进而影响 GnRH 的分泌。在下丘脑前腹侧室旁核（anterior ventral paraventricular nucleus，AVPV）中，MLT 通过减少性腺类固醇激素的含量间接地抑制 Kiss1 基因的表达，从而调节激素的分泌。而在绵羊中，MLT 分泌增加会刺激下丘脑视前区（preoptic area，POA）和弓状核（ARC）尾部的 Kiss1 基因的表达，进而促进 GnRH 的分泌，使动物进入繁殖状态。这种差异可能导致长日照动物和短日照动物的出现，进一步阐明了季节性繁殖的机制。MLT-TH-GnRH 通路最早发现于琼鸟中，切除甲状腺的琼鸟失去了对光信号的反应和季节性繁殖特性，但在注射甲状腺素后，琼鸟恢复了对光信号的反应和季节性繁殖特性，说明光信号能够调控甲状腺激素的分泌，进而影响动物的繁殖状态。具有生物学活性的甲状腺激素有 T3 和 T4 两种，现有研究认为 T3 能启动和维持动物的繁殖状态，而 T4 则能终止动物的繁殖状态。两种甲状腺激素的相互转化受Ⅱ型脱碘酶（typeⅡ deiodinase，DⅡ）和Ⅲ型脱碘酶（TypeⅢ deiodinase，DⅢ）调控。该调控过程依赖于 MLT 信号，但 DⅡ/DⅢ对 T3/T4 浓度的调节机制在不同物种间存在差异，具体作用机制仍需进一步研究。

四、褪黑素合成、降解和受体相关基因

褪黑素是一种由机体多个器官协同合成与分泌的激素，其中包括松果体、视网膜、唾液腺、胸腺、甲状腺、肾脏和肝脏等。在这些器官中，松果体扮演着褪黑素最主要合成与分泌器官的角色，其功能和作用对维持机体健康状态至关重要。

褪黑素的代谢过程广泛涉及多个器官和组织，尤其是肝脏和脑，它们作为主要的代谢器官在褪黑素代谢过程中发挥着核心作用。（图 4-3）研究表明，调控褪黑素降解途径的基因主要包括四种细胞色素 P450 基因（*CYP1A1*、*CYP1A2*、*CYP1B1* 和 *CYP2C19*）以及两种吲哚胺-2,3-双加氧酶基因（*IDO1* 和 *IDO2*）。其中，*CYP1A2* 和 *CYP2C19* 基因主要调控肝脏内的褪黑素代谢过程，而 *CYP1A1* 和 *CYP1B1* 基因则负责调控其他组织器官，特别是肠和大脑皮质中的褪黑素代谢。此外，*IDO1* 基因在脑内褪黑素代谢中发挥着关键作用。

这些发现为我们深入理解褪黑素在机体内的合成、分泌及代谢过程提供了重要依据，也为后续研究褪黑素在生理和病理状态下的作用机制奠定了基础。

图 4-3 中 A. 表示褪黑素的体内合成途径有四步，色氨酸先后在色氨酸羟

化酶（TPH）、芳香-*L*-氨基酸脱羧酶（AADC）、芳香烷基-*N*-乙酰基转移酶（AANAT）和羟基吲哚-*O*-甲基转移酶（HIOMT）的催化下逐步反应，最终形成褪黑素。其中，TPH 是血清素合成过程中的限速酶（ViviD & Bentley，2018）[18]，AANAT 和 HIOMT 是褪黑素合成过程中的限速酶（Marchesani，2003）[19]。B. 表示褪黑素的体内主要代谢途径是在细胞色素 P450（包括 CYP1A1、CYP1A2、CYP1B1 和 CYP2C19）催化下转变为 6-羟基黑色素（6-hydroxymelatonin，6-HMT）和 *N*-乙酰羟色胺（*N*-acetylserotonin，NAS），再进一步代谢形成硫酸盐或者葡糖苷酸化合物后通过尿液排出。在肝内主要参与褪黑素代谢的酶是 CYP1A2，其代谢产物是 6-HMT。此外，还有少量的褪黑素在 CYP1A2 和 CYP2C19 的催化下发生了去甲基反应，代谢产物为 NAS（Li et al.，2013）[20]。在其他组织器官，尤其是肠和大脑皮质中，褪黑素代谢主要在 CYP1A1 和 CYP1B1 的催化下进行，其代谢产物也是 6-HMT（Ma et al.，2005）[21]。在大脑中，褪黑素还可以通过吲哚胺-2,3-双加氧酶 1（IDO1）催化生成 AFMK，再经芳胺甲酰化酶作用生成更稳定的 AMK（Tan et al.，2015）。除以上酶促反应外，褪黑素还能自发地与羟基自由基相互作用代谢成 3-羟基黑色素（3-hydroxymelatonin，3-HMT）。C. 表示褪黑素受体是 G 蛋白偶联受体家族的一员，是七次重复跨膜蛋白（Stauch et al.，2019）。在哺乳动物中存在两种褪黑素受体蛋白，即褪黑素受体蛋白 1A（MTNR1A）和褪黑素受体蛋白 1B（MTNR1B）。

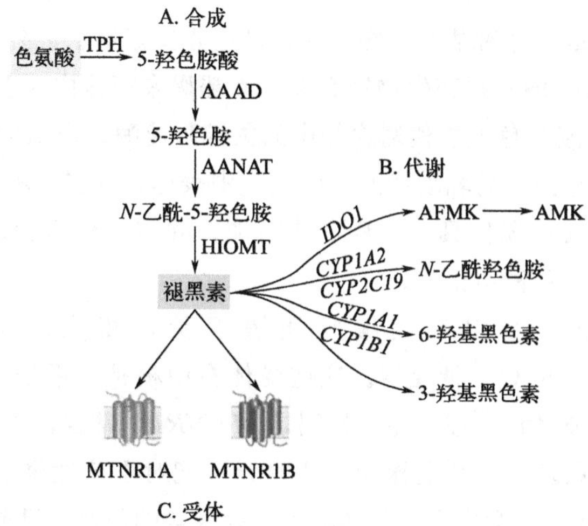

图 4-3　褪黑素体内合成、代谢途径和受体

关于 *TPH1* 和 *TPH2* 基因之间差异的成因，学术界提出了多种假说。这些假说主要围绕非保守氨基酸序列在进化过程中的变异以及不同遗传背景与环境条件的影响，来阐释两者功能差异的内在机制。尽管目前尚未形成共识，但随着研究的不断深入，我们有理由相信，这些差异的本质将会逐渐被揭示。

在表达位置上，*TPH1* 和 *TPH2* 基因呈现出明显的区别。*TPH1* 基因主要分布于松果体、视网膜、肺、肾、十二指肠、肝脏和肾上腺等，而 *TPH2* 基因则主要在脑干中表达。这种空间分布的差异可能与其在生物体内承担的不同功能角色密切相关。

在功能方面，*TPH1* 基因展现出抗氧化、改善血糖稳定、抑制神经细胞凋亡以及促进胰岛素分泌等多重生物学活性。而 *TPH2* 基因则主要参与大脑神经元的更新和修复过程。这些功能的差异使得 *TPH1* 和 *TPH2* 基因在维护生物体生理平衡方面发挥着不可替代的作用。

此外，*TPH1* 和 *TPH2* 基因的表达水平受到多种环境因素的调控，如光照、温度、盐度和营养物质等。这些环境因素的变化可能会影响基因的表达模式，进而影响生物体的生理功能和适应性。

近年来，研究发现 *TPH* 基因家族成员在生理和病理过程中发挥着重要作用。其序列和表达量的变化可能导致一系列疾病的发生，如肠易激综合征、酒精依赖、抑郁症、精神分裂症和自杀行为等。这些发现为我们深入理解 *TPH* 基因的功能提供了重要线索。

至于细胞色素 P450 基因超家族，它是一组编码亚铁血红素酶的基因，在人类基因组中存在多个成员。这些基因编码的酶参与氧化还原反应，在新陈代谢过程中释放能量，并对某些药物的代谢产生重要影响。此外，部分细胞色素 P450 基因还与人类的睡眠和生物钟有关，受褪黑素等体内因素的调控。

IDO 基因家族是色氨酸代谢途径中的关键限速酶，由 IDO1 和 IDO2 两种同源蛋白组成。它们在哺乳动物的不同组织中表达，并受到不同细胞因子的调控。研究表明，*IDO* 基因具有免疫调节功能，并与抑郁行为、妊娠维持和精子发生等生物学过程密切相关。

最后，*MTNR* 基因家族编码褪黑素受体蛋白，包括 MTNR1A、MTNR1B 和 MTNR1C 三种亚型。这些受体在中枢神经系统和外周器官中广泛表达，参与调节多种生理功能。特别是 *MTNR1A* 基因，作为研究动物季节性繁殖成因的热点基因，其变异和功能差异可能对季节性繁殖产生重要影响。然而，由于物种差异、研究方法和样本大小等因素的限制，目前关于 *MTNR1A* 基因在季节性繁殖中的作用仍存在争议，需要进一步深入研究加以阐明。

五、 *TPH* 基因家族的进化历史

7 个物种的 *TH*、*PAH*、*TPH1* 和 *TPH2* 基因的系统发生树和这些基因的分化时间如图 4-4（a）所示。系统发生树的拓扑结构显示四个基因已经产生了明显的分离，形成了四个不同的类群，表明这些基因的序列已经发生了明显的分化。分化时间的预测结果表明 *TH* 基因首先与其他三个基因的祖先发生分化，随后 *PAH* 基因与两种 *TPH* 基因的祖先发生分化，最后 *TPH1* 和 *TPH2* 基因发生分化。三次分化事件分别发生在 7.22 亿年前、5.24 亿年前和 4.66 亿年前。

9 个物种的五种 *TPH* 基因系统发生树和分化时间如图 4-4（b）所示。系统发生树的拓扑结构显示脊椎动物基因组中的 *TPH1* 和 *TPH2* 基因起源于 *TPH* 基因。随后两者的结构发生了分化，在系统发生树上形成两个主要的类群。此外，斑马鱼的 *TPH1a* 和 *TPH1b* 基因出现在 *TPH1* 类群的一个分支上，表明它们是 *TPH1* 基因的复制产物，在约 1.97 亿年前发生结构分化。祖先序列的预测结果显示这些物种的 *TPH* 基因保持了原始的状态。

根据 *TPH* 基因家族的聚类关系和分化时间绘制的 *TPH* 基因家族复制示意图如图 4-4（c）所示。现有的 5 种 *TPH* 基因是 *TPH* 源基因经过三次全基因组复制的产物。*TPH* 源基因起源于约 5.42 亿年前的第一次全基因组复制，*TPH1* 和 *TPH2* 基因起源于约 5.20 亿年前的第二次全基因组复制。*TPH1A* 和 *TPH1B* 基因则是约 2.50 亿年前第三次全基因组复制的产物。

图 4-4（a）中 *TH*（绿色）、*PAH*（黄色）、*TPH1*（红色）和 *TPH2*（蓝色）基因的系统发生树显示了 4 个基因的进化过程，分支上的数字代表了该分支的长度。三次分化的发生时间也用不同的颜色进行了标注。用紫色菱形标注的节点为时间校准点。（b）图中五种 *TPH* 基因的系统发生树显示了 *TPH*、*TPH1*、*TPH1a*、*TPH1b* 和 *TPH2* 基因的进化历史。分支上的数字代表了该分支的长度。*TPH1* 和 *TPH2* 基因分别用红色和蓝色标注。两次分化的发生时间也用不同的颜色进行了标注。用紫色菱形标注的节点为时间校准点。（c）图表示五种 *TPH* 基因的复制过程。*TPH* 基因是三次全基因组复制（通常叫 1R、2R 和 3R，用圆圈表示）的产物。括号内标出了这三次复制大致的发生时间。在脊椎动物无颌类和更古老的物种中仅有 *TPH* 源基因。绝大多数脊椎动物有两种 *TPH* 基因（*TPH1* 和 *TPH2*），而部分硬骨鱼类则有 *TPH1a*、*TPH1b* 和 *TPH2* 三种 *TPH* 基因。*TPH2′*基因被红色虚线框标

记，表明该基因暂时没有存在或者已经在进化过程中消失了。与 *TPH2* 基因类似，虽然经历了第二次全基因组复制事件，但是目前并没有在哺乳动物的基因组中发现 *PAH* 的旁系同源基因。

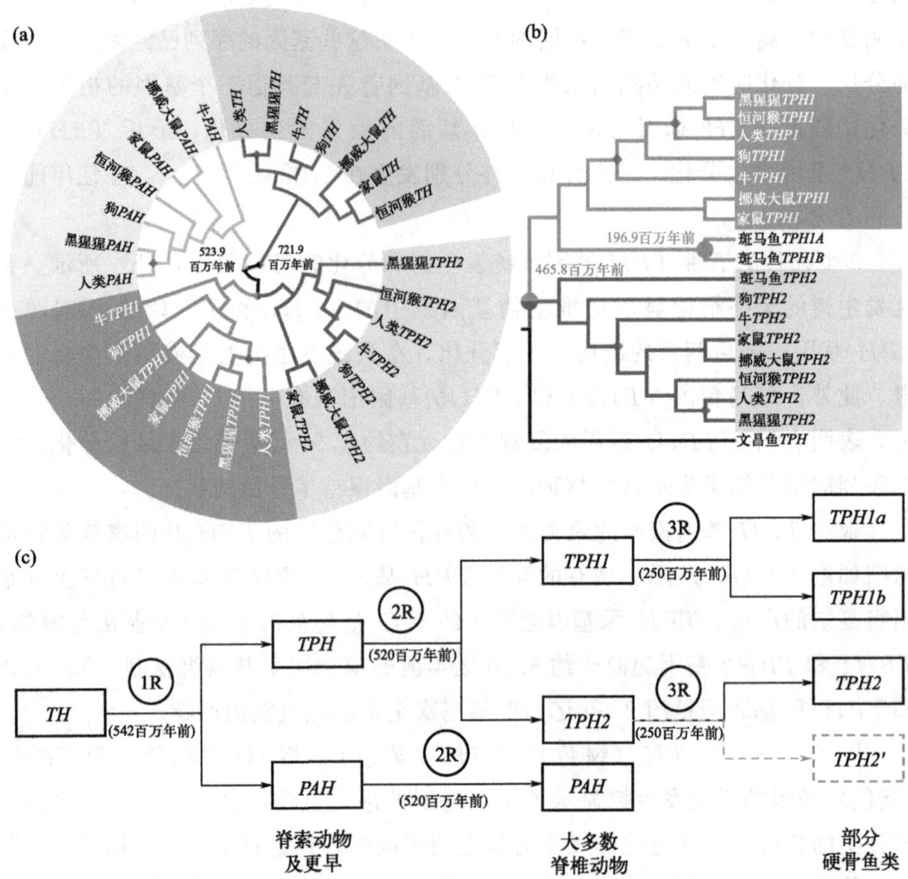

图 4-4　*TPH* 基因家族各成员的进化历史和分化时间（见文后彩插）

(a) *TPH* 基因家族的系统发生树；(b) *TPH* 基因家族进化历史；(c) 五种 *TPH* 基因复制过程示意图

全基因组复制事件导致了动物染色体的倍增，进而影响了基因分布。基于 NCBI 数据库的染色体定位信息，*TPH1*、*TPH1a*、*TPH1b* 和 *TPH2* 这四种基因在染色体上呈现分散分布。以人和斑马鱼为例，人类的 *TPH1* 和 *TPH2* 基因分别定位于第 11 号和 12 号染色体，而斑马鱼的 *TPH1a*、*TPH1b* 和 *TPH2* 则分别位于第 25 号、7 号和 18 号染色体。

脊椎动物在进化历程中经历了三次全基因组复制事件（1R、2R 和 3R），这与 *TPH* 基因家族成员的结构分化时间相吻合。这三次全基因组复制事件分别发生在约 5.42 亿年前（1R）、5.20 亿年前（2R）和 2.50 亿年前（3R），其中 3R 事件仅限于部分硬骨鱼类的进化过程。*TPH* 源基因与 *PAH* 基因的结构分化大约发生在 5.24 亿年前，早于脊索动物的出现，但晚于第一次全基因组复制，表明 *TPH* 源基因是 1R 的产物。

在哺乳动物中，*TPH1* 和 *TPH2* 基因已经表现出显著的结构和功能分化，其分化时间约为 4.66 亿年前，晚于无颌类脊椎动物的出现，早于有颌类脊椎动物的出现，且晚于第二次全基因组复制，这证明了 *TPH1* 和 *TPH2* 基因是 2R 中 *TPH* 基因复制的产物。因此，在无颌类脊椎动物如七鳃鳗的基因组中，仅发现了 *TPH* 源基因。

此外，*TPH1a* 和 *TPH1b* 基因在约 1.97 亿年前发生结构分化，这一时间晚于第三次全基因组复制事件，且仅存在于部分硬骨鱼类的基因组中，表明它们可能是 3R 中 *TPH1* 基因的产物。值得注意的是，在硬骨鱼类中未发现两个同源的 *TPH2* 基因，这可能是因为在后续的进化过程中，*TPH2* 基因的某个拷贝发生了无功能化（nonfunctionalization），最终从基因组中丢失。全基因组复制事件对 *TPH* 基因家族的分布和演化具有显著影响，揭示了脊椎动物在进化过程中基因复制与分化的复杂机制。

六、 *TPH* 蛋白的结构和蛋白理化性质异同

五种 TPH 蛋白共享两个保守的功能域，即激活域（activation domain）与 AAAH 域。其中，AAAH 域由色氨酸羟化域（Tryptophan hydroxylase，简称 TrpOH）和 C 端四聚体结合区构成。在 TrpOH 域中，显著的特点是存在 3 个金属离子结合位点和 5 个色氨酸结合位点，这些位点在五种 TPH 蛋白中均呈现出高度的一致性，无变异现象。同时，该域的序列长度和相似度在五种 TPH 蛋白中保持相对稳定，相似度范围在 73.9%～88.9%之间。然而，在激活域方面，五种 TPH 蛋白之间存在显著的差异，尤其是 TPH 蛋白的激活域与其他四种蛋白相比，差异更为突出。

此外，五种 TPH 蛋白的结构分化主要集中在 N 端的非保守区域(NTD)。这一区域的长度在五种蛋白中差异显著，从 19 个氨基酸到 91 个氨基酸不等［图 4-5（b）］。同样，C 端的四聚体结合区在五种 TPH 蛋白间也存在差异，特别是 TPH 蛋白的该区域在 C 端相较于其他四种蛋白缺少了 3 个

氨基酸，导致缺少一个亮氨酸残基。三维结构分析进一步揭示了 TPH 蛋白 C 端缺乏完整的 α 螺旋结构［图 4-5（a）］。五种 TPH 蛋白在保守域和非保守区域均呈现出不同程度的差异，这些差异对于理解其生物功能及结构特性具有重要意义。

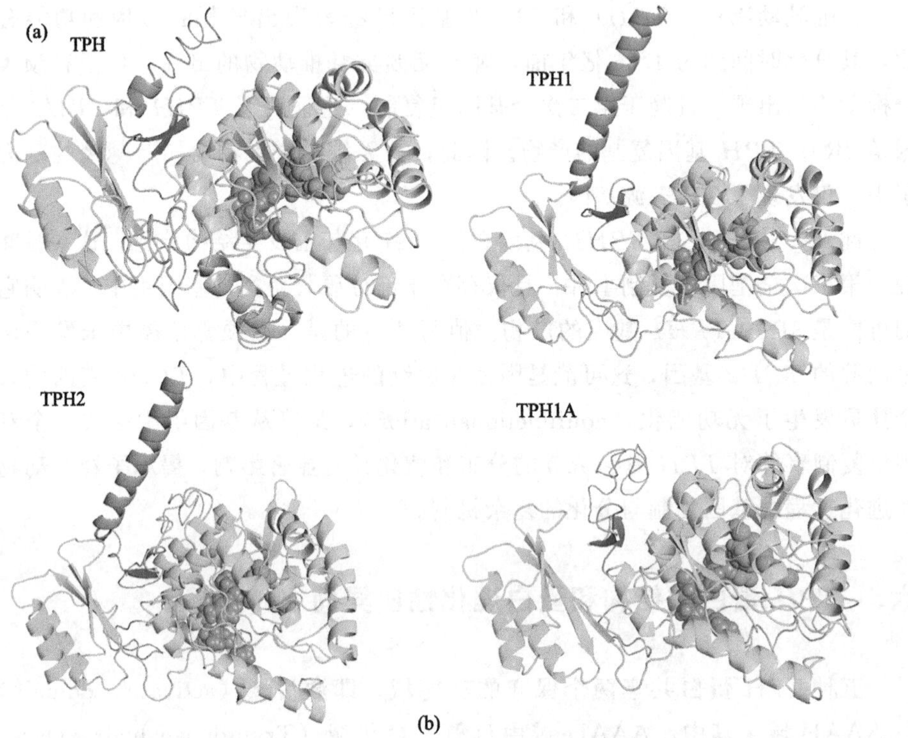

图 4-5　五种 TPH 蛋白三维结构和保守域（见文后彩插）

（a）五种 TPH 蛋白的三维结构示意图；（b）五种 TPH 蛋白的保守域示意图

图 4-5（a）中激活域为绿色，色氨酸羟化域为青色，C 端灰色区域为四聚体结合区，N 端的非保守域则用橙色标记。色氨酸羟化域域中包含红色的金属离子结合位点，蓝色的色氨酸结合位点。

图 4-5（b）中激活域（ACT）为绿色，色氨酸羟化域（TrpOH）为青色，C 端灰色区域为四聚体结合区，N 端的非保守区域（NTD）则用橙色表示。金属离子结合位点的位置和氨基酸类型位于序列上方，用红色标注；色氨酸结合位点的位置和氨基酸类型位于序列下方，用蓝色标注。

五种 TPH 蛋白的理化性质分析结果显示，TPH 的氨基酸数最多，分子量最大；TPH1 的氨基酸数最少，分子量最小。五种蛋白的理论等电点均处于酸性范围。不稳定系数的预测结果显示五种蛋白均为不稳定蛋白。其中，TPH1 的不稳定系数最低，表明在体外环境下，TPH1 最稳定；TPH1A 的不稳定系数最高，表明在体外环境下，TPH1A 最不稳定。亲水性平均系数的预测结果均为负值，表明这些蛋白都是亲水性蛋白。脂肪指数的预测结果显示，TPH1B 的脂肪指数最高，表明该蛋白热稳定性最好；TPH2 的脂肪指数最低，热稳定性最差。

对 TPH1 蛋白 TrpOH 域的亲水性预测结果如图 4-6 所示。TrpOH 域以亲水性区域为主，3 个金属离子结合位点集中在疏水性区域，5 个色氨酸结合位点中有 3 个处在亲水性区域，2 个处在疏水性区域。

五种 TPH 蛋白的三维结构和理化性质都很相似。TrpOH 域是这些蛋白共有的催化核心，在不同物种和不同的 TPH 蛋白间均高度保守。三维结构显示，在 TPH1 蛋白中该区域由 13 个 α 螺旋和 6 个 β 折叠相互堆叠构成了一个空腔。通常来说，疏水性的氨基酸在蛋白质的三维结构中更常见于蛋白质的内部，而具有亲水性的氨基酸更常出现在蛋白质的表面。因此，根据该区域的三维结构和 α 螺旋与 β 折叠的亲水性将其分为内外两层：外层由 9 个 α 螺旋和 4 个 β 折叠构成，内部容纳 4 个 α 螺旋和 2 个 β 折叠。内层结构中包含了 3 个金属离子结合位点和 5 个色氨酸结合位点，这些位点在空间结构上毗邻。这 5 个色氨酸结合位点中 234G 和 236L 相互靠近，位于 β1 和 α6 之间；309A 和 312Y 相互接近，位于 α9 上；241F 位于 α6 上。3 个金属离子结合位点中 272H 和 277H 相互靠近位于 α7 上，317E 位于 α9 和 β3 之间。因此，认为位于空腔内部的 α6、α7 和 α9 三个 α 螺旋是发生催化反应的关键区域（图 4-6）。

图 4-6（a）为外层的 9 个 α 螺旋和 4 个 β 折叠，图 4-6（b）为内层的 4 个 α 螺旋和 2 个 β 折叠。图 4-6 中的 α1～α13，β1～β6 为 α 螺旋或 β 折叠的编号。根据 α 螺旋或 β 折叠距蛋白质 N 端的距离由近到远依次编号。编号下方的数

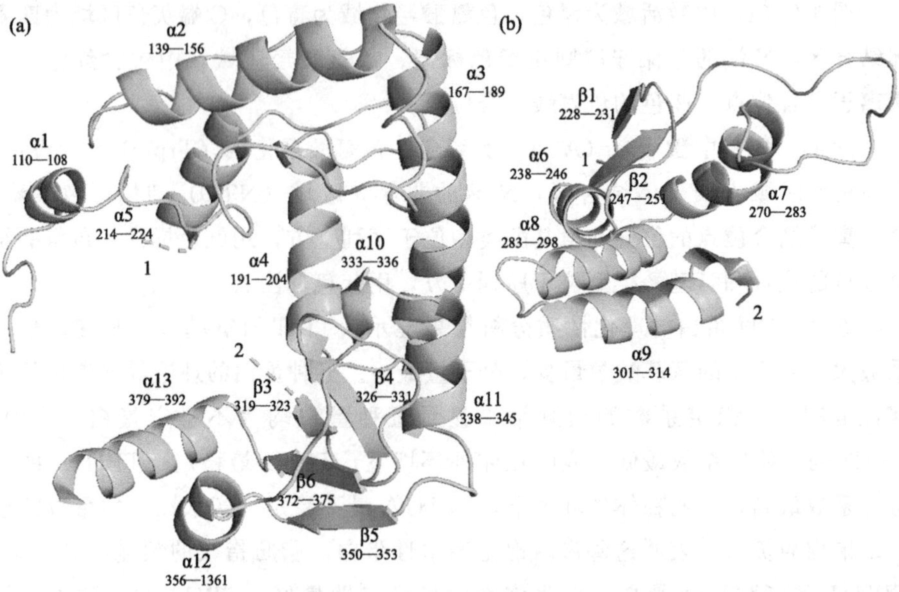

图 4-6　TPH1 蛋白催化核心的三维结构示意图（见文后彩插）

（a）外层三维结构示意图；（b）内层三维结构示意图

字是该 α 螺旋或 β 折叠所包含的氨基酸编号。氨基酸以蛋白质第一个蛋氨酸（M）为起点依次编号。“1”为 α5～β1 的连接处，“2”为 α9～β3 的连接处，红色为金属离子结合位点，蓝色为色氨酸结合位点。

TH、*PAH*、*TPH*1 和 *TPH*2 基因同属芳香族氨基酸羟化基因家族（Aromatic amino acid hydroxylase，AAAH）。从以上分析看来，*TPH*1 基因可能起源于第二次全基因组复制事件中 *TPH* 基因的复制。TPH1 蛋白是一种亲水性的不稳定蛋白，它的 TrpOH 域是催化核心，该区域的第 6、7 和 9 个 α 螺旋是与色氨酸发生羟化反应的关键区域。

第四节　蒙系绵羊群体中褪黑素相关基因受到的选择作用

中国的地方绵羊分属蒙古羊、哈萨克羊和藏羊三大系统（吕雪峰等，2016）[22]。乌珠穆沁羊、苏尼特羊、小尾寒羊、湖羊、滩羊等品种都起源于不同时期的蒙古羊原始群体。在距今约5000年前，随着东亚和中亚青铜文化的交流，绵羊被引入蒙古高原，形成了许多蒙古绵羊种群，如呼伦贝尔羊、乌珠穆沁羊和滩羊等（Lv et al.，2015）[23]。这些品种都是放牧品种，繁殖力比较接近，都是季节性繁殖的产单羔品种。母羊在9～11月发情，2～4月产羔。随着我国北方少数民族南迁抵达黄河流域定居，气候和饲养条件发生了改变，导致了适应黄河流域环境特征的小尾寒羊品种的形成。该品种常年发情，但以春秋两季最旺盛。随后，黄河流域的居民继续南迁至江南太湖流域一带，因缺乏放牧地和多雨等因素的影响，在长期缺乏运动和光照的环境下形成了如今的湖羊品种（Lv et al.，2015）[23]。该品种是典型的全年繁殖品种，母羊四季发情。中国蒙系绵羊从季节性繁殖到全年繁殖的转变为研究绵羊季节性繁殖特性消失，全年繁殖特性形成的遗传因素提供了宝贵的材料。研究季节性繁殖和非季节性繁殖的两种蒙系绵羊品种间的基因组差异将有助于了解绵羊非季节性繁殖的形成机制。

对12只无亲缘关系的湖羊（公母各半）进行10×重测序。从NCBI数据库下载6个蒙系绵羊品种的全基因组测序数据，包括9只巴音布鲁克羊、10只湖羊、9只小尾寒羊、10只滩羊、10只乌珠穆沁羊（Pan et al.，2018）、15只呼伦贝尔羊（Zhi et al.，2018），共63个个体[24-25]。

基于常染色体上所有的遗传变异，用plink软件包（Shaun et al.，2007）中的pca程序进行主成分分析（principal component analysis，PCA）[26]。用ADMIXTURE（Alexander & Lange，2011）软件推测6个品种的蒙系绵羊的祖先群体和混杂情况，ADMIXTURE通过最大似然法推算群体分层情况。程序使用混合祖先和相关标记频率模型，在运行前需要设定用于计算样本的祖先群体数（k）并单独计算。为了确定最优的祖先群体数，首先假设k为1到6的整数，分别推算群体结构，每个k值重复计算20次（Durvasula et al.，2017）[27]，然后统计相应k值下的交叉验证（cross-validation，CV）值，结果显示$k=2$时，CV值最小，是最优的祖先群体数。

用自编的python程序将线粒体DNA的测序结果转化为对应的序列。用BEAST 2.6.2中贝叶斯天际线分析（Bayesian skyline plot，BSP）推测了蒙系绵羊群体随时间的有效群体规模变化（Wang et al.，2016）[28]。该方法利用标准MCMC抽样程序，在GTR替代模型下评估有效种群大小（Drummond & Rambaut，2007）[29]。设定平均替代率为1.0，置信区间为95%，选择宽松分子钟（uncorrelated relaxed clock）模型。MCMC分析进行了1800000代模拟，每1000代进行一次抽样。

将所有 75 只绵羊按照品种的繁殖节律划分为季节性和非季节性两组。其中，季节性繁殖组包括 9 只巴音布鲁克羊、10 只滩羊、10 只乌珠穆沁羊和 15 只呼伦贝尔羊，共 44 只；非季节性繁殖组包括 22 只湖羊和 9 只小尾寒羊，共 31 只。用窗口滑动法（窗口大小 100kb，每次滑动步长 10kb）测定非季节性繁殖组的杂合度（Heterozygosity，H_p）和两组间的固定指数（Fixation index，F_{st}）。H_p 的计算公式为：

$$H_p = 2\sum nMaj \sum nMin / \left(\sum nMaj + \sum nMin\right)^2$$

式中，$nMaj$ 为群体中最大等位基因数；$nMin$ 为群体中最小等位基因数。

对计算得到的 H_p 值进行 Z 转化，转化公式为

$$Z(H_p) = (H_p - \mu H_p)/\sigma H_p$$

式中，μH_p 为总体平均杂合度；σH_p 为组内所有窗口的标准差（standard deviation，SD）。

用固定系数（F_{st}）检测季节性繁殖绵羊和非季节性繁殖绵羊之间的遗传分化，公式为：

$$F_{st} = (H_T - H_S)/H_T$$

式中，H_T 和 H_S 分别代表了总群体和亚群中的杂合度（Al-Mamunet al.，2015）[30]。F_{st} 值的计算过程基于 Vcftool 软件实现。用 R 程序对 F_{st} 值进行 Z 标准化变换，绘制 $Z(F_{st})$ 在全基因组上的分布图。将 $Z(F_{st})$ 值大于 2.326 且 $Z(H_p) < -2.326$ 的区域视为受到正选择的候选区域。用同样的方法计算基因组上每个 SNP 位点的 $Z(F_{st})$ 值，将 $Z(F_{st})$ 值大于 2.326 的 SNP 位点视为受到正选择的候选位点。将处在候选的正选择区域中的候选正选择位点视为正选择位点。

根据 Ensembl 数据提供的序列位置信息，筛选出 13 个褪黑素相关基因的 SNP，用 R 软件的 ggplot2 包绘制这些基因上变异位点的 $Z(F_{st})$ 分布图。筛选出这些基因上处在正选择区域中的正选择位点，对这些位点进行注释。使用 rVista 2.0 程序（https：//rvista. dcode. org/）预测处于非编码区的位点是否

为转录调控因子（Gabriela & Ivan，2004）[31]。

额外挑选乌珠穆沁羊（48 只）、苏尼特羊（48 只）、滩羊（48 只）、广灵大尾羊（48 只）、小尾寒羊（48 只）和湖羊（86 只），通过颈静脉采集 5mL 血液样本，用标准酚氯仿法提取全基因组 DNA。

根据绵羊的 *TPH1* 和 *TPH2* 基因参考序列（*TPH1* 基因序列号 NC_019472.2，*TPH2* 基因序列号 NC_019460.2）设计扩增引物。扩增产物直接测序以检测 SNP。根据全基因组 DNA 混合池的 SNP 检测结果，用单碱基延伸（SBE）和基质辅助激光解吸电离飞行时间质谱（MALDI-TOF-MS）以个体为单位进行测序。

用非连锁位点的等位基因频率来计算单个 SNP 在湖羊群体中的等位基因年龄。针对某一 SNP，假设与参考序列一致的核苷酸为原始的核苷酸，该位点上仅拥有这种核苷酸的个体归类为先祖群；其他核苷酸均为通过突变获得的核苷酸，将所有拥有这类核苷酸的个体归为突变群。等位基因年龄的计算公式如下：

$$t=\frac{1}{\ln(1-c)}\ln\left(\frac{x(t)-y}{1-y}\right)G$$

式中，t 为等位基因年龄；c 为重组率；$x(t)$ 为突变群中的等位基因频率；y 为先祖群的等位基因期望频率；G 为世代间隔，参考湖羊品种平均 8 个月的繁殖周期，假定为 0.6 年。重组率 c 的计算方法为该位点所在区域的每 Mb 的平均重组率（1.5cM/Mb）和 SNP 位点在染色体上实际距离差相乘再除以 100。T865G 位点的等位基因年龄是 *TPH1* 基因所有未连锁的 SNP 位点的等位基因年龄的平均值。

用 InterPro 在线程序（http：//www.ebi.ac.uk/interpro/）预测两种蛋白质的保守域。用 I-TASSER 在线程序（https：//zhanglab.ccmb.med.umich.edu/I-TASSER/）预测两种蛋白质的三维结构（Kelley and Sternberg，2009）[32]。最后用 PyMOL v1.6.x 程序将保守域和正选择位点标注到两种 TPH 蛋白质的三维结构上。

用 ProtParam 在线工具（http：//www.expasy.org/tools/protparam.html）和 ProtScale 在线工具（https：//web.expasy.org/protscale/）对五种 TPH 蛋白的等电点、不稳定系数、脂肪指数和亲水系数等理化性质进行预测（Garg et al.，2016；Guo et al.，2004）[33-34]。

合成了两种 *TPH1* 基因的编码序列。其中一种源于 NCBI 的绵羊 *TPH1* 基因参考编码序列（NC_019459.1）。由于该序列的第 865 号核苷酸上为胸腺嘧啶，其表达产物被命名为 TPH1-T865。将该编码序列的第 865 号核苷酸由胸腺嘧啶替换为鸟嘌呤，获得另一种 *TPH1* 基因编码序列，其表达产物记为 TPH1-865G。在两条序列的 5′端和 3′端分别添加 *Eco*RI 和 *Not*I 内切酶识别序列，人工合成并分别克隆到 pVAX1 载体上。用 HEK293T 细胞表达蛋白。用细胞色氨酸羟化酶（tryptophan hydroxylase）活性比色法定量检测试剂盒（上海哈灵　HL50384.1）提取细胞中的总蛋白，测定它们的酶活性。

在 6 个品种 75 个个体中共检测到 50436090 个高质量的 SNP 和 8464032 个高质量的插入缺失（Indel）位点。

一、蒙系绵羊的迁徙过程和亲缘关系

6 种蒙系绵羊的遗传结构如图 4-7 所示。6 种蒙系绵羊中季节性繁殖的蒙系绵羊主要分布在黄河流域以北的高纬度地区，而非季节性繁殖的蒙系绵羊则主要分布在黄河流域以南的低纬度地区。这 6 种蒙系绵羊的亲缘关系如图 4-7（b）所示。除湖羊外，其他 5 种蒙系绵羊的杂交程度较低，亲缘关系近，血统较为纯正。而湖羊群体与其他 5 种蒙系绵羊的差异显著，群体内部的血统纯度也存在较大的差异，表明该品种在形成过程中可能有非蒙系血统的引入。PCA 分析［图 4-7（c）］表明，第一主成分（PC1）将湖羊与其他 5 种群体分开，形成了 2 个群体，第二主成分（PC2）又将湖羊群体分为了上下两部分，形成了多个亚群体。

图 4-7（a）表示蒙系绵羊随时间的有效群体规模变化曲线。灰色区域为 95%的置信区间。橙色背景代表该时间段内中国气候温暖，白色背景代表气候寒冷（郭永立等，1998）[35]。箭只表示了蒙系绵羊的两次迁徙时间，该时间参考了 Lv 等的研究结果（Lv et al.，2015）[36]。图（b）基于常染色体 SNP 的祖先预测结果。检测了祖先群体数 k 为 1～6 时 6 种蒙系绵羊的 CV 值，发现 $k=2$ 时 CV 值最小，表明祖先群体数为 2 时群体得到了最好的划分。x 轴代表了每个个体，y 轴代表了特定祖先血统间的比例。某一种颜色的比例越大代表该个体与某个祖先血缘纯度越高。图（c）基于常染色体 SNP 的主成分分析结果显示了 6 种蒙系绵羊间的遗传距离。以方框标记的品种为季节性繁殖品种，以圆点的品种为非季节性繁殖品种。

在 6 个不同品种的蒙系绵羊线粒体 DNA 中，我们共识别出 419 个单核苷

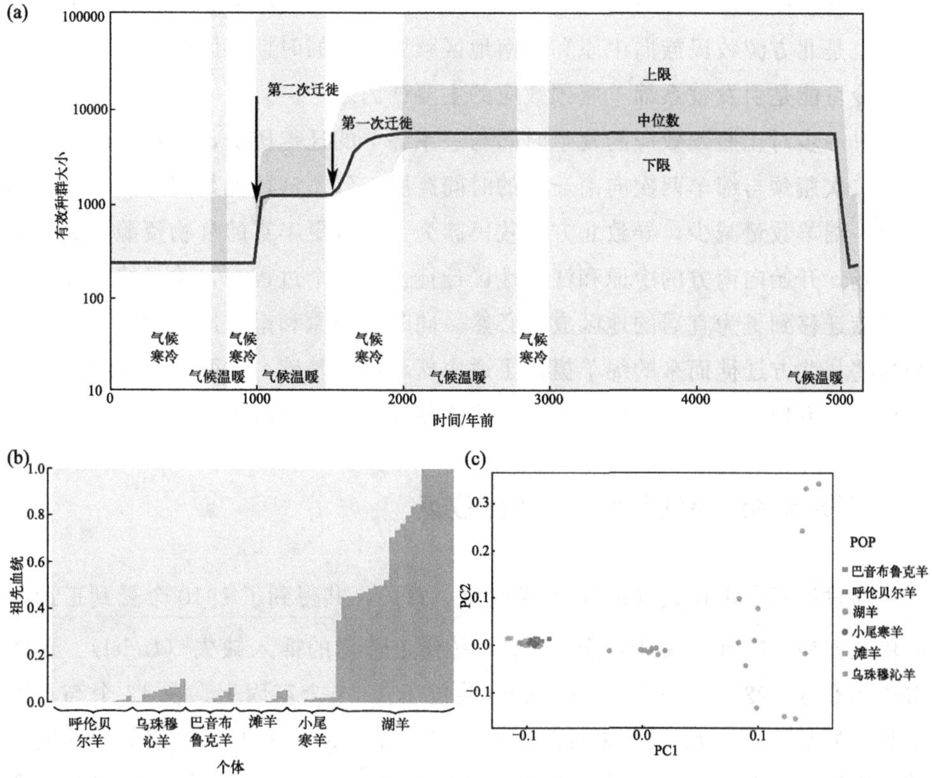

图 4-7　6 种蒙系绵羊的迁徙历史和亲缘关系（见文后彩插）

（a）蒙系绵羊随时间的有效群体规模变化曲线；（b）基于常染色体 SNP 的祖先预测结果；（c）6 种蒙系绵羊间的遗传距离

酸多态性（SNP）。这些 SNP 为我们研究蒙系绵羊群体的有效群体规模变化提供了宝贵的数据。如图 4-7（a）所示，通过分析这些 SNP，我们发现蒙系绵羊在其历史演化过程中经历了两次显著的有效群体数量减少，这两次事件分别发生在约 990～1040 年前和 1510～1870 年前。

在生物进化的历程中，由于种种原因，如种群的迁徙、环境灾害或人为过度捕猎，种群内个体数量及遗传变异有时会出现急剧减少，随后又经历快速增长的现象，这一现象被称为瓶颈效应。线粒体 DNA 的 SNP 以及常染色体的微卫星位点，都是研究种群是否经历过瓶颈效应的重要遗传标记。

结合蒙系绵羊群体有效群体规模变化的历史数据，我们推断蒙系绵羊在过去的岁月里经历了两次遗传瓶颈。这两次瓶颈分别对应了我国历史上的北宋初期和东汉末期。值得注意的是，这两个时期不仅与气候由暖转寒的变化相吻合，也是北方游牧民族向中原和江南地区频繁进犯的时期。因此，我们推测气候变冷可能是引发蒙系绵羊瓶颈效应的主要诱因之一。

进一步对比瓶颈效应的发生时间与蒙系绵羊的迁徙历史，我们发现第一次和第二次瓶颈与绵羊两次向南迁徙的时间高度一致。这可能是因为随着气候的转寒，绵羊数量减少，导致北方游牧民族为了获取更丰富的食物资源和更广阔的牧场，开始向南方的中原和江南地区迁徙。在这个过程中，蒙系绵羊随同游牧民族迁移到更为宜居的地区成为必然。同时，中原和南方地区的气候条件也为这些从北方迁徙而来的绵羊提供了适应新环境的基础，进而为后来能够适应中原和南方地区气候的小尾寒羊和湖羊等品种的形成创造了条件。

二、褪黑素相关基因上的正选择位点

通过计算固定指数（F_{st}）和杂合度（H_p），共得到了1910个受到正选择的单核苷酸多态性（SNP）和1872个受到正选择的插入缺失（Indel）。这些SNP共位于1228个基因上，而Indel共位于1275个基因上。在13个与褪黑素相关的基因中，*TPH1*基因受到正选择［图4-8（a）］。在*TPH1*基因上共检测到384个SNP，这些位点的连锁关系如图4-8（c）所示，其中有10个位点受到正选择［图4-8（b）］。

图4-8（a）中窗口长度为100kb，每次滑动的步长为10kb。图片的上半部分为全基因组不同染色体区域在季节性繁殖组和非季节性繁殖组间$Z(F_{st})$值的分布情况，下半部分为全基因组不同染色体区域在非季节性繁殖组中$Z(H_p)$值的分布情况。坐标轴x上，各标尺间的间隔反映了各染色体的长度。虚线方框代表了*TPH1*基因所在位置。图（b）中坐标轴x为各位点在第15号染色体上的位置，y轴为Z标准化后的F_{st}值，红色虚线表明$Z(F_{st})=2.326$，$Z(F_{st})$值大于2.326的位点用红色表示、小于2.326的位点用黑色表示。

10个受正选择的SNP均位于内含子上。其中，1个位于内含子1上、1个位于内含子2上、2个位于内含子3上、6个位于内含子6上，各正选择位点的位置和等位基因频率如表4-1所示。

转录因子预测结果（表4-2）显示，在10个正选择位点中有7个位点处在转录因子结合位点上，共有11种转录调控元件与这7个位点对应。

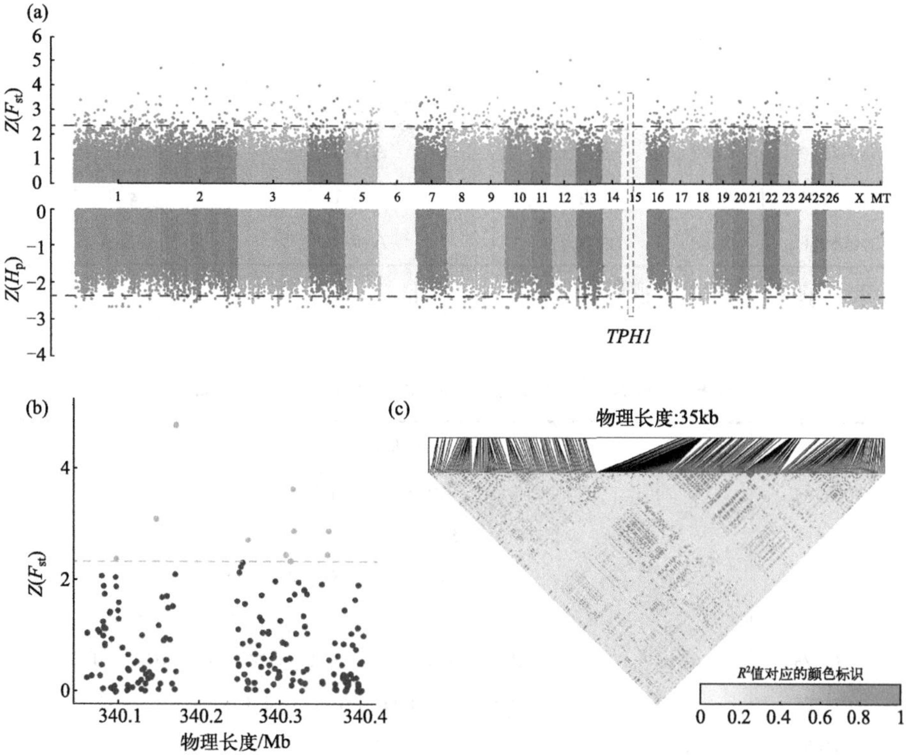

图 4-8 蒙系绵羊 6 个群体中与季节性繁殖相关的正选择信号（见文后彩插）

（a）滑动窗口法检测全基因组中正选择信号的结果示意图；

（b）*TPH1* 基因在季节性繁殖组和非季节性繁殖组间的正选择信号检验结果示意图；

（c）*TPH1* 基因所有变异的连锁不平衡情况

表 4-1 *TPH1* 基因正选择位点在不同繁殖节律蒙系绵羊中的等位基因频率

SNP 具体位置	$Z(F_{st})$	所处内含子	最小等位基因频率	
			季节性繁殖组	全年繁殖组
34009764	2.39	内含子 1	G:0.23	G:0.08
34014687	3.10	内含子 2	T:0.08	T:0.27
34017142	4.79	内含子 3	T:0.10	T:0.00
34026047	2.72	内含子 3	T:0.00	G:0.10
34030675	2.46	内含子 6	G:0.12	G:0.02
34031268	2.35	内含子 6	C:0.10	C:0.02
34031565	3.64	内含子 6	T:0.14	T:0.00

续表

SNP 具体位置	$Z(F_{st})$	所处内含子	最小等位基因频率	
			季节性繁殖组	全年繁殖组
34031680	2.88	内含子 6	A:0.12	A:0.00
34035828	2.46	内含子 6	C:0.12	C:0.02
34035986	2.88	内含子 6	A:0.12	A:0.02

注：以上 SNP 均位于第 15 号染色体上。

表 4-2 *TPH1* 基因正选择位点相关转录因子的预测结果

位置①	预测的转录调控元件②
34009764	PEA3 _ Q6（+）
34014687	STAT5A _ 04（−）
34017142	CEBP _ 01（−）；IK2 _ 01（−）
34026047	无
34030675	AML1 _ 01（−）；AML1 _ Q6（−）；OSF2 _ Q6（+）；BRCA _ 01（−）
34031268	PU1 _ Q6（+）；STAT3 _ 02（−）
34031565	无
34031680	STAT3 _ 02（−）；STAT6 _ 02（−）
34035828	无
34035986	STAT3 _ 02（−）；STAT6 _ 02（−）

①该 SNP 在第 15 号染色体上的具体位置。

②与 SNP 对应的转录调控因子的预测结果，“（+）”代表该转录因子结合位点在 *TPH1* 基因的模板链上，“（−）”代表该转录因子结合位点在 *TPH1* 基因的编码链上，置信度大于 95%。

在关于蒙系绵羊褪黑素相关基因的深入研究中，我们发现 13 个相关基因中，仅 *TPH1* 基因在季节性繁殖与非季节性繁殖的蒙系绵羊间展现出显著的正选择信号。这一结果与先前在哺乳动物中的研究相吻合，进一步验证了 *TPH1* 基因在绵羊繁殖特性中的关键作用。值得注意的是，在考察的 6 个蒙系绵羊群体中，第 1325 号核苷酸位点并未发现 T/C 多态性，这与 Ensembl 位点多态性数据库的记录相符。这种一致性可能源于检测样本规模相对较小，或该位点已在绵羊群体中固定下来。

分析表明，*TPH1* 基因内含有 10 个与蒙系绵羊繁殖节律变化紧密相关的正选择位点，且这些位点均定位于内含子区域。其中 7 个位点位于转录调控元件上，提示这些位点的变异可能影响 *TPH1* 基因的转录或转录后修饰过程，进而调控基因表达量，最终影响蒙系绵羊的繁殖节律。然而，这些位点变异对 *TPH1* 基因表达的具体影响机制尚需进一步深入研究。

考虑到瓶颈效应可能导致遗传信息的丢失和低突变碱基的产生，我们推测在 6 种蒙系绵羊的 *TPH1* 基因编码区未检测到正选择信号可能与样本规模较小有关。因此，要准确判断 *TPH1* 基因编码区是否存在与蒙系绵羊季节性繁殖特性相关的变异，仍需在更大规模的样本群体中进行进一步的验证和分析。我们的研究揭示了 *TPH1* 基因在蒙系绵羊繁殖特性中的重要作用，特别是其内含子区域的变异可能对基因表达和繁殖节律产生深远影响。然而，关于这些变异的具体作用机制仍需后续研究的深入探索。

三、蒙系绵羊 *TPH1* 基因编码序列上的 SNP

经过对 6 种蒙系绵羊进行全基因组测序的深入分析，我们未在 *TPH1* 基因编码区的第 1325 号核苷酸位点上检测到 T/C 多态性。此结果可能源于样本规模有限或该多态性在绵羊群体中已被固定。为了验证上述假设并增强 *TPH1* 基因与绵羊季节性繁殖特性相关的正选择信号的可靠性，我们扩大了样本规模，并聚焦于 *TPH1* 基因上与蒙系绵羊繁殖节律紧密相关的变异位点。

本研究涵盖了乌珠穆沁羊、苏尼特羊、滩羊、广灵大尾羊、小尾寒羊和湖羊 6 种蒙系绵羊品种，每种选取 48 只个体，总计 288 只绵羊作为研究样本。在公司合成了 *TPH1* 基因的 PCR 扩增引物。对每份个体样品进行相同的 PCR 扩增和测序操作，以获取更详细的 SNP 信息。我们采用非连锁位点等位基因频率法，计算了 *TPH1* 基因 T865G 位点的等位基因年龄。基于 NCBI 数据库的参考序列和假定的突变模式（T 突变为 G），我们将携带 G 等位基因的个体归为突变群，其余个体归为先祖群。通过应用相应的计算公式，并结合绵羊染色体的重组率和世代间隔数据，我们得出了该位点的等位基因年龄估计值。

为了更全面地评估 *TPH1* 基因上未连锁 SNP 的等位基因年龄分布，我们还计算了所有相关 SNP 等位基因年龄的平均值，并依据“平均数±标准差”的原则确定了突变的年龄范围。这些结果将有助于我们更深入地理解 *TPH1* 基因在绵羊季节性繁殖特性中的潜在作用，并为后续的育种工作提供有价值的参考信息。

四、*TPH1* 基因编码序列在蒙系绵羊群体中的变异

在*TPH1* 基因外显子上检测到 8 个 SNP（表 4-3），连锁不平衡检验结果显示这些 SNP 间均不存在连锁不平衡的情况。这 8 个 SNP 中仅 T865G 位点存在非同义突变，该位点的 T/G 多态导致了 TPH1 蛋白的第 289 号氨基酸存在两种氨基酸：苯丙氨酸（Phe）和缬氨酸（Val）。

表 4-3　*TPH1* 基因编码序列上各 SNP 的信息

SNP	数据库编号①	编码区中的位置②	等位基因	所在外显子	对应氨基酸的位置③	氨基酸变异
T70C	rs400745914	70	T/C	外显子 1	24	L/L
C144T	rs407127208	144	C/T	外显子 2	48	I/I
C261G	rs420709760	261	C/G	外显子 2	87	L/L
C381T	rs594431869	381	T/C	外显子 3	127	S/S
C765T	rs429389465	765	C/T	外显子 6	255	Y/Y
T865G	New	865	T/G	外显子 7	289	F/V
C990T	rs401746616	990	C/T	外显子 8	330	F/F
C996T	rs411143550	996	C/T	外显子 8	332	A/A

①该 SNP 在 Ensembl 数据库中的编号。其中“New”代表该 SNP 之前并未收录在数据库中。
②该 SNP 在编码序列上的位置，从编码序列的第一个核苷酸开始计数。
③该 SNP 所对应的氨基酸在蛋白质序列上的位置，从蛋白质的第一个蛋氨酸开始计数。

在这 8 个 SNP 中，T865G 位点的突变仅在湖羊群体中存在。在湖羊中，该等位基因 G 的频率为 10.34%（表 4-4）。

表 4-4　蒙系绵羊 6 个群体 *TPH1* 基因各 SNP 的等位基因频率

SNP	品种名					
	US	SS	TS	GBS	SHS	HS
T70C	C：42.55%	C：19.05%	C：35.56%	C：31.82%	C：41.03%	C：45.40%
C144T	T：18.75%	T：19.32%	T：28.26%	T：31.25%	T：30.26%	T：29.41%
C261G	G：6.52%	G：13.64%	G：16.67%	G：22.34%	G：8.97%	G：0.57%
C381T	T：18.75%	T：28.41%	T：20.65%	T：21.88%	T：28.21%	T：27.84%

续表

SNP	品种名					
	US	SS	TS	GBS	SHS	HS
C765T	T：3.12%	T：7.95%	T：2.56%	T：3.66%	T：8.57%	T：2.23%
T865G	G：0.00%	G：0.00%	G：0.00%	G：0.00%	G：0.00%	G：10.34%
C990T	T：8.33%	T：19.32%	T：16.28%	T：24.44%	T：15.38%	T：27.27%
C996T	T：12.50%	T：28.41%	T：18.60%	T：17.78%	T：6.41%	T：13.07%

注：所有等位基因频率均为最小等位基因频率（MAF）。各个品种的简称分别为：乌珠穆沁羊（US）、苏尼特羊（SS）、滩羊（TS）、广灵大尾羊（GBS）、小尾寒羊（SHS）和湖羊（HS）。

五、 T865G 位点变异对 TPH1 蛋白三维结构和理化性质的影响

TPH1 蛋白保守域预测结果显示，T865G 位点位于其 TrpOH 域。三维模型揭示，该位点对应的第 289 号氨基酸位于 TrpOH 域内层第 8 个 α 螺旋上。与野生型相比，该位点的苯丙氨酸（Phe）突变为缬氨酸（Val）后，与 α9 和 α13 上的多个氨基酸空间相邻，可能改变了 α 螺旋间的空间距离。同时，疏水性预测结果表明，该突变导致疏水性系数由－0.022 增加至 0.133，即由疏水性转变为亲水性，削弱了 α8 螺旋的疏水性。酶活性测定显示，TPH1-T865 的酶活性（0.020U/mg）显著高于 TPH1-865G 突变型（0.011U/mg），两者间差异具有统计学意义（$p<0.05$）（图 4-9）。

图 4-9（a）表示 T865G 位点突变会导致 TPH1 蛋白第 289 号氨基酸由 Phe 变为 Val，289 号氨基酸位于 TPH1 蛋白的 TrpOH 结构域（青色）上。此外，活性结构域（ACT）为绿色，TrpOH 结构域（TrpOH）为青色，C 端四聚体结构域为灰色，非保守 N 端结构域为橙色。序列下方标记了金属离子结合位点和色氨酸结合位点的位置及氨基酸，分别为黑色和紫色。图（b）表示苯丙氨酸和缬氨酸分别位于第 289 号氨基酸位点时，第 225～318 号氨基酸区域的三维结构。α8 螺旋（283—298）上的第 289 号氨基酸（红色）在空间上与 315、316、382 和 383（蓝色）四个氨基酸毗邻。图（c）表示 T865G 的变化会削弱整个 α8 螺旋（283—298 号氨基酸）的疏水性。图（d）表示 TPH1-T865 和 TPH1-865G 蛋白具有酶活性。* 表示有显著性差异（$p<0.05$）。

蛋白质的酶活性中心是酶分子中直接参与底物结合与催化反应的关键部位，其三维结构通常表现为酶分子表面的一凹陷区域，内部环境非极性且疏

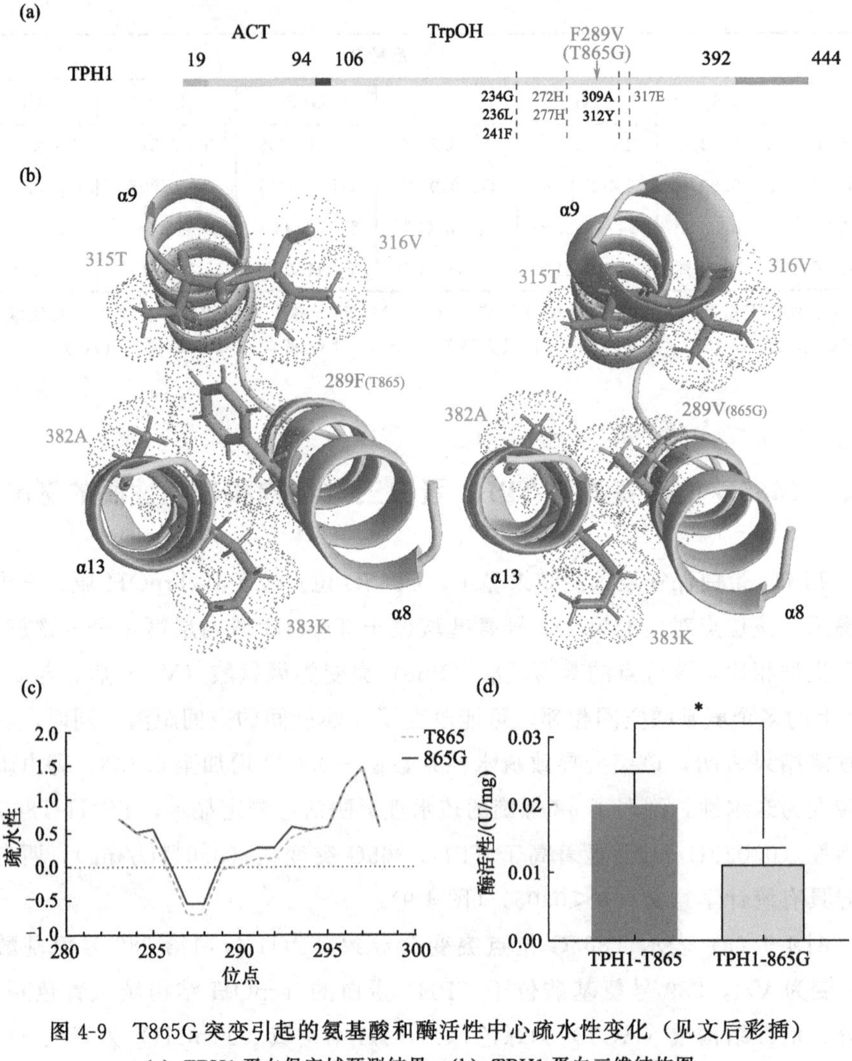

图 4-9　T865G 突变引起的氨基酸和酶活性中心疏水性变化（见文后彩插）

（a）TPH1 蛋白保守域预测结果；（b）TPH1 蛋白三维结构图；

（c）T865 与 865G 的疏水性；（d）TPH1-T865 与 TPH1-865G 的酶活性

水，有助于酶的稳定性和底物结合能力的提升。TPH1 蛋白的酶活性中心结构独特，包含一个深约 9Å（1Å＝0.1nm）、宽约 10Å 的空腔，该空腔通过一条长约 12Å、宽约 7Å 的通道与外界相连。通道内排列着两个环结构，分别由第 263—269 号氨基酸（loop1）和第 362—371 号氨基酸（loop2）构成，其中 loop2 的电子密度较低，稳定性相对较弱，可能参与引导色氨酸进入空腔的过程（图 4-10）。

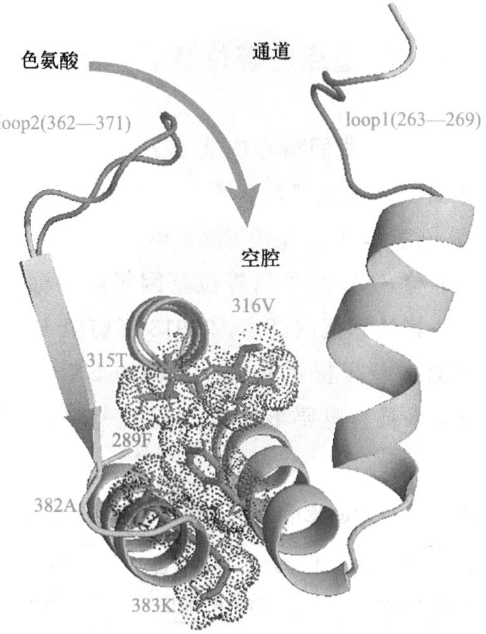

图 4-10　TPH1 蛋白酶活性中心与色氨酸结合的示意图（见文后彩插）

值得注意的是，F289V 氨基酸位点位于 TPH1 蛋白的第 8 个 α 螺旋上，该螺旋与 α9 螺旋、α13 螺旋在空间上紧密相邻。模拟分析显示，当该位点从苯丙氨酸突变为缬氨酸时，α8 螺旋和 α9 螺旋之间的空间距离会显著减小。这种空间距离的减小将产生两方面的影响：一方面，它可能导致容纳色氨酸的空腔体积缩小；另一方面，它也可能导致两个环结构（loop1 和 loop2）之间的距离缩短。我们推测空腔和通道的缩小可能不利于 TPH1 蛋白与色氨酸的有效结合。此外，根据蛋白质亲水性预测，289 号氨基酸的突变还会降低空腔内的疏水性，这种变化可能进一步影响 TPH1 蛋白的稳定性和底物结合能力。

TPH1 蛋白中 F289V 位点的突变很可能通过改变酶活性中心的结构和性质，降低其与色氨酸的结合能力，从而影响酶的活性。这一发现对于深入理解 TPH1 蛋白的功能机制以及探索相关疾病的治疗策略具有重要意义。

图 4-10 中，TPH1 蛋白的酶活性中心在三维结构上包含了一个通道和一个空腔（灰色区域）。通道由两个环（loop1 和 loop2，均由紫色标注）构成。在空腔中，289 号氨基酸（红色）在空间上与 315、316、382 和 383 四个氨基酸位点毗邻。红色箭头表示色氨酸进入酶活性中心并与之结合的过程，随后发生羟化反应。

六、*TPH1* 基因 T865G 位点的等位基因年龄

在 T865G 位点上下游，我们精心挑选了 7 个互不连锁的 SNP，用以估算 T865G 的等位基因年龄（详见表 4-5）。根据上游 SNP 的数据分析，我们推算出湖羊中 T865G 的等位基因年龄介于 5844 年前至 724 年前，平均约为 3284 年前。然而，当采用下游 SNP 的平均等位基因年龄和标准差进行估算时，结果却出现了显著差异，其估算范围高达 199913 年前至 108943 年前，平均约为 154428 年前。这种显著的差异提示我们，在利用 SNP 估算等位基因年龄时，上下游位点的选择对结果具有重要影响，需要进一步深入分析和验证。

表 4-5　湖羊群体中 T865G 位点的等位基因年龄

SNP 位点		到 T865G 位点的遗传距离/cM①	865G 群体各位点的基因频率②	T865 群体各位点的基因频率②	等位基因年龄/年前
上游	T70C	0.0389	0.6250	0.5479	2731
	C144T	0.0335	0.3125	0.2945	6575
	C261G	0.0333	0.0625	0.0000	4995
	C381T	0.0156	0.8750	0.7055	2119
	C765T	0.0012	1.0000	0.9726	0
	平均值				3284
	标准差				2560
下游	C990T	0.0017	0.3125	0.2740	186591
	C996T	0.0017	0.3125	0.1233	122266
	平均值				154428
	标准差				45485

①用平均重组率和 SNP 之间的距离计算的遗传距离。

②选择 T865G 位点上等位基因为 G 的个体作为突变群，等位基因为 T 的个体作为先祖群，计算该群体中其他 SNP 的等位基因频率。

等位基因的年龄可揭示群体中特定单核苷酸多态性（SNP）的出现时间。关于湖羊群体中 *TPH1* 基因 T865G 突变的出现时间，存在约 3200 年前和约 154000 年前两种估算，差异显著。这与彭等（Penget al.，2010）在 *ADH1B* 基因研究中观察到的现象相似，他们指出该方法在平均重组率较低区域的应用受限[37]。因此，我们更倾向于信任基于上游 SNP 位点计算得到的年龄范围，

即 5844 年前至 724 年前，平均等位基因年龄为 3284 年前。这一时间范围与绵羊抵达蒙系高原形成早期蒙系绵羊品种（约 5000 年前）以及随后向黄河流域和长江流域迁徙形成湖羊的时间（约 1000 年前）相吻合（Lvet al.，2015），提示 T865G 突变可能在这些历史事件中产生[38]。值得注意的是，该突变仅在湖羊群体中检测到，且等位基因 G 的频率为 10.34%，表明 T865G 位点是一个湖羊群体特有的新 SNP。

进一步分析显示，*TPH1* 基因 T865G 位点的 T 到 G 变异会改变其催化核心的空间结构和理化性质，可能导致 TPH1 蛋白的稳定性和活性降低。这一发现对于理解湖羊的遗传特性和育种价值具有重要意义。

七、蒙系绵羊*TPH1*基因 T865G 和 T1325C 位点突变对蛋白活性的影响

在哺乳动物和蒙系绵羊中，我们检测到了两个多态性位点——T865G 和 T1325C，这两个位点可能与动物的繁殖节律存在关联。为了深入探究这两个位点的功能特性，我们进行了如下实验设计：我们分别表达了突变前后的 TPH1 蛋白，即野生型 TPH1 蛋白（TPH1-Wild）以及 T865G 突变型（TPH1-T865G）TPH1 蛋白和 T1325C 突变型（TPH1-T1325C）TPH1 蛋白。随后，我们比较了这三种蛋白的酶活性变化，以揭示它们对褪黑素合成过程的具体影响（图 4-11）。

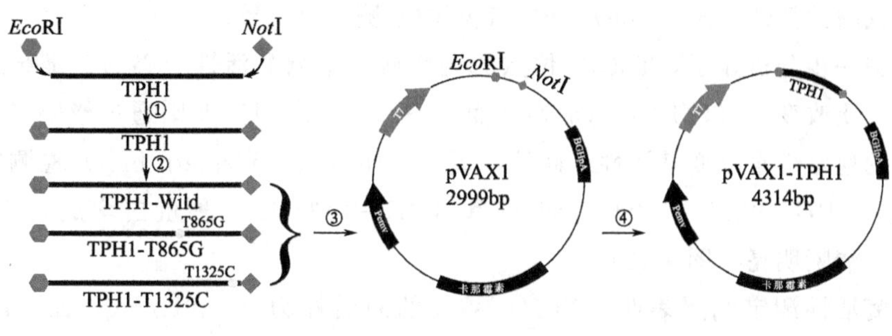

图 4-11 构建重组载体流程图

在 TPH1 编码序列两端添加 *Eco*R Ⅰ 和 *Not* Ⅰ 内切酶识别序列（步骤①）。根据 TPH1 野生型序列进行点突变，获得三条 TPH1 序列（步骤②）。将 3 条序列分别重组到 pVAX1 表达载体上（步骤③），最终获得重组表达载体（步骤④）

在构建重组载体的过程中，我们基于 NCBI 上绵羊 *TPH1* 基因的编码序列（NC _ 019472.2），在不改变氨基酸序列的前提下，对密码子进行了优化。同时，我们在序列的 5′端和 3′端分别添加了 *Eco*RI 和 *Not*I 内切酶识别序列，以便于后续的克隆和表达操作。

为了获得突变型 *TPH1* 基因编码序列，我们采用了定点突变的方法。具体来说，我们将编码序列上的第 865 号核苷酸由胸腺嘧啶替换为鸟嘌呤，从而获得了 T865G 突变型 *TPH1* 基因编码序列；同样地，我们将第 1325 号核苷酸由胸腺嘧啶替换为胞嘧啶，获得了 T1325C 突变型 *TPH1* 基因编码序列。以 pUC57-simple 为克隆载体，以 *E. coli* TOP10 为宿主菌，合成了目的基因。

我们构建了 TPH1-Wild、TPH1-T865G 和 TPH1-T1325C 三种表达载体，并获得了相应的 TPH1 蛋白。如图 4-12 所示，这三种 pVAX1-TPH1 质粒的电泳条带均位于 5000bp 附近，与预期的理论长度一致，且测序结果证实 865 位和 1325 位核苷酸已成功实现定点突变。

对哺乳动物体内 *TPH1* 基因的表达部位与节律已有深入研究（Patel et al.，2004；Bernard et al.，1999）[39-40]。鉴于 *TPH1* 基因在动物体内表达量低且昼夜波动显著，以往的研究多局限于 DNA 或 mRNA 层面，难以直接从动物组织中提取并检测 *TPH1* 蛋白的活性。因此，本实验以 NCBI 数据库中绵羊 *TPH1* 基因 cDNA 为模板，通过点突变技术获得了野生型、T865G 突变型和 T1325C 突变型 *TPH1* 基因序列，并将其分别插入 pVAX1 表达载体中。

将构建好的表达载体转染至 HEK293T 细胞并诱导表达后，我们成功获得了分子质量约为 55kDa 的三种 TPH1 蛋白。通过分光光度法检测发现，在 37℃孵育 60min 的条件下，TPH1 基因第 865 位和第 1325 位的点突变均可显著降低酶的活性（$p<0.05$），这与我们的预测结果一致。

进一步分析显示，T865G 位点的突变通过影响酶活性中心的三维结构和理化性质改变了 TPH1 的酶活性，而 T1325C 位点的突变则通过影响 TPH1 蛋白的稳定性来改变其活性。此外，蛋白质印迹法（Western blot）检测结果显示，TPH1-Wild、TPH1-T865G 和 TPH1-T1325C 三种蛋白均成功表达，且条带清晰明亮（图 4-12）。

酶活性测定结果表明，TPH1-Wild 的酶活性为 0.020U/mg，而 TPH1-T865G 突变型蛋白的活性降至 0.011U/mg，两者差异显著（$p<0.05$）。更为显著的是，TPH1-T1325C 突变型蛋白的活性仅为 0.004U/mg，与 TPH1-Wild 相比，酶活性降至约为原来的五分之一，差异极显著（$p<0.01$）。这些结果为我们深入理解 TPH1 基因变异对蛋白质结构和功能的影响，以及进一

步探索其在动物育种中的应用提供了重要依据。

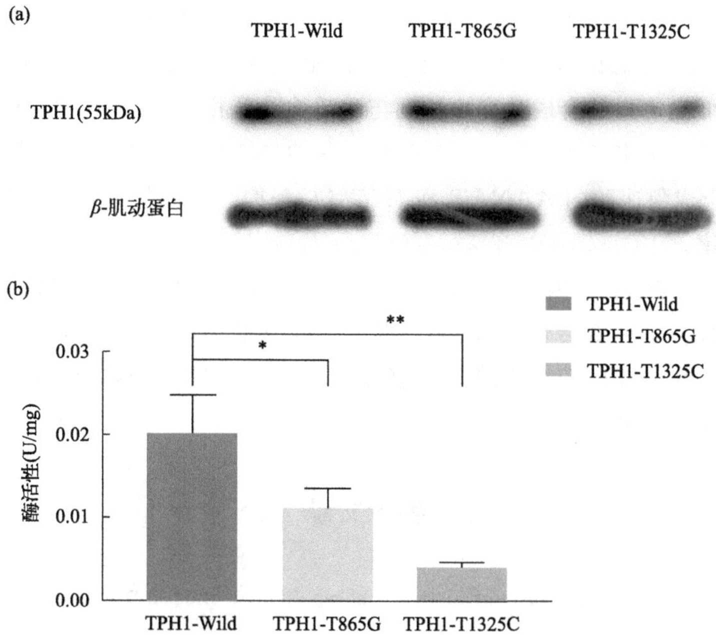

“*”表示酶活性差异显著（$p<0.05$），“**”表示酶活性差异极显著（$p<0.01$）

图 4-12　三种 TPH1 蛋白的表达情况和在体外的酶活性

(a) Western blot 检测结果显示三种蛋白的成功表达；(b) 三种蛋白的酶活性存在显著差异

在哺乳动物体内，*TPH1* 基因的表达区域与褪黑素合成部位高度一致，该基因通过编码 TPH1 蛋白催化色氨酸转化为血清素，为褪黑素的合成提供必要底物。研究表明，无论是视网膜还是松果体，*TPH1* 基因的表达量均展现出昼低夜高的趋势，这与褪黑素含量的变化规律相吻合。然而，血清素的含量变化却有所不同，其在午夜和中午时达到高峰，而在黎明和黄昏时降至低谷。这一昼夜节律表明，在夜间机体首先合成血清素，随后以其为底物进一步合成褪黑素。

值得注意的是，特定基因位点的变异会影响 TPH1 蛋白的酶活性。例如，非季节性繁殖的哺乳动物在 T1325C 位点的等位基因 C，以及非季节性繁殖的湖羊群体在 T865G 位点的等位基因 G，均能显著降低 TPH1 蛋白的酶活性。这种酶活性的降低会减少血清素的合成效率，进而推迟或减轻褪黑素的夜间峰值，不利于动物对昼夜变化的判断，可能导致其季节性繁殖特性的减弱或消失。相反，TPH1 蛋白酶活性的提高则会提前或加剧褪黑素的夜间峰值，增强动物对昼夜变化的敏感性，为季节性繁殖特性的出现奠定基础。

然而，并非所有非季节性繁殖动物都携带上述基因变异。这提示我们，*TPH1* 基因非编码区可能存在其他能够降低基因表达量的变异，这些变异同样能够降低血清素的合成效率，达到与酶活性降低相似的效果。此外，动物季节性繁殖是一个多基因控制的复杂过程，其他与褪黑素合成相关的基因，如编码 MLT 合成限速酶的 *AANAT* 和 *HIOMT* 基因，其变异也可能影响褪黑素的合成效率。

在绵羊 *TPH1* 基因中，T865G 和 T1325C 位点的变异均可降低 TPH1 蛋白的酶活性。这种低活性的 *TPH1* 蛋白可能有助于维持非季节性繁殖特性。因此，深入研究 *TPH1* 基因及其相关变异对于理解哺乳动物繁殖特性的分子机制具有重要意义。

参考文献

[1] Notter D. Genetic aspects of reproduction in sheep. Reproduction in Domestic Animals, 2008, 43: 122-128.

[2] Falcón J, Besseau L, Fuentès M, et al. Structural and functional evolution of the pineal melatonin system in vertebrates. Ann NY Acad Sci, 2009, 1163: 101-111.

[3] Arendt D. Evolution of eyes and photoreceptor cell types. Int J Dev Biol, 2003, 47(7-8): 563-571.

[4] Schomerus C, Korf HW. Mechanisms regulating melatonin synthesis in the mammalian pineal organ. Ann NY Acad Sci, 2005, 1057(1): 372-383.

[5] Sanjita Devi H, Rajiv C, Mondal G, et al. Melatonin bio-synthesizing enzyme genes (Tph1, Aanat1, Aanat2, and Hiomt) and their temporal pattern of expression in brain and gut of a tropical carp in natural environmental conditions. Cogent Biology, 2016, 2(1): 1230337.

[6] Falcón J, Besseau L, Sauzet S, et al. Melatonin effects on the hypothalamo-pituitary axis in fish. Trends Endocrinol Metab, 2007, 18(2): 81-88.

[7] Carstensen M B, Hertz H, Bering T, et al. Circadian regulation and molecular role of the Bsx homeobox gene in the adult pineal gland. J Pineal Res, 2020, 68(2): e12629.

[8] Hertz H, Carstensen M B, Bering T, et al. The Lhx4 homeobox transcript in the rat pineal gland: adrenergic regulation and impact on transcripts encoding melatonin-synthesizing enzymes. J Pineal Res, 2020, 68(1): e12616.

[9] Shainer I, Michel M, Marquart G D, et al. Agouti-related protein 2 is a new player in the teleost stress response system. Curr Biol, 2019, 29(12): 2009-2019.

[10] Mays J C, Kelly M C, Coon S L, et al. Single-cell RNA sequencing of the mammalian pineal

gland identifies two pinealocyte subtypes and cell type-specific daily patterns of gene expression. PLoS One, 2018, 13(10):e0205883.

[11] Han L, Wei X, Liu C, et al. Cell transcriptomic atlas of the non-human primate Macaca fascicularis. Nature, 2022, 604(7907): 723-731.

[12] Haimovici A, Vaudry H, Leuner K. The pineal gland and melatonin: Structural and functional aspects in neuroendocrine regulation. Brain Research Reviews, 2004, 46(2): 183-237.

[13] Rivera-Mancia M M. Photoperiodic regulation of pineal melatonin secretion: role of the sympathetic input. J Pineal Res, 2006, 39: 303-311.

[14] Gershon M D, Tack, J. The second brain: The scientific basis of gastrointestinal health and disease. CRC Press, 2017.

[15] Mayer E A. The second brain: The scientific brief that your gut has its own brain and consciousness. New York: Atria Books, 2016.

[16] Tillisch K, Labus J, Chen Z, et al. Consumption of fermented milk product with probiotic modulates brain activity. Gastroenterology, 2013, 144(7): 1394-1401.

[17] Sun Z, Zhang H, Li W, et al. MLT-Kiss1-GnRH and MLT-Thyroxin-GnRH Pathways Regulate Reproductive Behaviors in Mammals. J Endocrinol Invest, 2019, 36(2):347-354.

[18] ViviD D, Bentley G E. Seasonal Reproduction in Vertebrates: Melatonin Synthesis, Binding, and Functionality Using Tinbergen's Four Questions. Molecules (Basel, Switzerland), 2018, 23(3): 652.

[19] Marchesani R B. Metaphorical thinking on art, education and therapy: Late night conversations with bernard brenner. The Psychotherapy Patient, 2003, 12(1-2): 17-44.

[20] Li C, Li G, Tan D X, et al. A novel enzyme-dependent melatonin metabolite in humans. Journal of Pineal Research, 2013, 54(1): 100-106.

[21] Ma X, Idle J R, Krausz K W, et al. Metabolism of melatonin by human cytochromes p450. Drug Metabolism and Disposition: The Biological Fate of Chemicals. 2005, 33(4): 489-494.

[22] 吕雪峰，段新华，琼扎，等.象雄半细毛羊线粒体 Cytb 多样性及系统发育研究.黑龙江畜牧兽医，2016(2): 85-88.

[23] Lv F H, Peng W F, Yang J, et al. Mitogenomic Meta-Analysis Identifies Two Phases of Migration in the History of Eastern Eurasian Sheep. Molecular Biology and Evolution. 2015, 32(10): 2515-2533.

[24] Pan Z, Li S, Liu Q, et al. Whole-genome sequences of 89 Chinese sheep suggest role of RXFP2 in the development of unique horn phenotype as response to semi-feralization. GigaScience, 2018, 7(4): giy019.

[25] Zhi D, Da L, Liu M, et al. Whole Genome Sequencing of Hulunbuir Short-Tailed Sheep for Identifying Candidate Genes Related to the Short-Tail Phenotype. G3 (Bethesda, Md.), 2018, 8(2): 377-383.

[26] Purcell S, Neale B, Todd-Brown K, et al. PLINK: a tool set for whole-genome association and population-based linkage analyses. American journal of human genetics, 2007, 81(3): 559-575.

[27] Durvasula A, Fulgione A, Gutaker R M, et al. African genomes illuminate the early history and

transition to selfing in Arabidopsis thaliana. Proceedings of the National Academy of Sciences of the United States of America, 2017, 114(20): 5213-5218.

[28] Wang C C, Huang Y, Yu X, et al. Agriculture driving male expansion in Neolithic Time. Science China. Life sciences, 2016, 59(6): 643-646.

[29] Drummond A J, Rambaut A. BEAST: Bayesian evolutionary analysis by sampling trees. BMC evolutionary biology, 2007, 7: 214.

[30] Al-Mamun H A, Clark S A, Kwan P, et al. Genome-wide linkage disequilibrium and genetic diversity in five populations of Australian domestic sheep. Genetics, selection, evolution : GSE, 2015, 47: 90.

[31] Loots G G, Ovcharenko I. rVISTA 2.0: evolutionary analysis of transcription factor binding sites. Nucleic acids research, 2004, 32(Web Server issue): W217-W221.

[32] Kelley L A, Sternberg M J. Protein structure prediction on the Web: a case study using the Phyre server. Nature protocols, 2009, 4(3): 363-371.

[33] Garg V K, Avashthi H, Tiwari A, et al. MFPPI - Multi FASTA ProtParam Interface. Bioinformation, 2016, 12(2): 74-77.

[34] 郭斯启,奚永志,袁志宏,等.血小板生成素双体分子的融合构建、原核表达及其分子结构特性预测[J].中国应用生理学杂志,2004(04): 69-73, 118.

[35] 郭永立，徐旺生，顾凭，等. 湖羊历史渊源的生态学研究. 农业考古，1998(3): 306-312.

[36] Lv F H, Peng W F, Yang J, et al. Mitogenomic Meta-Analysis Identifies Two Phases of Migration in the History of Eastern Eurasian Sheep. Molecular Biology and Evolution, 2015, 32(10): 2515-2533.

[37] Peng Y, Shi H, Qi X B, et al. The ADH1B Arg47His polymorphism in east Asian populations and expansion of rice domestication in history. BMC Evolutionary Biology, 2010, 10, 15.

[38] Lv F H, Peng W F, Yang J, et al. Mitogenomic Meta-Analysis Identifies Two Phases of Migration in the History of Eastern Eurasian Sheep. Molecular Biology and Evolution, 2015, 32(10): 2515-2533.

[39] Patel P D, Pontrello C, Burke S. Robust and tissue-specific expression of TPH2 versus TPH1 in rat raphe and pineal gland. Biological Psychiatry, 2004, 55(4): 428-433.

[40] Bernard M, Guerlotté J, Grève P, et al. Melatonin synthesis pathway: circadian regulation of the genes encoding the key enzymes in the chicken pineal gland and retina. Reproduction Nutrition Development, 1999, 39(3): 325-334.

第五章

绵羊选种技术

选种过程旨在从现有绵羊群体中筛选出符合特定标准的个体，以组建新的繁育群体或补充现有群体。通过连续多代的精心筛选，我们致力于提升绵羊群体的综合生产性能，并推动新品种的培育。在此过程中，育种目标已不再是单纯追求投入产出比和生产效率的最大化。相反，我们全面考量了遗传潜力、生产管理效率、肉品加工质量以及消费者需求等多重因素。在追求育种可持续性的过程中，我们特别关注消费者的口感偏好、营养价值需求以及养羊生产对消费者、动物福利和生态环境的长远影响。因此，非经济指标以及消费者喜好度等关键因素需被量化并融入选种模型，以精准指导育种实践。举例来说，我们致力于培育出既符合市场需求又具备环保特质的绵羊品种，这要求我们在育种过程中充分考虑消费者对羊肉口感和营养价值的偏好，以及养殖活动对环境的影响。

第一节　选种方法分类

在中国当前的育种实践中，主要针对具有重大经济价值的数量性状和质量性状进行选种。在肉用绵羊方面，关注体重、产肉量、屠宰率、胴体重、生长速度和繁殖力等指标。选种过程主要从以下 4 个方面展开：①依据个体表型进行个体选择；②依据个体祖先表现进行系谱选择；③依据旁系表现进行半同胞测验成绩选择；④依据后代品质进行后裔测验成绩选择。此外，随着生物技术的发展，分子标记辅助选择和全基因组选择也逐渐得到应用。这些选择方法并非相互排斥，而是相互补充，应根据不同时期的资料状况合理运用，以提升选择精确度。

一、根据个体表型选择

衡量个体表型值的高低，主要依赖于个体品质鉴定和生产性能测定的结果。因此，熟悉并掌握个体品质鉴定与生产性能测定方法至关重要，尤其在缺乏育种记录和后代品质资料的情况下，个体表型选择成为选择绵羊的基本依据。表型选择的成效取决于表型与基因型的相关性以及所选性状的遗传力强弱。

1. 鉴定内容

在进行绵羊品种鉴定时，主要依据为关键经济性状。肉用绵羊的关注重点在于肉用性状；细毛绵羊则侧重于毛用性状；绒毛绵羊的评价标准为毛绒产量及质量；而对于羔、裘皮绵羊，评价重点在于羔、裘皮品质；奶用绵羊则以产奶性状为主。在实施鉴定过程中，应遵循各品种的鉴定分级标准和鉴定方法。

2. 鉴定时间

当目标性状已充分表现即可鉴定。肉用绵羊在断奶、6 月龄、周岁和成年（2 岁）时进行鉴定；细毛绵羊及其杂种绵羊常是在 1.5 岁春季剪毛前进行；绒毛绵羊品种是在 1.5 岁春季抓绒前进行；中国卡拉库尔羊、湖羊、济宁青山羊等羔皮品种是在羔绵羊出生后 3 日内进行；滩羊、中卫山羊等裘皮品种则在产后 1 月龄左右，毛股长度为 7～7.5cm 时进行。

3. 鉴定对象

个体鉴定的绵羊只包括种公绵羊，特级、一级母羊及其所生育成绵羊，以及后裔测验的母羊及其羔绵羊。

4. 鉴定方法

鉴定前要准备好鉴定圈，圈内装备可活动的围栏，以便能够根据绵羊群数量调整场地面积。在圈的出口处应设鉴定台，鉴定开始前，鉴定人员要熟悉掌握品种标准，并对要鉴定的绵羊群情况有一个全面了解，包括绵羊群来源和现状、饲养管理情况、选种选配情况、以往绵羊群鉴定等级比例和育种工作中存在的问题等，以便在鉴定中进行针对性考察。鉴定开始时，要先看绵羊只整体结构是否匀称，外形有无严重缺陷，被毛有无花斑或杂色毛，行动是否正常，待绵羊接近后，再看公绵羊是否为单睾、隐睾，母羊乳房是否正常等，以确定是否有进行个体鉴定的价值。凡应进行个体鉴定的绵羊只，要按规定的鉴定项目和顺序严格进行。随着绵羊群质量的提高，育种工作的深入，为了选择出更优秀的个体，提高表型选择的效果，可考虑采用以下选择指标：

(1) 性状率（T） 性状率是指个体某一性状的表型值（P_X）与其所在绵羊群群体同一性状平均表型值（$\bar{P}_X$）的百分比，其公式是：

$$T=\frac{P_X}{\bar{P}_X}\times 100\%$$

性状率可用于比较不同环境或同一环境中种绵羊个体间的差别。例如，有3只后备公绵羊，其中两只来自特殊培育群，一只来自大群管理群，试比较其优劣。特殊培育群平均剪毛量6.5kg，被选个体甲、乙分别为8.0kg和10.0kg；大群管理群平均剪毛量5.0kg，被选个体丙剪毛量6.5kg，这样，甲、乙、丙三只绵羊性状率为：

$T_{甲}=8.0/6.5\times 100\%=123.0\%$

$T_{乙}=10.0/6.5\times 100\%=153.8\%$

$T_{丙}=6.5/5.0\times 100\%=130.0\%$

根据性状率，三只公绵羊顺序是乙＞丙＞甲。所以认为特殊培育的公绵羊均比大群管理的好并不准确。这里环境效应对表型值的影响很大，上例中甲丙二者相比，丙性状率高于甲，尽管毛量相差1.5kg，但如果丙绵羊在高营养水平下，其毛量很可能超过甲。

(2) 育种值（$\hat{A}_X$） 是根据被选个体的性状表型值与同群绵羊在相同时期的平均表型值和性状遗传力值进行估算。其公式是：

$$\hat{A}_X=(P_X-\bar{P})h^2+\bar{P}$$

式中 $\hat{A}_X$——被选个体 X 性状的估计育种值；

P_X——被选个体 X 性状的表型值；

$\bar{P}$——同群绵羊群 X 性状的平均表型值；

h^2——X 性状遗传力。

可见，个体表型值超过群体平均表型值越多，以及被选性状遗传力值越高，则个体估计育种值越高，育种值同样可用于比较不同环境或同一环境中种绵羊个体之间的差别。

二、根据系谱进行选择

系谱是反映个体祖先生产性能的重要资料。在生产实践中，常常通过系谱审查来掌握被选个体的育种价值。如果被选个体本身好，并且相关经济性状与亲代具有共同点，则证明其遗传性稳定，可以考虑留种。当个体本身还没有表型资料时，则可用系谱中的祖先资料来估计被选个体的育种值，从而进行早期选择，其公式是：

$$\hat{A}_X=\left[\frac{1}{2}(P_F+P_M)-\overline{P}\right]h^2+\overline{P}$$

式中 $\hat{A}_X$——个体 X 性状的估计育种值；

P_F——个体父亲 X 性状的表型值；

P_M——个体母亲 X 性状的表型值；

$\overline{P}$——与父母同期绵羊群 X 性状的平均表型值；

h^2——X 性状遗传力。

根据系谱选择，主要考虑父母代的影响，随血缘关系越远，对子代的影响越小。因此，在生产实践中，对祖父母代以上的祖先资料很少考虑。

三、根据半同胞表型值进行选择

根据个体半同胞表型值进行选择，是利用同父异母的半同胞表型值资料来估算被选个体的育种值。由于人工授精技术的广泛应用，同期所生的半同胞样本量大，而且由于同年所生，环境影响相同，所以结果也较准确可靠。可以进行早期选择，在被选个体无后代时即可进行。根据半同胞资料估计个体育种值的公式是：

$$\hat{A}_X=(\overline{P}_{HS}-\overline{P})h^2_{HS}+\overline{P}$$

式中 $\hat{A}_X$——个体 X 性状的估计育种值；

$\overline{P}_{HS}$——个体半同胞 X 性状的表型值；

$\overline{P}$——与个体同期绵羊群 X 性状的平均表型值；

h^2_{HS}——X 性状遗传力。

因所选个体的半同胞数量不等，故对遗传力需作加权处理，其公式是：

$$h_{HS}^2=\frac{0.25Kh^2}{1+(K-1)0.25h^2}$$

式中　K——半同胞只数；

0.25——半同胞间遗传相关系数；

h^2——X 性状遗传力。

四、根据后裔测验成绩选择

选种的最终目的是获得优良后代，因此通过后代表型值来评定亲代种绵羊的育种价值是最直接的选种方法。后裔测验方法的不足之处是耗时较长，如肉用绵羊需等后代生长到 6～8 月龄，细毛绵羊、绒毛绵羊要等后代长到周岁龄。

1. 后裔测验应遵循的基本原则

待测绵羊需经表型选择、系谱审查后，认定为优秀并计划大量使用的公绵羊，年龄 1.5～2 岁；与配母羊品质整齐、优良，最好是一级母羊，年龄 2～4 岁；不同品种有特定的配种数量要求且配种时间应尽可能一致，肉用绵羊、羔裘皮绵羊配 30～50 只母羊；细毛绵羊与绒毛绵羊需配 60～70 只；后代出生后应与母羊同群饲养，不同公绵羊后代也应尽可能在相似的环境中饲养，以排除环境因素造成的差异。

2. 后裔测验结果的评定方法

(1) 母女对比法　有母女同年龄成绩对比和母女同期成绩对比两种。前者有年度差异，特别是饲管水平年度波动大时；后者虽无年度差异，饲养管理条件相同，但需校正年龄差异。母女对比时有以下两种指标。

母女直接对比：母女直接对比是以母女同一性状的差（$D-M$）进行比较，不能反映女儿的生产性能。

公绵羊指数对比：公绵羊指数等于女儿性状值与母女同一性状值差之和，此值越大，表明该公绵羊后代平均值超过母代之值越大，公绵羊种用价值越高。计算公式为

$$F=2D-M$$

式中　F——公绵羊指数；

D——女儿性状值；

M——母亲的性状值。

(2) 同期同龄后代对比法　由于公绵羊女儿数不等，采用算术平均数比较，难免出现偏差。为此，多采用某公绵羊女儿数（n_1）和被测公绵羊总女儿数（n_2）加权平均后的有效女儿数（W）计算被测公绵羊相对育种值来评定其优劣，相对育种值的计算公式是：

$$A_X=\frac{D_W+\overline{X}}{X_1}\times 100\%$$

式中，A_X 为相对育种值；D 为某公绵羊女儿某性状平均表型值（X）与被测公绵羊总女儿数的同一性状平均表型值（$\overline{X}$）之差（$X-\overline{X}$）；W 为有效女儿数，其计算公式：$n_1\times(n_2-n_1)=W$；相对育种值越大，公绵羊越好。以 100%为界，超过 100%的为初步合格的公绵羊。用母女对比和同龄后代对比两种方法评定后裔测验，所得结果可能会出现某些差异，需要进行资料的进一步分析处理。

在养绵羊业中，对公绵羊进行后裔测验较为广泛，但也不能忽视母羊对后代的影响。当母羊与不同公绵羊交配，都能生产优良羔绵羊，就认为该母羊遗传素质优良；若与不同公绵羊交配，连续两次都生产劣质羔绵羊，该母羊就应由育种群转移到生产群中去。当其他条件相同时，应优先选择多胎母羊留种。

五、绵羊标记辅助选择

分子标记辅助选择（molecular marker-assisted selection，MAS)，又被称为标记辅助选择，是将个体或群体基因组内存在差异且易于识别的特异性 DNA 片段（如 RFLR、Microsatellite DNA 等）作为遗传标志，通过间接手段对数量性状（如生长或繁殖类性状）进行选择的方法。标记辅助选择是通过提高分子标记在育种群体中的基因频率来提高全群遗传水平，与传统选择方法相比，有以下优点：一是除利用了传统选择用到的表型、系谱信息外，还利用了遗传标记的信息，具有更大的信息量；二是不受环境影响，没有性别年龄限制，允许进行早期选种，缩短世代间隔，从而提高选择强度和选种准确性；三是对于低遗传力性状和难以测量的性状，优越性更明显。

绵羊的标记辅助选择已进入应用阶段，但可利用标记相对缺乏。刘守仁院士等[1] 引入南非肉用美利奴公绵羊与中国美利奴多胎品系母羊杂交，从一代横交后代中选出肉用性能好、带多胎基因标记（FecB）的纯合子公绵羊与纯合子母羊、杂合子母羊进行横交，培育出中国美利奴绵羊多胎肉用品系。王金文等引入杜泊公绵羊与我国多胎品种小尾寒绵羊杂交，逐代选留带多胎基因标记（FecB）的纯合子或杂合子公、母羊组建育种核心群，精准地保证了育成品种遗传性状，成功培育出了优质肉用的鲁西黑头绵羊。

这种特异性的分子标记是由DNA分子发生的缺失、插入、倒置、易位、重排以及存在的长度和排列不一的重复序列等多种机制产生的多态性标记。它与某个数量性状基因座（quantitative trait locus，QTL）具有关联性或连锁关系。相对于常规选择，分子标记辅助选择更少受到受制性状（屠宰性状）、后期表达性状（产仔性状）和低遗传力性状的影响，可以增强选择强度、缩短世代间隔以及提高选择精确性，减少烦琐的性能测定并降低育种成本，可使育种进度提高2%～60%。随着分子生物学技术的快速发展和羊全基因组的研究，分子标记辅助选择越来越广泛地被应用于肉羊的遗传育种中，从而加速了肉羊遗传育种的进程。

（一）分子标记辅助选择技术路线与应用

分子标记辅助选择基本技术路线为：①寻找包含QTL的染色体片段（10～20cM），并在这些区域内标定QTL的位置（5cM）；②找到与QTL紧密连锁的遗传标记（1～2cM），并在遗传标记区域内找到可能的候选基因；③寻找与性状变异有关的特定基因；④寻找这些特定基因的功能基因座；⑤在遗传标记辅助下更加准确地针对特定性状对个体进行选种。

分子标记信息的利用一般是根据标记信息计算的分子评分（molecular score，MSC）来进行，分子评分的计算有多种不同的方式，可根据肉羊个体是否拥有标记的某个等位基因或某种基因型来计算，也可以根据对标记或QTL效应的估计来计算，在分子评分的基础上，有4种选择方式可供利用：

① 完全根据分子评分来选择，不考虑表型信息，对遗传基础非常复杂的数量性状来说，它只反映了个别或少数几个基因的作用，没有反映基因间的互作或一因多效的复杂作用，特别是对标记的作用出现判断失误情况时，这样的选择将带来严重的负面后果。因此，这种选择方式不太合理。

② 将分子评分和表型（或估计育种值）的信息合成一个指数，即$I=MS+EBV$，根据指数的大小来进行选择，指数中MS为用BLUP方法估计的QTL或主效基因（分子评分）效应，而EBV为估计的剩余多基因的效应，用这种方法进行育种，效果要优于单独分子评分和常规BLUP方法（Zhang and Smith，1992)[2]。

③ 顺序选择，即先根据分子评分选择，对挑选出来的个体再根据表型或估计育种值进行选择，这种选择方式给予分子评分权限比较大，当 QTL 或主效基因比较大时，与上述指数选择法效果接近，最大的优点为能够使相关基因在群体中迅速固定，免去在以后世代中进行基因型测定的费用，降低了育种成本。

④ 两阶段选择，即在候选个体尚无表型资料时，先用分子评分选择，对挑选出的个体进行性能测定获取表型信息，再根据表型信息用表型值或 *EBV* 进行选择，这种选择方式适用于在性能测定前必须进行预选的情形，例如，在使用 MOET 技术进行育种时，一个供体羊可生产若干个全同胞公羔，需要从中选择一部分进行后裔测定。此时，个体本身尚无表型信息，系谱信息因全同胞具有相同的系谱而毫无帮助，那么分子评分就派上用场来进行选择。传统育种中，在这种情况下就只好进行盲目的随机选择。

（二）分子标记辅助选择标记技术

目前，分子标记辅助选择所用到的标记技术主要有 3 类：①以分子杂交为核心的分子标记技术，主要有限制性片段长度多态性（restriction fragment length polymorphism，RFLP）标记、DNA 指纹（DNA fingerprint）技术和原位杂交（in situ hybridization）等；②以 PCR 为核心的分子标记技术，主要有随机扩增多态性 DNA（random amplification polymorphism DNA，RAPD）标记、任意引物 PCR（arbitrarily primed polymerase chain reaction，AP-PCR）标记、扩增片段长度多态性（amplified fragment length polymorphism，AFLP）标记、微卫星（microsatellite 或 simple sequence repeats，SSR 或 short tandem repeats，STRs）标记；③一些新型的分子标记，主要有单核苷酸多态性（single nucleotide polymorphism，SNP）标记、表达序列标签（EST）标记和线粒体 DNA 多态性标记等。

分子标记辅助选择所用到的标记技术根据其原理和特点可分为Ⅰ型标记和Ⅱ型标记（表 5-1）。Ⅰ型标记是与已知基因（或已知功能的基因）关联的标记，主要包括大部分 RFLP 标记、广义分子标记中的同工酶标记和 EST 标记，广泛应用在比较基因组学、基因组进化和候选基因筛选等方面。Ⅱ型标记是与未知基因组 DNA 片段关联的标记，它不编码，不具有表型效应，不承受选择压力，选择呈中性。因此，在群体内或群体间会产生多态性，并符合 Hardy-Weinberg 平衡定律，主要包括 RAPD 标记、AFLP 标记、微卫星标记和大部分SNP标记，被广泛应用于肉羊分子育种研究、遗传资源研究、品种或品系的识别和杂种的识别等方面，近年来多用于与QTL连锁的标记。

表 5-1　DNA分子标记种类、特点与应用（陈天国等，2006）[3]

名称缩写	类型	遗传方式	研究位点	可能基因数	多态性	主要应用
RFLP	Ⅰ型/Ⅱ型	共显性	单位点	2	低	连锁图谱
RAPD/AP-PCR	Ⅱ型	显性	多位点	2	中	群体研究、杂种识别
AFLP	Ⅱ型	显性	多位点	2	高	连锁图谱群体研究
SSR	大多Ⅱ型	共显性	单位点	多	高	连锁图谱群体研究
EST	Ⅰ型	共显性	单位点	2	低	连锁图谱物理图谱
SNP	大多Ⅱ型	共显性	单位点	2，最高4	高	连锁图谱群体研究

（三）分子标记辅助选择中与繁殖、生长和泌乳性状相关的QTL及主效基因

大多数重要的经济性状在群体内表现为连续变异，控制这一变异的基因座称为数量性状座位（QTL），它实际上是控制某一数量性状部分遗传变异的一个染色体区段，可以反映出单基因的遗传变异或多个连锁基因的单倍型效应（haplotype effect）。而主效基因是相对于微效多基因而言的，它是指能够对数量性状产生巨大效应的单个基因或座位，用特定的统计学和遗传学方法，可对主效基因的基因型、基因频率、基因型频率和该基因效应的大小进行检测和估计。高产多羔绵羊已经被证实存在与繁殖性状（排卵率和产羔数）、生长性状和泌乳性状相关的QTL（表5-2）及主效基因（表5-3）。

表 5-2　与绵羊繁殖、生长和泌乳性状相关的分子标记QTL

性状	QTL	文献
繁殖	OAR1，3，12，17，19，20，24	Mateescu and Thonney，2010
生长	OAR1，3，6，24	Al-Mamun et al.，2015；Matika et al.，2016
	TM-QTL	Macfarlane et al.，2014
	CHI4，5，6，14，18，21，29	Esmailizadeh，2014

续表

性状	QTL	文献
泌乳	CHI3，6，14，20	Roldán et al.，2008
	OAR6	Arnyasi et al.，2009

表 5-3　与绵羊繁殖、泌乳和生长性状相关的突变位点和主效基因

性状	主效基因	突变位点	文献
繁殖	BMPR1B	FecB	Sejian et al.，2015；Mahdavi et al.，2014
	BMP-15	FecXG/FecXB/FecX1/FecXH	Wang et al.，2015
	GDF9	FecGH/FecI	Wang et al.，2011；Martin et al.，2014；Souza et al.，2014
	Woodlands	FecX2	Davis et al.，2002
	FSHR	—	Wang et al.，2015
	INH	INHA/INHBA/INHBB	滑国华等，2007
生长	BMPR1B	FecB	Sejian et al.，2015
	MC4R	—	Zuo et al.，2014
	POU1F1	—	Jalil-Sarghale et al.，2014
	TNXB	—	Ajayi et al.，2014
	MEF2B/RFXANK	—	Zhang et al.，2013
泌乳	GH	GH2-Z	Dettori et al.，2015

随着我国动物分子育种重大专项的启动与实施，分子标记辅助选择在肉羊育种中将发挥越来越重要的作用。然而，由于数量性状的复杂性，要找出在实际育种中能用好用的分子标记还有很长的路要走。在以后分子标记的应用中，应始终坚持方便使用、操作简单易行的选择。

六、全基因组选择

2001 年提出全基因组选择（genomic selection，GS）是一种利用覆盖全基因组的高密度分子标记进行选择育种的方法，可通过构建预测模型，根据基因组估计育种值（genomic estimated breeding value，GEBV）进行早期个体的预测和选择，从而缩短世代间隔，加快育种进程，节约大量成本。统计模型是全基因组选择的核心，极大地影响了预测的准确度和效率。根据统计模型的不同，主要有以下几类：

(1) BLUP ALPHABET（BLUB系列）　又称为直接法，是通过SNPs构建个体间关系矩阵，将关系矩阵放入混合模型方程组（mixed model equations，MME）直接获得个体的基因组估计育种值。直接法常用的估计方法包括：①利用标记构建个体间关系矩阵G的基因组最佳线性无偏估计法(genome best linear unbiased prediction，GBLUP)；②将系谱矩阵A和基因组关系矩阵G构建为H矩阵的一步法（single-step BLUP，ssBLUP)。

(2) BAYESIAN ALPHABET（贝叶斯系列）　又称为间接法，此方法首先在参考群体中估计标记效应，然后结合候选群体的基因型信息将标记效应进行累加，最后获得候选群体的个体估计育种值；根据预先假定基因的数量和基因效应值分布的不同，可以建立不同的贝叶斯模型，如BayesA、BayesB、BayesC、BayesCπ、Bayes LASSO等。

澳大利亚开展的GS效果显著，胴体性状和肉质性状的GEBV准确性估计提高到0.05～0.10，产肉指数在25年中增长32%。Pickering等（2013）构建了4237只罗姆尼绵羊的参考群和候选群，其繁殖性状和存活率GEBVs的估计准确性范围是0.16～0.52[4]。Bolormaa等（2017）对美利奴绵羊及其杂交绵羊共3种绵羊毛质量性状进行GS分析，发现BayesR和GBLUP算法的平均GEBV精确度相似，约为0.22[5]。

绵羊作为全球畜牧业的关键动物之一，羊毛、肉和奶制品在人类生活中扮演着重要角色。然而，传统的育种手段正面临效率低下和种质资源减少的挑战。因此，研发绵羊基因组选择的方法和技术，以提升其繁殖效率和改善肉质，具有重大的实用价值[6]。

（一）绵羊基因组选择的研究现状

目前绵羊基因组选择的研究主要集中在以下几个方面：①功能基因的筛选和标记。②基于全基因组选择的遗传改良。③基于比较基因组杂交的选择策略[7]。这些研究为绵羊的遗传改良提供了理论基础和技术手段。④基因编辑技术在绵羊选育中的应用。基因编辑技术的引入，使绵羊基因组的定向改良成为可能。例如，CRISPR/Cas9技术的应用，可以对目标基因进行定向删除、插入、替换等操作，以实现对特定基因型的选育。此外，还有一些具有遗传操作能力的工具，如ZFNs、TALENs等，也在绵羊选育研究中得到了广泛的应用。通过这些技术手段，可以进一步挖掘和优化绵羊的遗传潜力，推进绵羊的遗传改良进程。⑤基因表达模式的研究。基因表达模式的研究可以帮助科学家们更深入地了解绵羊基因的功能和相互作用。通过对基因表达谱的分析，可以揭示基因在不同条件下的表达差异，以及基因间的相互作用。这些信息可以为绵羊的遗传改良提供更精确的指导，使选育工作更具针对性和有效性。⑥基因组关联分析。基因组关联分析可以帮助科学家们发现与绵羊性状相关的基因位点。通过对这些基因位点的研究，可以为绵羊的遗传改良提供更多的线索和依据。此外，基因组关联分析还可以用于疾病的分子机理研究，为预防和治疗绵羊相关疾病提供新的思路。⑦群体遗传学的研究。群体遗传学的研究可以揭示绵羊种群的遗传结构和进化动态。通过对不同群体的遗传信息进行分析，可以为绵羊的遗传改良提供更全面、更准确的数据支持。此外，群体遗传学的研究还可以为绵羊遗传资源的保护和利用提供理论依据。

总之，绵羊基因组选择的研究涉及多个方面，这些研究为绵羊的遗传改良提供了理论基础和技术手段。随着科学技术的不断发展，相信绵羊遗传改良的进程将进一步加快，为畜牧业的可持续发展做出更大贡献。

（二）绵羊基因组选择的应用

绵羊基因组选择技术在绵羊遗传改良中的应用主要包括：①提高繁殖率和降低流产率；②提高产肉量和改善肉质；③提高羊毛质量和产量[8]。通过基因组选择技术，可以快速定位到与优良性状相关的基因，并对其进行编辑，从而实现绵羊遗传改良的目标。

绵羊育种是在特定的情况下应用基因组选择，选择方法的准确性和有效性对育种效益有着直接影响。基因组选择是一种基于生物信息学的选择方法，通过对基因组进行精确的测序和分析，发现基因组上与表型相关的序列特征，从而预测绵羊的生长速度、饲料转化率等经济性状。基因组选择在绵羊育种中的应用，需要考虑以下几个方面。

（1）育种目标的明确　在进行基因组选择之前，需要明确育种目标，包括生长速度、繁殖性能、产肉性能等。根据目标选择合适的基因组测序策略和评价指标。

（2）高通量测序和大数据处理　基因组选择需要对大量的基因组数据进行分析和处理，因此需要具备高通量测序和大数据处理能力。这需要与具备相关技术实力的生物信息学公司或研究机构合作。

（3）基因组特征的挖掘　通过高通量测序和大数据处理，可以获取绵羊基因组的大量信息。需要从海量的数据中挖掘与目标性状相关的特征，建立特征与性状之间的关联。

(4) 选择算法的开发 开发选择算法是基因组选择的关键环节。选择算法需要能够在特征空间中找到与目标性状最相关的个体，从而实现高效的选择。常用的选择算法包括贝叶斯网络、决策树、神经网络等。

(5) 选择策略的制定 根据育种目标和基因组特征挖掘结果，制定合适的选择策略。选择策略应当能够兼顾基因组特征与实际生产表现，以实现最优的育种效益。

(6) 结合传统育种方法 基因组选择作为一种新兴的育种技术，可以与传统育种方法相结合，发挥各自的优势。基因组选择能够在早期阶段发现具有潜力的个体，传统育种方法则可以进一步提高群体的遗传多样性，实现更高的育种目标。

总之，在绵羊育种中应用基因组选择需要考虑育种目标、高通量测序和大数据处理、基因组特征挖掘、选择算法开发、选择策略制定以及与传统育种方法的结合。通过这些方法，可以实现高效的绵羊育种，为产业的可持续发展提供有力支持。

(三) 绵羊基因组选择的未来发展

随着高通量测序技术的发展，绵羊基因组选择研究将迎来新的发展机遇。未来的研究将更加关注：①功能基因的深入研究；②基于大数据分析的个体识别和选择；③基因组编辑技术在绵羊遗传改良中的应用[9]。

背景选择 (background selection)：指的是弱有害突变漂移到低频，然后从群体中清除的过程。这导致多样性减少，尤其是在保守区域周围。在某些方面，背景选择的信号可以模仿正选择产生的模式[10]。

F_{st}：两个或多个群体之间等位基因频率差异量的经典度量。F_{st} 可以取 0 到 1 之间的值，0 对应于两个（所有）群体中相同的等位基因频率，1 对应于固定的差异：即等位基因在一个群体中不存在，而在另一个群体中固定。特定 SNP 的高 F_{st} 值有时可以提供这些 SNP 正在被选择的证据。

硬扫 (hard sweep)：经典的选择性清扫模型，其中一个新的有利突变出现，并由于自然选择而迅速传播到固定[11]。在这种模式下，靠近偏好位点的中性变异与偏好等位基因一起“搭便车”。这影响了所选位点周围的变异模式，可以通过各种选择测试来检测[10,12]。

突变目标大小 (mutational target size)：是指某个基因座的位点数量，如果适当突变，可以产生特定的有利表型。例如，乳糖酶上游增强子的几个突变导致乳糖酶基因的终身表达[13]。突变目标大小会影响持续变异在环境变化后快速进化的可能性。

多基因适应（polygenic adaptation）：通过对许多基因座（可能几十个、几百个或更多）的变异体进行同时选择来进行适应的过程。设想多基因适应的一种常见情况是，数量性状的最佳表型发生了变化，这种变化受到数百个小效应等位基因的影响。在这种情况下，可以预期对选择的反应是由于许多等位基因的微小频率偏移。多基因适应也可能发生在许多位点的新突变，伴随着最佳表型的转变。后一种情况最有可能发生在新近被看好的表现型以前曾被强烈否定过的情况下。畜牧学上的重要经济性状很多都是微效多基因控制的数量性状。

部分清扫（partial sweep）：有利等位基因从低频率快速增加，但尚未达到固定的事件。部分清扫可能因为清扫仍在进行中，或因为有利等位基因的选择优势已经减弱。

选择性清扫（selective sweep）：有利等位基因的频率由于选择而迅速增加的现象。选择性清扫这个术语通常被理解为指完整的硬清扫，但也可以指部分清扫或软清扫，这取决于上下文。

软清扫（soft sweep）：软清扫这个术语是为了描述两个稍微不同的场景，这两个场景都与标准硬清扫模型形成对比[14]。在一种情况下，由于选择的变化，已经在群体中分离的等位基因（即稳定变异）变得选择性地受青睐，并且频率上升。在选择改变之前，通常假设等位基因是中性的或轻度有害的。在另一种情况下，单个基因座的多个独立突变都是有利的，并且频率都同时增加，直到频率之和为1。如果有利的等位基因都是相似有利的，那么通常没有一个有利的突变会在选择事件中固定。使用标准的选择测试，这两种情况都比硬清扫更难检测。

常规变异（standing variation）：群体中的多态变异。这个术语常被用在一种选择性力量的上下文中，这种力量被开启，使得一直（几乎）中立地漂移的变体突然变得受青睐。

对肉羊进行品种筛选的核心目标，是有意识地集合和保护群体中最优的基因，以促使优秀基因型个体在群体中的数量实现显著增长。这一阶段的重要性不仅体现在提升肉羊群体的基因素质，同时也在于利用有效的筛选技术排除不良基因型个体，以防止其对基因库构成负面干扰和潜在威胁。然而，在我国的肉羊育种实践中，普遍存在一个突出问题，即所选择的羊群规模较小且分布较为分散，这使得育种工作难以按预定计划和目标进行高强度选择。特别是在对一些地方品种进行肉用性能的遗传改良过程中，由于受到传统经验和技术水平等多种因素的影响，肉羊的遗传进展一直相对缓慢。针对这一问题，接下来将系统地阐述肉羊选择反应和选择方法，为切实提升肉羊遗传进展提供理论和实践的双重保障。

第二节　场内选种

绵羊场的选种工作是提升其生产效率和经济效益的关键环节，对确保绵羊品种的优良性具有重要作用。在现代化养殖场中，选种不仅关乎个体的遗传潜力和健康状况，还涉及整个养殖群体的生产性能和经济效益。通过科学的选种策略，养殖者可以优化种羊的遗传特性，提升其后代的生长速率、繁殖能力以及羊毛品质。这不仅有助于提高养殖场的经济效益，也有助于推动整个养殖业的可持续发展。

一、绵羊场内选种的方法和标准

表型选择：依据个体表型特征进行筛选，如生长速率、形态特征、繁殖能力及健康状况等。此方法简便且直接，但受环境因素影响较大。对于中高等遗传力的性状，同场同期选择效果更佳。

基因型选择：基于个体基因型进行筛选，通过 DNA 检测技术确定基因变异情况，预测其在生长、繁殖及疾病抗性等方面的表现。基因型选择预测准确性较高，但自行建立实验室需较高技术及成本。许多养殖场与高校或研究机构合作，将样品送至高校检测 FecB 突变，纯合公羊或母羊则自行留种。

性能测定：记录并评估个体在特定时间段内的生产性能，如生长速率、产毛量、繁殖能力等。此方法可提供较准确的评估结果，但需长期观察及记录数据。

生长速率：生长速率快的个体具有更高生产效能及经济效益。在同场同批羊群中，生长速率佼佼者很大程度上得益于优良的快速生长基因。例如，湖北刘姓养羊人是研究生毕业后返乡投身羊场事业，独具慧眼，挑选生长速率最快的羊进行繁育。经 10 余年精心经营，羊群生长速率较周边群体领先 20%，种公羊市场备受青睐，收益丰厚。

体型外貌：符合品种特征的体型外貌个体，具有较好的遗传品质及市场竞争力。养殖者对体型外貌有主观喜好，受当地羊肉或活羊市场趋势影响。虽羊肉为人食用部分，而非羊毛，但因市场对黑毛羊较高定价，四川等地养殖者倾向于养殖黑毛羊。

繁殖能力：繁殖能力强的个体能为养殖场提供更多优质羔羊。针对具有多羔多乳特征的家系进行选育，并实施扩群策略，以提高整体繁殖能力。若在周边群体中存在高繁殖力家系，可引入公羊，整合多羔品种资源，从而提升群体产羔数量。

适应性：具备较强适应性、耐粗饲料喂养以及抗病能力强的个体，能够更好地适应各种环境和生产条件。舍饲适应性还体现在能够适应高密度养殖，无需运动场。

二、育种平台和遗传评定

育种软件平台是集成多种功能的综合体，包括算法库、编程语言、框架设计和数据处理。其显著效能在于为肉羊育种提供计算和数据处理支持。它作为新兴领域机器学习与深度学习在育种领域的有力辅助工具，为这些领域提供了强大的支撑。研究现状和发展趋势主要包括。

(1) 框架的普及　最近，诸如 TensorFlow 和 PyTorch 等热门算法软件平台在肉羊育种领域得到了普遍的应用。这些平台构建了易于使用并且具备高度扩展性的编程环境，极大地便利了机器学习和深度学习等前沿技术在育种研究领域的渗透。

(2) 云平台的推广　云平台为育种用户提供了高效的途径，使其无需投入大量资金购置昂贵的服务器等硬件设备和运维管理，仅需通过网络连接便能利用云平台中的各类算法和数据处理工具，来实现对算法软件平台的有效访问和应用。

(3) 定制化开发　就育种领域这一特定场景而言，算法软件平台亦在持续发展和定制，应运而生了众多针对育种领域的算法库和框架，如动物生物识别、图像处理、育种值估算等。

(一) 种母羊遗传评定

如果有品种标准，就采用品种标准定级。如果没有品种标准，羊场可以申请企业标准并依据它来给种羊定级。目前也有羊场自己根据选育情况划分种用等级。

一般采用个体品质鉴定方法。体型外貌评分达 65 分以上的种用母羊，繁殖和泌乳指数均较高的，可评为优秀级；繁殖和泌乳指数一般的，可评为良好级。不符合上述两项规定的，一律定为合格级种母羊，不能进入育种核心群。由于种公羊在育种中所起作用非常大，所以种公羊的选择常用的不仅仅是个体品质鉴定，还会用到其他更精确的方法。

（二）种公羊遗传评定

种公羊评定的目的主要是获得种公羊育种值的精确无偏估计。在育种实际中，无偏估计的条件不可能完全满足，主要是存在有偏额外方差（系统环境效应），应该在可能情况下尽量降低它们的效应。羊群是影响母羊繁殖成绩偏额外方差的主要来源，产羔年度和季节是次要来源。此外，羊群间遗传差异也可以造成一些遗传偏差。

女儿均值是基本的公羊指数，对不同环境效应的校正可形成不同的指数。只要公羊与母羊进行随机交配，所生女儿在同一环境条件下饲养和测定，数量足够大时，女儿均值就相当精确，计算也简单。如果与一只公羊配种时，这组母羊遗传价值存在差异，就要对母羊繁殖水平进行校正，这就出现了母女比较法。当公羊的女儿分布在不同年度内时，还要校正年度差异，即将公羊的每一女儿记录（D）减去同龄女儿相应年度均值（C_0），再加上羊群均值（A），即校正后的公羊评定指数 $I=A+(D-C_0)$。以同期同龄比较为基础的评定方法在评定公羊时都没有考虑每只公羊女儿数的差异，应该用 $2nh^2/[4+(n-1)h^2]$ 加权平均来校正，即 $I=A+2nh^2(D-C_0)/[4+(n-1)h^2]$。作母女比较时，$I=A+2nh^2[(D-C_0)-(M-C_M)]/[4+(n-1)h^2]$。式中，$M$ 为母亲生产的成绩；n 为每只公羊的女儿数量；h^2 为遗传力。

人工授精的推广让一只公羊的女儿分布于许多群体中。群伴比较法大大消除了公羊育种值估计中羊群、季节和产羔年度差异。用预期差法（PD）在标准基础上对公羊进行排队可提高群伴比较法的精确性，这个值（PD）就是每个公羊后裔预期在群体均值基础上的差值。当公羊女儿仅有一个记录时，假定后裔中所有相似性都是遗传的（$C^2=0$），则 PD 值计算公式为 $PD=nh^2[D-0.9(HM-B)-B]/[4+(n-1)h^2]$，其中 n 是女儿数，D 是女儿均值，0.9 是对女儿记录进行校正（此校正系数是根据具体羊群的生产性能而确定的），

HM 是同群羊均值，B 是品种均值。

1. 群伴比较法和线性模型技术

群伴比较法可归纳为两步：①是剔除羊群-年度-季节效应（用记录与场-年-季效应均值之差来表示）；②是忽略羊群-年度-季节效应，分析这些离差估计公羊效应。相对于同群比较法，另一个方法是加权最小二乘法或极大似然法，它同时考虑公羊、羊群-年度-季节效应，使用时要根据效应是固定的、随机的还是混合的来使用。在肉羊实际遗传评定中，群伴比较法、加权最小二乘法和极大似然法对公羊的评级是相同的，精确性差不多，然而这类线性预测技术采用的是未知观察记录的均值、未知方差和协方差，存在候选个体信息不等和高度非正交现象等，这在某些情况下会影响评定的精确性。

2. 加权最小二乘法

公羊繁殖性能的育种值是根据其女儿的成绩求得的。公羊效应与半同胞姐妹共有唯一的遗传效应，一只公羊女儿间的遗传协方差（$\delta_{d1,d2}$）是加性遗传方差的（$\delta_g^2/4$）的函数，随机交配时，$\delta_{d1,d2}=\delta_s^2$，其中 δ_s^2 表示在随机交配情况下，一只公羊女儿间的遗传协方差。如果共同基因是半同胞相似的唯一来源，那么，一只公羊 n 个半同胞女儿的均值方差（δ_d^2）为 $\delta_d^2=\delta_s^2+\delta_e^2/n$，其中 δ_e^2 代表环境方差，将来的女儿对现在女儿的回归可表示为 $b_{df.d}=\delta_{d1,d2}/\delta_d^2=\delta_s^2/(\delta_s^2+\delta_e^2/n)=n/(n+\delta_e^2/\delta_s^2)$。

当 n 很大时，上式值接近于 1。如果用 S_I 表示最小二乘公羊常数（公羊后裔与群体均值的离差），那一只公羊的基因型值（g_I）为 $g_I=2S_I$，公羊的期望育种值（EBV）为 $EBV=2nS_I/(n+\delta_e^2/\delta_s^2)=2snh^2S_I/[4+(n-1)h^2]$。

3. 群伴比较的限制因素

采用同群母羊比较法评定公羊的一个基本条件是繁殖性状，不同公羊的后裔应该与具有相同遗传性能的同群母羊相比较。同群羊比较的另外两个基本条件是，所有的羊群和地区应该有相同的选择目标，所使用的公羊具有相同的遗传价值。不然，用同伴比较法评价这些差异存在公羊评定系统误差。虽然这些误差与公羊间的差异相比比较小，但用修正同群比较法或采用其他的方法来剔除这些误差会更好。

4. Henderson 的混合模型（BLUP 法）

在公羊遗传评定中，必须对影响精确性的因素进行考虑，这些因素有遗传趋势、种羊群间差异趋势、被评定公羊来自不同的群体、羊群间公羊的非随机分布、母羊平均遗传价值上的羊群差异和季节性差异等。Henderson 的最佳线性无偏估计混合模型（BLUP）考虑了以上这些因素，从而使种羊育种值的预测比线性预测方法更精确。它综合了最小二乘法和选择指数的特点，它不是把公羊看成是一个来自单一静止群体的随机样本，而是指定公羊到一个固定群内，按照公羊和登记进入配种的时间，使其成为一个混合模型。

BLUP 法是从女儿繁殖记录 Y 的一个函数来预测公羊的育种值（$\tilde{g}$），$\tilde{g}=f(Y)$。这个预测必须是无偏有效的，预测的误差方差（$\tilde{g}-g$）^{2} 为最小。多数采用如下混合模型：$\boldsymbol{Y}=\boldsymbol{Xb}+\boldsymbol{Zg}+\boldsymbol{e}$，其中 $\boldsymbol{Y}$ 是观察值向量（记录），$\boldsymbol{X}$ 是已知的固定矩阵，$\boldsymbol{b}$ 是未知的固定向量，$\boldsymbol{Z}$ 是已知的固定矩阵，$\boldsymbol{g}$ 是非观察随机向量（公羊值），平均值为 0，方差协方差矩阵为 $\boldsymbol{G}\delta^2$；$\boldsymbol{e}$ 是非观察随机向量，平均值为 0，方差协方差矩阵为 $\boldsymbol{G}\delta^2$；$\boldsymbol{G}$ 和 $\boldsymbol{R}$ 是已知非奇异的，$\boldsymbol{R}$ 是单位矩阵与一个数的乘积，$\boldsymbol{G}$ 常常是对角矩阵，δ^2 是一个未知常数。$\boldsymbol{g}$ 和 $\boldsymbol{e}$ 互不相关。$\boldsymbol{Y}$ 和 $\boldsymbol{g}$ 的均值为 $\bar{\boldsymbol{Y}}=\boldsymbol{X}\mathrm{B}$，$\bar{\boldsymbol{g}}=\boldsymbol{p}\mathrm{B}$，其中 $\boldsymbol{p}$ 是已知矩阵。对 $\boldsymbol{Y}$ 的一个线性函数，当均值为 0，使 $E(\mathrm{g}\sim\mathrm{g})^2$ 最小时，则 $\boldsymbol{g}_{\mathrm{i}}=\boldsymbol{P}_{\mathrm{i}}'\mathrm{B}+b_{\mathrm{i}}'(\boldsymbol{Y}-\boldsymbol{X}\mathrm{B})$……①，其中 E 表示数学期望，$\boldsymbol{P}_{\mathrm{i}}'$表示公羊育种值时的一个系数矩阵，$b_{\mathrm{i}}$ 是正规指数方程的解。$\boldsymbol{V}b_{\mathrm{i}}=\boldsymbol{C}_{\mathrm{i}}$……②，其中 $\boldsymbol{V}$ 是 $\boldsymbol{Y}$ 的方差-协方差矩阵，$\boldsymbol{C}$ 是 $\boldsymbol{Y}$ 与 $\boldsymbol{g}$ 间的协方差矩阵，B 是 $\boldsymbol{X}'\boldsymbol{V}^{-1}B=\boldsymbol{X}'\boldsymbol{V}^{-1}\boldsymbol{Y}$……③的任一解，式③是假定 $\boldsymbol{p}B$ 可估时，概括为最小二乘方程，Henderson 称之为最佳线性无偏估计（BLUP 法），这种方法不要求观察值一定要呈正态分布，可以在模型中考虑更多的生物学因素，从而使其更接近肉羊所处的生物学和饲养管理环境。

在肉羊育种中，公羊的遗传评定可能会出现偏倚，用 BLUP 方法可以克服这些偏倚：①肉羊人工授精后，公羊后裔的只数是不等的，如果没有对此进行校正，则预测的误差方差就会很大，具有最高育种估计值的公羊最可能是后裔只数最少的个体。如果选择强度大，后裔只数不清楚的公羊则可能补选上。②种羊群具有不等的遗传价值，由于公羊只数少，并不是所有公羊在所有的肉羊育种群体中都有后裔存在。因此，种羊群的遗传价值可能出现差异。根据 BLUP 法的要求，可以将公羊合理的指定到 2 个或多个固定组内，可以降低或剔除这种偏倚。③不同世代和不同群体的公羊，由于选择上的差异，遗传进展也不一样。如果将这些公羊合理的分到 2 个或 3 个固定组内，则会提高对公羊遗传评定的精度。④如果利用女儿多个繁殖记录的时候，将会高估第一个繁殖记录低的公羊，用 BLUP 法可以对第一个繁殖记录高低不同的公羊作出合理的比较。

5.基因与环境的互作

基因与环境的互作类型。采用人工授精技术，存在同一公羊给不同环境条件下的多个母羊群进行配种的可能。基因型和环境的互作可使公羊的选择发生偏倚，用这一环境条件下从表型排队的基因型顺序来推测另一环境条件下的排队顺序，其精确性将降低。一只公羊的所有女儿，处在不同的环境条件下，它们的生产成绩会受到环境的影响。公羊与环境的互作类型如下：①公羊与羊群的互作，选作人工授精的公羊一般来自管理和饲养条件较好的羊群，然而，用人工授精技术产生的女儿分布在不同农场的环境条件下，有时因饲养管理条件差，往往会导致生产性能要远远低于平均水平，影响了公羊的排队顺序，公羊与羊群的这种互作可以用多个羊群女儿的成绩来予以降低或消除。②公羊与年度-季节-场（地区）的互作，人工授精技术可以使公羊的女儿分布在不同的年度、季节和场（地区）内，这种互作是存在的，然而这方面的研究较少，将来应加大这方面的研究力度。

基因与环境互作的测定。先将所有的互作建立一个模型，然后去掉不显著的互作，再重新分析，这样逐个测定，公羊与其他许多效应的互作是不显著的。常采用最小二乘分析法估计羊场（h_i）、公羊（S_j）、年度（Y_k）和季节（Z_l）等效应：$X_{ijklm}=\mu+h_i+S_j+Y_k+Z_l+e_{ijklm}$，其中 X_{ijklm} 是母羊繁殖记录，μ 是群体均值，期望值为 $E(h^2)=\delta_h{}^2$，$E(S_j^2)=\delta_s^2$，$E(Y_k^2)=\delta_Y^2$，$E(Z_l^2)=\delta_Z^2$，$E(e_{ijklm}^2)=\delta_e^2$。为了测定羊场、公羊、年度和季节的互作效应，每一性状的总互作平方和可用下式求得：$\sum\limits_{ijkl}(X_{ijkl}^2/n_{ijkl})-R(\mu, h, S, Y, Z)$，其中 $R(\mu,h,S,Y,Z)$ 表示拟合括号内各效应常数引起平方和的减少量。由于模型中没有包括互作项，所以计算出误差的平方和为 $\sum\limits_{ijklm}(X_{ijkl}^2/n_{ijkl})-\sum\limits_{ijkl}(X_{ijkl}^2/n_{ijkl})$，互作自由度为全部水平组合数减去模型中水平数再加 1，误差自由度为总记录数减水平组合数。此分析可以表明总互作效应是否具有显著性。

三、绵羊场内选种的影响因素

我国畜牧业强调采用优良品种和先进养殖技术，同时设立发展基金以推动产业升级和技术改造，从而提升养殖效益。在追求遗传进展的过程中，我们需兼顾养殖业的可持续发展，通过优化育种方案、加强技术培训、完善繁育体系以及强化政策引导等措施，实现遗传进展与产业发展的双赢。

世代间隔作为影响选择性状遗传进展的关键因素，其长短直接影响每年遗传进展量。为缩短世代间隔，我们可采取多项措施，如尽早让公母羊参与繁殖，缩短使用年限以淘汰老龄羊，缩短产羔间隔，提升繁殖效率，优化养殖管理，强化选育工作，以及构建良种繁育体系。这些措施有助于加速遗传进展，提升绵羊的生产性能和经济效益。

在绵羊场内选种过程中，需全面考虑遗传资源、环境因素、饲养管理和经济因素等多方面因素，制定符合自身条件的选种方法和策略。同时，随着科技的进步，我们应积极引进和应用先进的选种技术和方法，如基因检测技术和智能养殖技术，以提高选种的准确性和效率。加强与科研院所的交流与合作，借鉴先进的育种技术和管理经验，为我国养殖业的可持续发展提供有力支持。

种羊遗传评估在育种过程中具有重要地位。通过综合指数选择法、最佳线性无偏估计法和分子标记辅助选择法等方法，对种羊进行遗传评估，有助于我们更准确地了解种羊的遗传特性，为制定更科学的育种策略提供依据。

通过优化育种方案、加强技术培训、完善繁育体系、强化政策引导以及提高遗传评估准确性等措施，我们有望实现遗传进展与产业发展的双赢，推动我国畜牧业的可持续发展。

第三节　基因组选择育种技术

基因组选择育种技术精确高效、定向性强，提供了科学高效的选择路径，改进了遗传改良方法。其通过快速确定优良个体，稳定遗传优秀基因给后代，结合传统方法，实现全面遗传改良，为农业育种和遗传改良带来更大变革，主要体现在以下两方面。

1. 选择准确性高于常规选择

对比传统选择方法，基因组选择的精确度明显更高。传统选择方法，比如依据体貌特征和行为模式的筛选，常常受到主观判断以及环境因素等不可控因素的干扰，从而导致筛选结果的偏差较大。反观基因组选择，它是运用计算机模型，模拟基因型与表型之间的关系，进而做出精准的选择。无可否认，基因组选择模型是基于参考群体构建的，参考群体特征表征的精度会对模型的准确性产生影响。

2. 高效实现间接选择和早期选择

基因组选择技术的关键性优势在于其可高效实现间接选择和早期选择，而传统选择方法则往往在个体发育完成后进行，这不仅耗时且易受环境变化的影响。基因组选择技术则在个体发育的早期阶段就对基因型进行选择，实现了基因筛选和优化过程的高效推进，从而提升了育种效率。此外，基因组选择还能实现对后代的定向选择，以保证优秀基因在后代中的稳定遗传，进一步提升育种效果的稳定性。

基因组选择技术所具备的优越性不仅表现在改良育种效率上，也展现在强化遗传稳定性方面。相较于传统选择方法，基因组选择技术在选择时间的把握上更为超前，这有利于加速遗传筛选过程，从而能够快速地识别并挑选出那些携带优秀基因的个体。

基因组选择技术另一个重要优势是其定向选择功能。借助生物信息学和计算机模拟等先进技术，能对基因组进行透彻的研究，深入理解每个基因的功能和表达特征。基于这些信息，可以挑选出具有更高适应性和生长性能的个体，并通过定向选择方式，更稳定地将优秀基因传递给后代。

基因组选择技术还可以与传统育种方法相结合，实现全面的遗传改良。例如，可以将基因组选择技术与杂交育种等传统方法相结合，以充分利用各种选择方法的优势，进一步提高遗传改良的效果和效率。

基因组选择育种基础包括智能表型测定技术、基因芯片和算法软件平台。

一、基因芯片

基因芯片（gene chip），或称微阵列芯片，是在支持物（如硅片、玻片）上将大量特定序列的 DNA 片段（基因探针）有序排列和固定形成的二维阵列，其结构类似于计算机电子芯片。基因芯片主要用于基因检测，通过杂交标记的样品分子，检测每个探针分子的杂交信号强度，进而获取样品分子的数量和序列信息。基因芯片能同时检测大量基因，具有高通量、高速度和高精度的优势，在科研和育种工作中得到广泛应用。绵羊育种及相关科研工作中常用的基因芯片为 Illumina Ovine 50K BeadChip 和 Ovine 600K BeadChip，它们在绵羊育种中发挥着重要作用。

高通量基因分型技术为研究绵羊基因组中的单核苷酸多态性（SNP）提供了机会。然而，获取高质量DNA样本进行研究仍面临挑战，特别是在生物材料有限或降解的情况下。最近发展的体外全基因组扩增方法克服了这些挑战，通过增加样本中DNA的可用性。Magee等（2010）用Illumina OvineSNP50 BeadChip平台评估绵羊基因组DNA全基因组扩增产物的性能[15]。结果显示，常规基因组DNA和全基因组扩增基因组DNA的基因型调用率都很高，并且两者之间的吻合率异常高（≥99%）。在生物材料有限或质量不佳的情况下，这项研究支持使用全基因组扩增作为分析高密度SNP基因型数据的可行解决方案。

全基因组基因分型。用BeadChip平台开发全基因组基因分型测定方法Infinium，实现多重分析和单核苷酸多态性（SNP）选择。通过全基因组扩增反应扩增基因组，再用扩增后的gDNA与50-mer探针阵列杂交捕获目标位点。在标记核苷酸存在下，通过引物延伸反应在阵列上进行SNP基因分型。信号放大后，用高分辨率共聚焦扫描仪读取阵列。Gunderson等（2006）用高密度BeadChips创建了一个可查询超过10万个SNP的阵列，并用Tecan的GenePaint系统开发了一个自动化的BeadChip处理平台。杂交、洗涤、基于阵列的引物延伸和染色都在Tecan的Te-Flow腔室内进行。自动化过程提高了测定的稳健性和通量，实现了样本追踪的实验室信息管理系统控制[16]。

基因芯片研究的现状与发展趋势可以归纳为以下几个方面：

（1）芯片技术的改进　为了优化基因芯片的制造流程以及检测技术，持续地对其进行迭代，进而提升芯片的精确性和降低生产成本。这种策略的实施使得芯片能够更加全面地覆盖整个基因组，实现对整个基因组的精细观察，而不再仅仅关注芯片上SNP数量的绝对值。同时，功能性SNP芯片的认可度逐渐提高，而芯片SNP的总数不再是主要的关注焦点。

（2）数据分析方法的进步　伴随计算生物学和动物育种学的进步，育种基因芯片数据分析方法日益完善，使得能够精确揭示基因变异、表达及调控等生物学特性，并且与主要经济性状的关联愈加紧密。

存在的问题和待解决的难题包括：尽管上述基因芯片的标记密度为50～600K，但在GS应用中仍然显得相对较低。同时，磁珠芯片只能检测芯片上预设的位点，无法发现群体中新的SNP，这在一定程度上限制了其使用范围。

（3）基因芯片的成本　基因芯片的制作成本较高，这一局限在很大程度上导致了其在肉羊育种与生产等领域的广泛应用受到限制。降低制作成本的策略包括采用低密度基因芯片、基因型填充技术等。然而，芯片中覆盖的实际功能SNP的开发和确认才是关键所在。绵羊育种所使用的基因芯片应注重功能

SNP的数量。近年来，随着成本的降低，靶向捕获测序技术（通常称液相基因芯片）已经从基础医学及分子诊断领域扩展到农业育种领域，并在育种选育成本较高的动物育种中首先得到应用。此类基因芯片可通过提供大量的基因信息，帮助育种者更精确地了解和研究生物的遗传特性，从而进行更有效的育种工作。对于绵羊多样性用途的基因芯片，强调芯片标记密度要大，主要用于研究和保护生物多样性。通过利用基因芯片技术，研究人员可以更全面地了解生物种群中的遗传多样性，这对于评估生物种群的健康状况、预测其对环境变化的响应，以及制定有效的生物多样性保护策略具有重要意义。

（4）数据处理和分析的挑战　基因芯片产出的庞大育种数据群，亟须高效精确的数据处理及分析手段，这对技术专家及计算装置均设定了更高标准。

二、基因组选择育种的技术成本

性状机制解析、基因组选择技术和基因编辑育种技术等已经有探索性研究或应用，技术成本高是产业化的限制性因素。最近的基因组评估研究运用真实数据，通过模拟育种程序预测遗传增益，报告了在小型反刍动物中用全基因组选择（GS）替代传统选择方案的可能预期好处。本研究目标是比较肉羊产业中传统选择和GS方案的成本、货币遗传收益和经济效益。确定性方法被用于基于来自绵羊育种计划的多性状指数的模型选择。与候选公羊和后代测试相关的决策变量被优化以最大化年度货币遗传增益（annual monetary genetic gain, AMGG），即产肉和母羊繁殖性状年度遗传增益的加权和。对于GS，假设参照群为2000只，仅使用基因组信息评估候选公羊。在经典的选择方案中，公羊的繁殖值根据自身和后代的表型来估计。在GS中考虑了不同的情况，主要区别在于用于选择公羊的信息（仅基因组、基因组＋自身表现、基因组＋后代表型）。结果显示，所有GS方案都与比经典选择更高的总可变成本相关（如果基因分型的成本为123欧元/动物）。就AMGG和经济效益而言，只有当基因组信息与自身产肉表型（GS-Pheno）或后代测试信息相结合时，GS方案才优于经典选择。预测的经济效率，定义为回报（与核心群和商业群体中AMGG的表达数量成比例）减去总可变成本，表明最佳GS方案（GS-Pheno）比经典选择高15%的效率。对于所有选择场景，优化增加了整体AMGG、回报和经济效率的总体值。研究表明，如果GS已经启动（即初始参考群体可用），某些形式的GS策略可能比传统选择更具优势。优化经典选择方案的决策变量可能比在优化设计中包含基因组信息更有益[17]。

（一）性状解析的技术成本

在解析肉羊性状过程中，涉及的技术成本较高，需运用多种生物技术和实验方法，如基因组学、蛋白质组学、代谢组学、生物信息学等。以下是一些可能影响技术成本的因素：①样品制备成本，解析性状需要深入研究生物样品，并需制备大量高质量的生物样品，这些过程会消耗一定的人力资源和财力成本；②高通量测序成本，在解析过程中，常使用高通量测序技术，如 RNA-seq、ChIP-seq 等，这些测序技术的成本较高，直接影响技术成本；③生物信息学分析成本，解析性状需应用高级生物信息学分析方法和算法，如基因组注释、基因变异检测、基因表达分析等，这些分析成本也会影响技术成本。

因此，性状解析的技术成本相对较高。然而，随着技术的不断发展和成本的逐步降低，性状解析的技术成本也在逐渐下降。同时，有一些措施可以降低性状解析的技术成本，如开展数据共享和合作、优化实验流程、采用更经济高效的仪器设备和分析方法等。

（二）基因组选择的技术成本

基因组选择技术成本高，涉及基因组测序、注释、变异检测和表达分析等多个生物技术与实验方法。成本受以下因素影响：测序成本（对生物样品的基因组进行测序和分析）、生物信息学分析成本（使用高级生物信息学分析方法和算法，如基因组注释、基因变异检测、基因表达分析）、数据处理与存储成本（大量数据需深入分析、处理和存储）。随着技术的进步和成本的降低，技术成本也将降低。通过数据共享与合作、优化实验流程、采用经济高效的仪器设备和分析方法，可降低基因组选择的技术成本。

（三）基因编辑育种的技术成本

肉羊基因编辑育种的投入较高，但随着相关技术的创新与改良，以及成本的逐步降低，此项投入将逐步缓和。目前，基因编辑主要限于新种质创制，大规模产业级别的应用还有待成本下降和技术成熟度提高。可能影响基因编辑育种技术成本的若干因素包括：

（1）基因编辑工具的成本　基因编辑育种需投入大量的基因编辑工具，如 CRISPR-Cas9 等，此类工具成本相对较高，将直接影响基因编辑育种的投入成本。

（2）试验材料的成本　基因编辑育种需消耗大量的试验羊、饲料和药品。此类材料的成本亦会直接影响基因编辑育种的资金投入。

(3) 试验设计的成本　基因编辑育种需进行详尽的试验设计，包括目标基因的筛选、基因编辑工具的选用、试验方案的设计等。此类试验设计的投入也会影响基因编辑育种的经费使用。

(4) 数据分析的成本　基因编辑育种产生的大量数据需进行深度分析与处理，需运用各种高级的数据分析方法和算法。此类数据分析的成本也将影响基因编辑育种的成本效益。

总之，肉羊基因编辑育种的技术成本相对较高，但随着技术的进步和成本的降低，其投入将逐步缓和。同时，也有一些策略可降低基因编辑育种的技术成本，如共享数据、开展合作、优化试验流程、运用更为经济高效的仪器设备和数据分析方法等。

三、全基因组选择（GS）的好处

全基因组选择（genomic selection，GS）是一种利用覆盖全基因组的高密度分子标记进行选择育种的方法。它可通过构建预测模型，根据基因组估计育种值（genomic estimated breeding value，GEBV）进行早期选择，可以缩短世代间隔，提高育种值估计准确性等，加快遗传进展，尤其对低遗传力、难测定的复杂性状具有较好的预测效果，真正实现了基因组技术指导育种实践。GS 被认为最有潜力应用于复杂性状的遗传改良。畜牧科学家开创了 GS 应用的先河，很大程度上是因为家畜的个体价值更高，且极大缩短了可以获得的世代间隔。GS 的广泛应用可以通过改善饲养管理来提高遗传评估和预测精度，考虑基因型与环境交互作用和非加性效应，建立最优的遗传力模型能显著降低成本，实现其在植物中的大规模应用。总之，GS 在家畜育种操作中的益处包括缩短世代间隔、提高育种值估计准确性、加快遗传进展、降低成本等。

全基因组选择（GS）在家畜育种操作中的益处是众所周知，并成为研究热点，特别是在性状受性别限制、难以测量、具有低遗传力和/或在生命后期测量的情况下[18]。与乳制品相比，绵羊和牛肉饲养者的成本效益比更高。因此，应该探索基因分型选择候选个体的策略，以最大化 GS 的经济效益。

（一）全基因组选择（GS）在限性性状中的应用

全基因组选择（GS）是一种利用基因组信息预测个体育种值的方法，可以提高育种效率和精度。GS 特别适用于低遗传力性状、限性性状和难测量的性状，如胴体、健康、寿命和繁殖性状等。GS 的优势已经被模拟和实证研究所证实。限性性状是指只在一种性别中表现或受到性别影响的性状，如乳腺癌、雄性秃顶、乳量等。限性性状可以分为三类：连锁于性染色体的性状（sex-linked traits)、由常染色体控制但只在一种性别中表现的性状（sex-limited traits）和由常染色体控制但在不同性别中表现不同的性状（sex-influenced traits)。限性性状在人类和动物中都很常见，对于理解生物多样性和生物进化有重要意义。下文将综述 GS 在限性性状中的应用，并讨论其优势和挑战。

GS 在连锁于性染色体的性状中的应用。连锁于性染色体的性状是由位于 X 或 Y 染色体上的基因决定的。这类性状通常呈现出不同的遗传模式和表型分布，如 X 连锁显性遗传、X 连锁隐性遗传、Y 连锁遗传等。例如，红绿色盲是一种 X 连锁隐性遗传的眼睛缺陷，男性患者比女性患者多得多，因为男性只有一个 X 染色体，而女性需要两个 X 染色体上都有缺陷基因才会发病。GS 可以利用 X 或 Y 染色体上的标记来预测个体在这类性状上的育种值，并进行选择。然而，由于 X 或 Y 染色体上的标记数量和覆盖度通常低于常染色体，GS 在这类性状中的精度可能受到影响。因此，需要开发更有效的标记选择和权重估计方法来提高 GS 在连锁于性染色体的性状中的应用。

GS 在由常染色体控制但只在一种性别中表现的性状中的应用。由常染色体控制但只在一种性别中表现的性状是指由两个等位基因决定，但只有当个体为特定的表现型时才会表现出来。这类性状通常与生殖系统或次生生殖特征有关，如乳腺癌、乳量、精子质量等。这类性状在不同性别之间具有不同的遗传力和遗传相关性。因此，需要考虑性别效应和基因-性别互作效应。GS 可以利用常染色体上的标记来预测个体在这类性状上的育种值，并进行选择。然而，由于这类性状的表现型数据只能从一种性别中获得，GS 在这类性状中的精度可能受到限制。因此，需要开发更有效的表型收集和数据分析方法来提高 GS 在由常染色体控制但只在一种性别中表现的性状中的应用。

GS 在由常染色体控制但在不同性别中表现不同的性状中的应用。由常染色体控制但在不同性别中表现不同的性状是指由两个等位基因决定，但在不同的表现型下有不同的显性度或显性比例。这类性状通常与生殖行为或次生生殖特征有关，如雄性秃顶、角形态、鸟类羽毛色彩等。这类性状在不同性别之间具有不同的遗传力和遗传相关性。因此，需要考虑性别效应和基因-性别互作效应。GS 可以利用常染色体上的标记来预测个体在这类性状上的育种值，并进行选择。然而，由于这类性状的表现型数据需要从两种性别中获得，GS 在这类性状中的精度可能受到数据量和质量的影响。因此，需要开发更有效的表型收集和数据分析方法来提高 GS 在由常染色体控制但在不同性别中表现不同的性状中的应用。

（二）全基因组选择（GS）在难测量性状中的应用

全基因组选择（GS）是一种利用基因组信息预测个体育种值的方法，可以提高育种效率和精度。GS 特别适用于难测量性状，即那些需要牺牲动物、侵入性操作、昂贵设备或延迟测量的性状，如胴体、肉质、健康、寿命和繁殖性状等。GS 的优势已经被模拟和实证研究所证实[19]。多羔绵羊是重要的全球畜牧物种，它们在不同的生态和生产环境中具有很强的适应能力。多羔绵羊的育种目标通常包括多个难测量性状，如毛皮质量、乳品质、寄生虫抗性等。下文将综述 GS 在多羔绵羊的难测量性状中的应用，并讨论其优势和挑战。

GS 在多羔绵羊的胴体和肉质性状中的应用。胴体和肉质性状是多羔绵羊肉用品种的重要经济性状，包括胴体重量、胴体外形、胴体组成、肌肉含水量、脂肪含量、蛋白质含量、肉色、肉嫩度等。这些性状通常需要牺牲动物并进行解剖或仪器分析才能获得。因此，难以在大规模的育种群体中收集。GS 可以利用基因组信息来预测个体在这些性状上的育种值，并进行选择。然而，由于这些性状的遗传力通常较低，且受到环境和基因-环境互作的影响，GS 在这些性状中的精度可能受到限制[20]。因此，需要开发更有效的标记选择和权重估计方法，以及更准确的表型预测模型来提高 GS 在多羔绵羊的胴体和肉质性状中的应用。

GS 在多羔绵羊的健康和寿命性状中的应用。健康和寿命性状是多羔绵羊品种间差异较大且对生产效率有重要影响的功能性状，包括抗病能力、抗寄生虫能力、抗应激能力、抗逆境能力等。这些性状通常需要侵入性操作或昂贵设备才能测量，或者需要延迟到动物老年才能观察。因此，难以在大规模的育种群体中收集。GS 可以利用基因组信息来预测个体在这些性状上的育种值，并进行选择。然而，由于这些性状的遗传力通常较低，且受到多重环境和基因-环境互作的影响，GS 在这些性状中的精度可能受到限制[21-22]。因此，需要开发更有效的标记选择和权重估计方法，以及更准确的表型预测模型来提高 GS 在多羔绵羊的健康和寿命性状中的应用。

GS 在多羔绵羊的繁殖性状中的应用。繁殖性状是多羔绵羊品种间差异较大且对生产效率有重要影响的功能性状，包括发情周期、排卵率、受胎率、产羔数、乳量、乳品质等。这些性状通常需要侵入性操作或昂贵设备才能测量，或者需要延迟到动物成年才能观察。因此，难以在大规模的育种群体中收集。GS 可以利用基因组信息来预测个体在这些性状上的育种值，并进行早期选择。然而，由于这些性状的遗传力通常较低，且受到多重环境和基因-环境互作的影响，GS 在这些性状中的精度可能受到限制[23]。因此，需要开发更有效的标记选择和权重估计方法，以及更准确的表型预测模型来提高 GS 在多羔绵羊的繁殖性状中的应用。

GS 在难测量性状中的应用需要考虑不同类型的限制因素，如标记数量和覆盖度、表现型数据量和质量、遗传力和遗传相关性、显性度和显性比例、基因-环境互作和基因-基因互作等。为了提高 GS 在难测量性状中的应用，需要开发更有效的标记选择和权重估计方法、表型收集和数据分析方法、模型构建和评估方法等。未来的研究还需要探索 GS 在多重表型、多重环境、多重群体等复杂情况下的应用。

（三）全基因组选择（GS）在低遗传力性状中的应用

GS 在多羔绵羊的寄生虫抗性中的应用。寄生虫抗性是多羔绵羊品种间差异较大且对动物健康和生产效率有重要影响的功能性状，主要包括胃肠道线虫抗性和蝇蛆病抗性。这些性状通常需要侵入性操作或昂贵设备才能测量，或者需要延迟到动物感染后才能观察。因此，难以在大规模的育种群体中收集。GS 可以利用基因组信息来预测个体在这些性状上的育种值，并进行选择。然而，由于这些性状的遗传力通常较低（约 0.1～0.3），且受到多重环境和基因-环境互作的影响，GS 在这些性状中的精度可能受到限制。因此，需要开发更有效的标记选择和权重估计方法，以及更准确的表型预测模型来提高 GS 在多羔绵羊的寄生虫抗性中的应用。

GS 在多羔绵羊的乳品质中的应用。乳品质是多羔绵羊乳用品种的重要经济性状，包括乳量、乳脂肪含量、乳蛋白含量、乳固形物含量等。这些性状通常需要昂贵设备才能测量，或者需要延迟到动物泌乳后才能观察。因此，难以在大规模的育种群体中收集。GS 可以利用基因组信息来预测个体在这些性状上的育种值，并进行选择。然而，由于这些性状的遗传力通常较低（约 0.2～0.4），且受到多重环境和基因-环境互作的影响，GS 在这些性状中的精度可能受到限制。因此，需要开发更有效的标记选择和权重估计方法，以及更准确的表型预测模型来提高 GS 在多羔绵羊的乳品质中的应用。

GS 在多羔绵羊的毛皮质量中的应用。毛皮质量是多羔绵羊毛用品种的重要经济性状，包括毛皮重量、毛皮长度、毛皮密度、毛皮细度、毛皮弹性等。这些性状通常需要牺牲动物并进行仪器分析才能获得，或者需要延迟到动物剪毛后才能观察。因此，难以在大规模的育种群体中收集。GS 可以利用基因组信息来预测个体在这些性状上的育种值，并进行选择。然而，由于这些性状的遗传力通常较低（约 0.1～0.3），且受到多重环境和基因-环境互作的影响，GS 在这些性状中的精度可能受到限制。因此，需要开发更有效的标记选择和权重估计方法，以及更准确的表型预测模型来提高 GS 在多羔绵羊的毛皮质量中的应用。

（四）全基因组选择（GS）在生命后期测量性状中的应用

GS 特别适用于生命后期测量性状，即那些需要延迟到动物成年或老年才能测量的性状，如寿命、繁殖能力、抗衰老能力等性状。GS 的优势已经被模拟和实证研究所证实。多羔绵羊是重要的全球畜牧物种，它们在不同的生态和生产环境中具有很强的适应能力。多羔绵羊的育种目标通常包括多个生命后期测量性状，如产羔数、乳量、毛皮质量等。

GS 在多羔绵羊的寿命中的应用。寿命是多羔绵羊品种间差异较大且对动物福利和生产效率有重要影响的功能性状，主要受到遗传、环境和基因-环境互作等多重因素的影响。寿命通常需要延迟到动物死亡后才能测量。因此，难以在大规模的育种群体中收集。GS 可以利用基因组信息来预测个体在寿命上的育种值，并进行选择。然而，由于寿命的遗传力通常较低（约 0.1～0.2），且受到多重环境和基因-环境互作的影响，GS 在寿命上的精度可能受到限制[24]。因此，需要开发更有效的标记选择和权重估计方法，以及更准确的表型预测模型来提高 GS 在多羔绵羊的寿命中的应用。

参考文献

[1] 朱彤. 刘守仁：他创造了“中国美利奴”. 科技日报，2015(001).

[2] Zhang W，Smith C. Computer simulation of marker-assisted selection utilizing linkage disequilibrium. TAG. Theoretical and applied genetics. Theoretische and Applied Genetik，1992，83(6-7)：813-820.

[3] 陈天国，易华锋，张廷科，等. DNA 分子标记与动物遗传育种. 畜牧市场，2006(08)：47-50.

[4] Pickering N K，Dodds K G，Auvray B，et al. The impact of genomic selection on genetic gain in the New Zealand sheep dual purpose selection index. Proc Adv Anim Breed Genet，2013，20：175-178.

[5] Bolormaa S，Brown D J，Swan A A，et al. Genomic prediction of reproduction traits for Merino sheep. Animal Genetics，2017，48(3)：338-348.

[6] Gurriero C，Gomez-Bombarelli R，Pascual-Salas M. Molecular markers for selection of functional SNPs in sheep. BMC Genomics，2013，13(1)：458.

[7] Li W, Huang Y, Ma L, et al. Whole-genome selection for meat quality and carcass composition improvement in Chinese Merino sheep. Animal Breeding, 2014, 29(2): 235-240.

[8] Zhang Y, Guan X, Li J, et al. A genome-wide association study reveals candidate genes associated with wool production in Merino sheep. BMC Genomics, 2017, 18(1): 496.

[9] Wang H, Zhang Y, Li J, et al. Genome-wide association study identifies candidate genes associated with milk production in Chinese Merino sheep. BMC Genomics, 2018, 20(1): 777.

[10] Charlesworth B, Morgan M T, Charlesworth D. The effect of deleterious mutations on neutral molecular variation. Genetics, 1993, 134: 1289-1303.

[11] Smith J M, Haigh J. The hitch-hiking effect of a favorable gene. Genet Res, 1974, 23: 23-35.

[12] Sabeti P C, Schaffner S F, Fry B, et al. Positive natural selection in the human lineage. Science, 2006, 312: 1614-1620.

[13] Enattah N S, Sahi T, Savilahti E, et al. Identification of a variant associated with adult-type hypolactasia. Nat Genet, 2002, 30: 233-237.

[14] Hermisson J, Pennings P S. Soft sweeps: molecular population genetics of adaptation from standing genetic variation. Genetics, 2005, 169: 2335-2352.

[15] Magee DA, Park SD, Scraggs E, et al. Technical note: High fidelity of whole-genome amplified sheep (Ovis aries) deoxyribonucleic acid using a high-density single nucleotide polymorphism array-based genotyping platform. J Anim Sci, 2010, 88(10):3183-3186.

[16] Gunderson KL, Steemers FJ, Ren H, et al. Whole-genome genotyping. Methods Enzymol, 2006, 410: 359-376.

[17] Shumbusho F, Raoul J, Astruc J M, et al. Economic evaluation of genomic selection in small ruminants: a sheep meat breeding program. Animal, 2016, 10(6): 1033-1041.

[18] Granleese, Tom, Clark, et al. Genotyping strategies of selection candidates in livestock breeding programs, J Anim Breed Genet, 2019, 136: 91-101.

[19] Daetwyler HD, Pong-Wong R, Villanueva B, et al. The impact of genetic architecture on genome-wide evaluation methods. Genetics, 2010,185(3): 1021-1031.

[20] Bolormaa S, Pryce JE, Kemper K, et al. Accuracy of prediction of genomic breeding values for residual feed intake and carcass and meat quality traits in Bos taurus, Bos indicus, and composite beef cattle. J Anim Sci, 2013, 91(7): 3088-3104.

[21] Riggio V, Matika O, Pong-Wong R, et al. Genome-wide association and regional heritability mapping to identify loci underlying variation in nematode resistance and body weight in Scottish Blackface lambs, Heredity (Edinb), 2013, 110(5):420-429.

[22] Rupp R, Mucha S, Larroque H, et al. Genomic application in sheep and goat breeding. Anim Front, 2016, 6(1):39-44.

[23] Mateescu RG, Garrick DJ, Reecy JM. Network analysis reveals putative genes affecting meat quality in Angus cattle. Front Genet, 2017, 8:171.

[24] Alberto FJ, Boyer F, Orozco-ter Wengel P, et al. Convergent genomic signatures of domestication in sheep and goats. Nat Commun, 2018, 9(1):813.

第六章

绵羊选配技术

选配就是在选种的基础上，根据母羊特性为其选择合适的公羊配种，以期获得理想的后代。因此，选配是选种工作的继续，它同选种一起构成绵羊育种工作中两个不可分割的重要环节。选配的作用在于巩固选种效果，固定优良性状，或创造必要的变异。同时，把分散在双亲个体上的不同优良性状结合起来传给下一代，把细微的优良性状累积起来传给下一代，对不良性状、缺陷性状给予削弱或淘汰。

第一节　选配的类型

选配可以分为表型选配和亲缘选配。表型选配依据个体表型特征，亲缘选配则基于血缘关系，一般不在种羊选配时进行亲缘选配。品质选配分为同质和异质选配。同质选配是选择相同或相似优良性状的公母羊，以巩固和提高共同优点，常用于肉羊育种实践。异质选配则是结合不同优良性状，以获得双亲优点。亲缘选配基于交配双方亲缘关系，近交可能引起近交衰退，需慎重使用。肉羊育种中常用个体和等级选配，公羊品质需优于母羊，特级和一级种公羊后代需多。个体选配适用于特级和一级母羊，等级选配则适用于低等级母羊群。

一、表型选配

表型选配是一项系统性且复杂的工作，涉及多个关键要素的综合考量，包括遗传基础、表型特征、选配目标、亲本选择、交配方式，以及对后代表型的预测等。只有通过科学的选配策略和实践操作，才能有效地提升绵羊的遗传潜力和整体表现。这一工作需要严谨、细致地对待，以实现预期的目标。

（一）同质选配

在绵羊育种工作中，同质选配是一种重要的策略，其核心在于选择具备相似优良性状和遗传特点的公羊与母羊进行交配。通过这种方式，可以强化并延续其后代的优质遗传特性，实现“以优配优”的育种目标。特级绵羊与一级绵羊的交配，正是同质选配的典型范例，既保持了种群的遗传纯度，又显著提升了后代的整体性能。

当绵羊群体中出现体型硕大、生长迅速的优秀公羊时，采用同质选配策略尤为关键。这时，需要精心挑选具有相同优秀性状的母羊与之交配，以确保后代在体格和生长等重要性状上能够继承并优化这些优势基因。

此外，同质选配在提高绵羊后代遗传优势的同时，还有助于降低遗传疾病和缺陷的发生率。由于相似的遗传背景减少了基因不兼容的风险，从而提高了后代的存活率和健康水平。然而，也必须认识到，过度依赖同质选配可能导致遗传多样性的降低。因此，在实际应用中，需要结合其他育种策略，如异质选配或家系间杂交，以平衡遗传多样性与优良性状之间的关系。

总之，同质选配作为绵羊育种的重要策略，对于提升种群遗传品质和整体性能具有关键作用。通过科学合理地运用这一策略，有望在绵羊育种领域取得更加显著的成果和突破。

（二）异质选配

异质选配，作为绵羊育种实践中的一项关键策略，旨在通过选择具备不同优良性状的公羊与母羊进行交配，实现后代中优良性状的融合与创新。这种技术不仅有助于创造出全新的品种类型，更能利用公羊的优势来纠正或弥补母羊的不足之处，从而提升后代的整体品质。

在实际应用中，常采用特级公羊或一级公羊与二级以下母羊进行交配的方式，以此实现母羊有益品质的强化与缺陷的纠正。这种“公优于母”的选配原则，确保了后代在遗传上能够继承并发展更为优秀的性状，为育种工作奠定了坚实的基础。

虽然选配可以分为同质和异质两种类型，但在实际育种实践中，这两者是相对的，并非绝对的。例如，特级公羊与二级母羊在毛长和体型方面可能表现出异质性，但在绵羊毛密度方面则可能呈现同质性。因此，应根据具体的育种目标，灵活运用这两种选配方法，以达到最佳的育种效果。

在培育新品种的初期阶段，更倾向于采用异质选配，以集中亲本的优良性状，创造出理想的品种类型。然而，当进入横交固定阶段后，为确保基因型的纯合性和遗传的稳定性，则会更多地采用亲缘的同质选配。同质选配适用于保持种群的遗传纯度和稳定性，而异质选配则更适用于创造新的品种类型和提高后代的适应性。在实际应用中，育种者应根据具体的育种目标和环境条件，灵活选择和应用这两种方法，以达到最佳的育种效果。

异质选配在绵羊育种实践中具有举足轻重的地位。它不仅能够提升后代的品质，更有助于创造全新的品种类型。在未来绵羊育种工作中，应继续深入研究并探索异质选配的应用潜力，为绵羊产业的持续发展更大贡献。

二、亲缘选配

亲缘选配是指具有一定血缘关系的公、母羊之间的交配。按交配双方血缘关系的远近可分近交和远交两种类型。近交是指亲缘关系近的个体间的交配，凡所生子代的近交系数大于 0.78%者，或交配双方到其共同祖先的代数总和不超过 6 代者，为近交，反之则为远交。在生产中，若采用亲缘选配方法，要科学地、正确地掌握和应用近交方法。

（一）近交作用

在品种形成的初期阶段，群体遗传结构比较混杂，但只要通过持续地、定向地选种选配，就可以提高群体内顺向选择性状的基因频率，降低反向选择性状的基因频率，从而使绵羊群的群体遗传结构朝着既定的选择方向发展。在实际生产中，选配时常常要采用近交办法，主要作用有以下几点。

(1) 固定优良性状，保持优良血统　近交可以纯合优良性状基因型，并且稳定地遗传给后代，这是近交固定优良性状的基本效应。因此在培育新品种、建立新品系过程中，当绵羊群出现符合理想的优良性状以及特别优秀的个体后，必然要采用同质选配加近交的办法，用以纯合和固定这些优良性状，增加纯合个体的比例。数量性状受多对基因控制，其近交纯合速度不如受一对或几对基因控制的质量性状快。

(2) 暴露有害隐性基因　近交使有害隐性基因纯合配对的机会增加。有害的隐性基因常被有益的显性等位基因掩盖而很少暴露，单从个体表型特征上是很难发现的。通过近交可以形成隐性基因纯合体，进而可以有效剔除群体中的有害隐性基因，提高绵羊群的整体遗传素质。不过，不适当的近交会导致品种或群体退化，表现为生活力、繁殖力、生长发育能力和生产性能降低，畸形率增加。

（二）近交系数的计算和应用

近交系数是代表与配公、母羊间存在的亲缘关系在其子代中造成相同等位基因的机会，是表示纯合基因来自共同祖先的一个大致百分数。计算近交系数的公式如下：

$$F_X=\sum\left[\left(\frac{1}{2}\right)^{n_1+n_2+1}(1+F_n)\right]$$

$$\text{或 } F_X=\sum\left[\left(\frac{1}{2}\right)^{n}(1+F_n)\right]$$

式中，F_X 为个体 X 的近交系数；$\sum$为总和，即把个体到其共同祖先的所有通路（通径链）累加起来；$\frac{1}{2}$为常数，表示两世代配子间的通径系数；n_1+n_2 为通过共同祖先把个体 X 的父亲和母亲连接起来的通径链上所有的个体数；F_n 为共同祖先的近交系数。

计算方法与计算 F_X 相同，如果共同祖先不是近交个体，则计算近交系数的公式变为：

$$F_X=\sum\left(\frac{1}{2}\right)^{N}$$

$$\text{或} F_X=\sum\left(\frac{1}{2}\right)^{n_1+n_2+1}$$

式中，N 为从个体 X 到其共同祖先的通径链上的个体数（包括共同祖先，但不包括个体 X 本身）。

在养绵羊业生产实践中应用亲缘选配时要注意：选配双方要进行严格选择，必须是体质结实、健康状况良好、生产性能高、没有缺陷的公、母羊才能进行亲缘选配；要为选配双方及其后代提供较其他绵羊群更丰富的营养条件；对所生后代必须进行仔细的鉴定，凡生活力衰退、繁殖力降低、生产性能下降以及有缺陷的个体要严格淘汰（表 6-1）。

表 6-1 绵羊不同亲缘关系与近交系数

近交程度	近交类型	罗马数字标记法	近交系数/%
嫡亲	亲子	Ⅰ-Ⅱ	25.0
	全同胞	Ⅱ Ⅱ-Ⅱ Ⅱ	25.0
	半同胞	Ⅱ-Ⅱ	12.5
	祖孙	Ⅰ-Ⅲ	12.5
	叔侄	Ⅱ Ⅱ-Ⅲ Ⅲ	2.5
近亲	堂兄妹	Ⅲ Ⅲ-Ⅲ Ⅲ	6.25
	半叔侄	Ⅱ-Ⅲ	6.25
	曾祖孙	Ⅰ-Ⅳ	6.25
	半堂兄妹	Ⅲ-Ⅲ	3.125
	半堂祖孙	Ⅱ-Ⅳ	3.125
中亲	半堂叔侄	Ⅲ-Ⅳ	1.562
	半堂曾祖孙	Ⅲ-Ⅴ	1.562
远亲	远堂兄妹	Ⅳ-Ⅳ	0.781
		Ⅲ-Ⅴ	0.781
	其他	Ⅱ-Ⅵ	0.781

三、选配应遵循的原则

选配是绵羊育种工作的重要环节，它可以使绵羊的优良性状得到遗传和扩散，从而提高整个绵羊群体的品质和生产效益。在选配过程中应遵循以下五个原则：

(1) 品质原则　在选配时，应注重绵羊的品质和生产性能，选择遗传素质好、性能优良的公绵羊与母绵羊进行配种。这样可以提高后代的品质和生产性能，使优良性状得到更好的遗传和扩散。

(2) 适应性原则　在选配时，要考虑当地的气候、环境、饲养管理等因素，选择适应性强的公绵羊与母绵羊进行配种。这样可以提高后代对环境的适应能力，减少环境变化对绵羊生长和生产的影响。

(3) 生理原则　在选配时，应考虑母绵羊的生理特点和生殖健康状况，选择年龄、体质、健康状况适宜的公绵羊与之配种。这样可以保证母绵羊的健康和后代的出生质量。

(4) 亲缘选配原则　在选配时，可以考虑亲缘关系对后代的影响，选择具有优良性状的公绵羊与母绵羊进行亲缘选配。这样可以提高后代的遗传素质和品质，但需要注意慎用亲缘选配，避免近交带来的负面影响。

(5) 记录原则　在选配时，应建立完善的记录管理制度，对每只绵羊的繁殖、生长、生产等数据进行详细记录。这样可以及时总结选配效果，发现问题并及时修正选配方案，提高育种工作的效率和准确性。

选配是绵羊育种工作的重要环节，在选配过程中应遵循品质原则、适应性原则、生理原则、亲缘选配原则和记录原则，以提高整个绵羊群体的品质和生产效益。同时，需要根据实际情况及时调整和修正选配方案，确保育种工作的科学性和有效性。

第二节　多羔绵羊选配计划的制订

多羔绵羊作为专门化舍饲品种，其培育目标和选种选配策略是围绕其核心生产性能展开的。在多羔羊选育过程中，繁殖性能是首要的主选性能。因为对于商业养殖而言，能够高效地繁衍后代直接决定了投资回报率和经济效益。所以，选配时首要考虑的是公母羊的生殖能力、产羔率以及羔羊成活率等性状。

生长速度与体重体型虽然不是唯一考量标准，但同样占据重要地位。优秀的生长性能意味着羊只能够在较短的时间内达到预期的体重，这不仅可以缩短回收成本的时间，也有助于提高单位面积内的产出比。因此，在选配过程中，需要结合生长激素、新陈代谢等相关基因进行综合评估，以期选出既具有强大繁殖力又具备良好生长性能的种羊。

在实际操作中，育种专家会运用现代遗传学理论和技术手段，对候选种羊进行严格细致的个体记录与分析，包括但不限于耳号识别、性能测定、系谱资料整理以及DNA分子检测等多种方法，确保选配出具有优良遗传特性的种羊，从而稳定提高多羔绵羊群体的整体生产性能。

一、多羔绵羊选配实施原则

在实施绵羊选配计划时必须遵循以下六大原则，以确保选配计划的科学性与合理性。

（一）目标明确

明确选配目标，旨在提升繁殖力性状并优化整体遗传品质，此为制订计划的首要前提，亦是整个选配工作的基础。唯有明确目标，方能针对性地选择适合配对的个体，从而实现预期的遗传效果。多羔绵羊的育种主要关注产羔数和断奶成活率。

（二）亲和力筛选

在选择配对的公母羊时，需充分考虑双方的亲和力。亲和力是衡量两个个体遗传特性相似程度的重要指标，良好的亲和力有助于提高后代的生存能力和抗病性。因此，在选择公母羊时，要确保其遗传特性的良好融合，避免出现不利的遗传组合。在选择要配对的公羊和母羊时，很重要的一点是考虑它们之间的亲和力。亲和力在这里是一个用于描述两个生物个体遗传特性相似程度的术语。如果两个个体的遗传特性相似，它们的亲和力就高。这种相似性对于后代的健康和生存能力有重要影响。高亲和力意味着公羊和母羊的基因有很多相似之处。当他们的基因结合时，产生的后代可能会继承这些相似的基因。这些基因可能是对特定环境适应的，也可能是对某些疾病有抵抗力的。因此，高亲和力的配对可能产生更健康、更强壮的后代，这些后代在生存和成长过程中具有更高的优势。如果公羊和母羊的遗传特性差异很大，它们的亲和力就会较低。这种情况下，它们的后代可能会面临一些遗传上的挑战。例如，它们可能会遗传到一些不适应当前环境的基因，或者对某些疾病的抵抗力降低。这可能导致后代的生存能力下降，甚至可能引发一些健康问题。因此，在选择公母羊进行配对时，应该尽可能选择那些具有良好亲和力的个体。这样可以最大限度地提高后代的遗传优势，使它们更健康、更强壮，具有更高的生存能力和抗病性。同时，避免选择那些可能导致不利遗传组合的配对，从而确保后代的健康和生存能力。显然，评估公母羊个体间的亲和力颇具挑战性，且缺乏现行标准。而选拔决策通常依据兄弟姐妹或上一代类似配比的经验来进行。

（三）公羊等级高于母羊

在选配时应优先选择品质等级较高的公羊。因为公羊的遗传特性对后代的影响更大，选择品质等级较高的公羊有助于提高后代的遗传优势。同时，也要考虑母羊的品质，确保母羊能够提供良好的遗传背景和繁殖能力。

（四）避免相同或相反缺陷交配

在涉及遗传缺陷和繁殖策略的选择中，重要的是要理解遗传学的基本原则，并利用这些原则来指导交配决策，从而实现遗传资源的合理利用和后代品质的有效提升。事实上，有遗传缺陷的个体只能用于育肥，而不能用来育种。

在育种特殊时段，特别新种质创制阶段，有可能使用其他性能都好但有部分缺陷的个体。在这种情况下，具有相同或相反缺陷的个体在繁殖策略上应避免交配，因为这种配对方式可能导致缺陷在后代中以叠加或显性遗传的方式放大，从而加重后代的生理负担，增加患病风险或降低整体适应能力。例如，如果公羊和母羊都携带相同的结构性缺陷基因，则它们的后代很可能表现出更严重的生理问题，如体型畸形、行动障碍等。通过深入分析个体的缺陷特征及其遗传背景，育种专家可以精心挑选互补性强的个体进行配对，以达到优化后代品质的目的。

（五）慎用近交

近交虽能迅速固定优良性状，但也可能导致遗传疾病和缺陷的出现。因此应谨慎使用，尽可能地避免近交。在必须进行近交的情况下，应充分了解近交的风险和可能产生的问题，并采取相应的措施来减少近交带来的负面影响。

（六）品质选配

在选配过程中，要注意品质选配的应用，即根据个体的品质特点进行有针对性的配对。品质选配可以帮助更好地利用优秀个体的遗传特性，提高后代的品质水平。同时，品质选配也需要与其他选配原则相结合，以确保选配计划的科学性和合理性。

二、多羔绵羊选配准备与程序

深入掌握绵羊群体的系谱资料、群体特性及不同品种的特点。这包括但不限于了解个体的亲缘关系、系谱世代、生长性能、繁殖能力以及抗病性等方面的信息。通过对这些数据的梳理和分析，可以对群体的遗传背景有更为清晰的认知，为后续的分析和选配工作奠定坚实的基础。

（一）分析历史配种方案

回顾分析以往的配种方案和选配经验，总结其中的成功经验，为新的选配计划提供有价值的参考，这是育种师的重要工作内容。通过审视过去的选配结果，可以发现哪些策略有效，哪些方面还需要改进，从而在新的选配计划中更好地规避风险，提升选配效果。

（二）系谱与品质分析

对于公母羊的系谱和个体品质的详细分析，需确保双方遗传特性的互补性。在此过程中，应采用多种分析方法和技术手段，特别要结合计算机应用人工智能。

(1) 优点和缺点的分析　全面评估公母羊双方的优点和缺点，明确哪些优点可以传承、哪些缺点需要纠正。通过优缺点的平衡与搭配，能够确保优点得以体现并最大程度地减少不利影响。如果群体条件较好，尽量淘汰有缺点的个体。

(2) 绘制系谱图　绘制详细的畜群系谱图，直观展示各个体间的亲缘关系。系谱图可以清晰地反映出个体的亲缘远近以及可能存在的潜在问题（如近交风险），从而帮助在选配时做出更明智的决策。

(3) 亲和力分析　深入分析系族间的亲和力，为选配计划的制订提供科学依据。亲和力是衡量两个个体遗传特性相似程度的重要指标，良好的亲和力有助于提高后代的生存能力和抗病性。因此，分析亲和力是确保选配计划科学性和合理性的关键步骤之一。

三、多羔绵羊选配计划

多羔绵羊是高效率品种，多产多活是它们的品种特性。在制订完整的绵羊选配计划时应体现这个特性，包括以下三个方面的内容。

(1) 与配羊号及品质说明　明确每只母羊的与配公羊号，并对双方的品质特点进行详细说明。这包括但不限于个体的体型外貌、生产性能（如产羔数、生长发育速度等）、抗病能力以及行为特性等方面的信息。通过明确个体的品质特点，可以更好地理解其遗传背景和潜在价值，为后续的选配工作提供准确的依据。

（2）选配目的 清晰阐述本次选配的目的和预期目标。这有助于在整个选配过程中保持明确的方向性和目标意识，确保选配工作的科学性和有效性。同时，明确的选配目的也有助于后续育种工作的开展和管理。

（3）选配原则 列明本次选配所遵循的原则和策略。这包括前面提到的多羔绵羊选配实施原则以及其他可能适用于本次选配的特殊要求或考虑因素。选配原则应该是基于对绵羊生殖生理学、遗传学以及育种目标的理解和把握，确保选配方案的科学性和合理性。

四、绵羊选配程序开发和应用

选配计划是根据肉羊的遗传信息、生产性能和个体特征等，制订的配种计划。选择最佳的配种组合，以实现遗传资源的优化利用。在肉羊养殖业中，选配是提高羊只品质和生产效益的关键环节。为了满足养殖户的需求，需要开发肉羊选配程序。这类程序需要具备以下基本功能：输入羊只基本信息，如品种、生长性能、健康状况等；根据输入信息进行选配计算，输出最佳配种方案；提供多种选配算法供用户选择；可根据历史数据进行分析，为选配提供参考依据；界面友好，易于操作。实验室开发的“种链”程序中，有一个模块功能就是选配。

（一）需求分析与规划

1. 需求分析

在绵羊选配程序的开发初期，进行了深入的需求分析。考虑到绵羊选配涉及遗传学、动物育种、生产管理等多个领域，需求分析阶段明确了以下4点：

① 育种目标：确定育种目标，如生长速度、肉质、抗病性等。

② 选配原则：根据育种目标，制订合适的选配原则，如避免近交、优化遗传基因等。

③ 数据管理：有效管理绵羊的遗传信息、健康记录、生产数据等。

④ 用户界面：设计易于操作的用户界面，使农场管理人员和育种专家能够方便地使用程序。

2. 规划

在需求分析的基础上，制定详细的开发规划。规划包括开发周期、人员分工、资源分配等。同时，考虑程序的可扩展性和未来升级的可能性，以便能够满足不断变化的需求。

（二）数据库设计与实现

1. 数据库设计

在绵羊养殖管理系统的构建过程中，数据库设计是一个至关重要的环节。根据前期的需求分析结果，精心设计数据库的结构，确保能够满足绵羊养殖管理的各种需求。共设计了多个数据表，包括但不限于绵羊基本信息表、选配记录表、遗传信息表、生产管理表等。这些表结构清晰，字段完整，且根据实体间的关系设置了相应的关联，如一对多、多对多等，以便实现数据的有效组织和查询。

2. 数据库实现

在选择合适的数据库管理系统（DBMS）后，进行数据库的具体实现工作。首先是进行数据的增、删、改、查、功能的实现，确保能够对绵羊的各项信息进行增加、删除、修改和查询等操作。其次，针对大量数据处理的情况，对查询性能进行优化，如通过建立索引、优化结构化查询语言（SQL）语句等手段，提高了系统的响应速度和数据处理效率。

（三）用户界面开发

1. 界面设计

在界面设计上，注重直观易用，让用户一目了然。整个界面风格简洁明了，去除冗余元素，只保留最必要的信息展示和操作入口。这样的设计方式不仅能降低用户的学习成本，还能大大提高用户的使用效率。为进一步优化用户的操作体验，对功能布局进行合理规划。根据用户的使用习惯和频率，将常用功能放置在界面显眼位置，同时对菜单层级进行简化，确保用户可以快速找到所需功能并完成操作。

2. 界面实现

在具体实现上，采用前沿的前端开发技术，确保用户界面的各个功能模块能够完美运行。对细节严格把控，使得界面在视觉效果上更出众，同时也提高了界面的响应速度。无论是在数据请求、处理还是展示的过程中，都力求实现快速、流畅的操作体验。优化不仅是对界面的操作响应，更是对用户体验的全方位关注。从用户的角度出发，不断调整和改进，力求让每一个细节都完美契合用户需求，从而为用户创造良好的交互过程。

（四）选配算法设计

1. 选配算法原理

在肉羊养殖业中，选配算法的设计旨在实现高效、科学且符合遗传学规律的绵羊选配，以达成农场管理人员的育种目标。该选配算法基于遗传学的基本原理和数据分析技术，通过精确计算绵羊个体之间的遗传距离、适配度等关键指标，确保选配出具有优良性状和高效生产性能的组合。在遗传距离的计算过程中，算法会考虑绵羊 DNA 序列信息、体型外貌特征、生产性能数据等因素，以确定不同个体间的遗传差异程度。适配度则是反映两只绵羊在遗传上互补或相似程度的指标，算法会根据预先设定的育种目标，如提高产肉量、改善繁殖性能等，来评估不同配种组合的适配性。

适配度是反映两只绵羊在遗传上互补或相似程度的指标，对于了解两只绵羊配对后，其后代可能具有的遗传特性非常重要。适配度的评估是基于预先设定的育种目标，这些目标可能是增加绵羊的产肉量、改善其繁殖性能或其他与绵羊生产相关的特性。通过设定这些目标，可以明确育种的方向，从而选择最合适的配种组合。

算法在这个过程中起着关键作用。它根据预设的目标和每只绵羊的遗传信息，来计算和比较不同配种组合的适配度。这涉及复杂的数学和统计模型，以确保选择的配对能够最大程度地实现育种目标。举个例子，如果目标是提高绵羊的产肉量，算法会寻找那些在遗传上有可能产生高产肉量后代的配种组合。它会考虑每只绵羊的遗传特点，如肌肉生长速度、脂肪含量等，并计算不同配种组合可能产生的后代在这些特性上的表现。通过这种方式，适配度评估不仅可以帮助选择合适的配种组合，还可以确保育种工作能够有针对性地实现设定的目标。

2. 遗传算法实现

为了将遗传算法、统计分析以及优化算法等高效的肉羊选配程序转化为实际应用，需要借助强大的编程语言和算法库来实现。这样做可以提高程序的运行效率，使其更加稳定可靠，从而更好地满足需求。

在编程语言方面，选择 Python 作为主要的编程语言。Python 具有简洁易读的语法、丰富的标准库以及强大的科学计算生态，可以大大提高开发效率。同时，Python 还具有广泛的应用领域，涵盖了数据分析、人工智能等多个方面，可以满足多样化的需求。

为了实现高效且强大的数据处理和矩阵运算能力，应充分利用 numpy 和 pandas 这两个在 Python 生态系统中举足轻重的科学计算库。numpy 作为 Python 语言的一个基础数值计算扩展，其核心功能在于提供一个维度灵活、性能优越的多维数组对象（称为 ndarray），以及一套丰富的、能够高效操作这些数组的函数和方法集。这些函数覆盖了从基本的元素级操作到复杂的线性代数、统计分析和函数映射等高级运算，极大地提升了科研工作者和数据分析师在处理大量数据时的效率，使得复杂的数值计算变得更为快捷和简便。而 pandas 库则是在 numpy 的基础上进一步封装，为数据分析和数据处理提供更为友好且灵活的接口。它引入了如 DataFrame 和 Series 等数据结构，这些结构不仅具有强大的数据存储能力，还提供了易于使用且链式操作丰富的应用程序接口（API），使得用户无论是处理结构化还是非结构化的数据，都能够实现便捷而高效的数据操作。无论是数据的清洗、整理，还是统计分析，pandas 都能够提供强大的支持，帮助快速提取有价值的信息，为后续的机器学习或深度学习模型训练做好准备。

为了构建更复杂的机器学习模型和深度学习网络，以及优化算法，还会借助其他相关的 Python 库和工具，如 scikit-learn、tensorflow 等。scikit-learn 是一个知名的机器学习库，提供众多经典的机器学习算法实现，包括分类、回归、聚类、降维等各种技术手段，为选择和搭建合适的模型提供有力支持。而 tensorflow 作为深度学习领域的领军者，为实现深度神经网络（DNN）、卷积神经网络（CNN）、循环神经网络（RNN）等各种复杂网络结构提供了强大的计算后盾和编程接口。借助这些工具，可以轻松地完成从数据预处理、模型搭建到训练调优的全流程工作，进一步提升肉羊选配程序的性能和准确性。

肉羊选配程序的核心在于遗传算法的实现。遗传算法是一种优化搜索算法，它模拟了生物进化过程中的自然选择和遗传变异机制，通过数学的方式对生物进化进行抽象模拟。在肉羊选配程序中，遗传算法首先将绵羊的遗传信息编码成计算机可以处理的数字字符串，形成初始种群。这个过程就像生物体的 DNA 被转化成基因型，以便于遗传信息的传递和操作。然后，定义适应度函数来评估每个配种组合的价值。这个函数通常根据绵羊的体型、体重、繁殖能力、抗病性等多项指标进行打分，分数高的个体在生物进化过程中更容易生存下来并传递其优良特性。接下来，算法通过选择操作符，根据适应度函数的评估结果，挑选出较优秀的个体进入下一代。交叉操作符模拟了生物体细胞分裂时染色体交换的过程，通过交换部分基因组，产生新的个体组合，进一步探索可能的解空间。变异操作符则模拟了基因突变的现象，随机改变个别基因位点，以引入新的基因多样性，防止种群过早陷入局部最优解。经过多轮选择、交叉和变异操作的迭代过程，算法逐步淘汰不良个体，保留优良特性，最终得到一组或几组最佳配种方案。这些方案不仅能够优化肉羊的生产性能，提高肉羊的品质和产量，同时也为绵羊育种工作提供了科学依据和有力支持。

统计分析算法在肉羊选配中同样占据重要地位。通过对历史配种数据运用回归分析、聚类分析、关联分析以及预测分析等方法，可以揭示出影响绵羊生产性能的关键因素，从而科学地预测未来个体的表现。这种基于数据的决策支持系统为选配提供了科学的参考依据，使选配工作更加精准有效。

例如，在回归分析中，可以研究公母羊各自的遗传背景、健康状况和生产记录与绵羊生产性能之间的数量关系。通过建立数学模型，可以量化这些因素对绵羊生产性能的影响程度，进而根据个体的潜在价值和对后代的影响，制定更加科学合理的选配策略。

聚类分析则可以帮助将公母羊分为不同的群体，揭示出不同群体之间的差异和相似性。这样就可以根据群体的特点进行选配，提高选配的准确性和效率。

关联分析则可以挖掘出公母羊之间隐藏的关联关系，发现潜在的选配组合。这些潜在的选配组合可能会带来意想不到的优势，进一步提升绵羊的生产性能。

此外，预测分析还可以根据个体的遗传背景、健康状况和生产记录，构建预测模型。这个模型可以预测个体在未来可能的表现，为选配提供更加科学可靠的参考依据。

优化算法在选配结果的精细化调整过程中扮演着核心角色。它通过严谨的数学分析与计算机技术，充分利用适应度函数提供的反馈信息，以寻找理论上最优或近似最优的配种方案。这一过程中，优化算法会不断地根据预设的目标函数和约束条件，对候选配种方案进行迭代优化，确保在多次试错与改进后，能够得到一个全局最优的配种策略。这个优化过程不仅关注眼前的经济效益，即短期内能够获得的最大利润或最优产量，而且将视角放得更加长远，考虑到品种的持续改良和农业生态系统的可持续发展。换句话说，优化算法力求在提升当前经济指标的同时，兼顾到绵羊品种的遗传多样性保持、抗逆性增强、环境友好型畜牧技术的发展等多个维度，从而实现真正的绿色、高效、可持续的现代羊业发展目标。

总之，实现肉羊选配算法是一个综合性强、技术含量高的任务，它融合了遗传学原理、数据分析技术和计算机编程能力，旨在助力农场管理人员精准高效地进行绵羊选配工作，推动肉羊养殖业的现代化和智能化进程。

（五）系统测试与优化

1. 系统测试

在系统开发过程中，全面、详尽的测试是必不可少的重要环节。系统测试是软件开发过程中的关键步骤，涵盖了多个层级和方面的检验工作。单元测试是系统测试的初级阶段，是对系统中最小的功能单元——模块或类，进行逐个验证的过程。每个模块或类都被视为一个独立的单元，进行独立的测试。单元测试的主要目标是确保每个模块或类的功能符合预期设计，其行为正确无误。在单元测试阶段，需要对每个模块或类的输入和输出进行严格的验证，以确保其功能符合要求。

集成测试是下一个层次，它将在单元测试的基础上，将已经通过单元测试的各个模块按照设计要求集成起来，形成一个完整的系统整体。在集成测试阶段，需要进行联合性与协同性测试，以发现并排除不同模块间的兼容性问题以及交互异常。

系统测试则是更高层次的全面验证过程，它将在实际的运行环境下，模拟真实的使用场景，对完整的系统进行深度测试。系统测试的主要目标是暴露出可能存在的缺陷，诸如性能瓶颈、功能漏洞、界面操作友好性等问题。通过系统测试，可以发现并修复多个潜在的问题，确保系统的稳定性和可靠性达到最高标准，满足用户需求，提升用户体验。

这一系列严谨的测试过程是确保软件质量的重要手段。通过这些测试，可以发现并修复潜在的问题，提高软件的稳定性和可靠性。同时，系统测试还可以帮助了解软件在实际运行环境下的表现，为后续的优化工作提供依据。

2. 系统优化

基于系统测试的详尽结果以及用户的珍贵反馈，将对系统进行深度优化。本环节专注于对系统内部的关键部分进行深度改进和调优，以确保系统能够达到最佳的性能表现。例如，在数据库查询性能方面，通过改进 SQL 语句写法、增加索引、缓存技术等方式提高数据检索速度。在算法运行速度上，则会考量算法的效率与复杂性，利用数据结构优化、并行计算等技术手段来提升算法的执行效率，从而让整个系统的运算速度得到显著改善。

（六）应用推广与支持

1. 应用推广

采取多种方式将绵羊选配程序推广给更多的农场和育种机构。例如，组织多次宣传活动，通过宣传册、海报和讲座等形式，向农场和育种机构介绍绵羊选配程序的优势和特点。此外，还可通过开展专门的培训课程，教授如何使用选配程序进行绵羊育种。通过这些努力，越来越多的农场和育种机构开始了解和关注绵羊选配程序，并享受它带来的便利和效益。

2. 技术支持

为用户提供全面的技术支持，包括在线帮助、电话咨询、定期维护等。用户在使用过程中遇到问题时，可以通过多种途径获得技术支持。致力于确保用户在使用绵羊选配程序时能够得到及时的帮助和解决方案。

通过以上六个方面的努力，成功开发并应用绵羊选配程序。该程序在实际应用中表现卓越，得到广大用户的一致好评。用户们称赞绵羊选配程序为绵羊育种和生产管理提供了有力的支持，帮助他们更好地选择和培育优秀的绵羊品种，提高了生产效率和经济效益。

第七章

绵羊育种体系和育种方法

育种是遗传变异与特性改良的关键手段，肉羊育种体系作为育种工作的组织基础，其高效运作对育种成功至关重要。判定育种体系合理性的核心在于生产效率和育成品种质量。优良的育种体系能迅速培育出理想品系或品种，而不完善的体系则可能阻碍育种进程。育种体系的建设则需整合资源和技术，确保育种过程系统、连续且高效。

育种方法主要关注动物品种遗传特性和生产性能的改善，而育种体系则涉及组织结构、管理流程和资源配置等多个层面。在畜牧业中，育种方法与体系相辅相成，共同推动动物品种遗传品质和生产性能的提升。选择育种方法时，须综合考虑育种目标、品种资源和技术可行性。

第一节　肉羊育种体系

肉羊育种体系是一项涉及领域广泛、环节复杂的系统工程，其核心目标是通过整合利用丰富的种质资源，运用先进的选种选配技术，显著提高肉羊繁殖效率，优化饲养管理模式，强化疫病防控措施，深化遗传评估体系，严格规范育种数据管理流程，科学构建育种组织架构，并争取国家政策法规的有力支持。该育种体系旨在打造一个高效、可持续的肉羊育种模式，确保肉羊在产量、品质和抗病能力方面得到全面提升，从而增强市场竞争力，并确保养殖业的发展路径与环境友好性相协调，以促进养殖业的增收和可持续发展。

在育种工作启动之初，对现有肉羊品种资源的全面评估至关重要。该评估过程涵盖对品种遗传多样性的深度剖析、繁殖性能的科学测定、生长速度的对比分析、肉品质的严格检验，以及适应性及抗病性的实地观察。通过对这些数据的深度挖掘和综合考量，能够准确把握各个品种的优势与不足，为后续育种策略的制定和实施提供坚实的科学依据。

育种工作作为连接现在与未来的桥梁，其核心目标是为未来的羊业发展提供全新的、具有竞争力的品种。这项工作的重要性在于其前瞻性和战略眼光，因为育种并非仅仅是为了满足当前的市场需求，更是为了引领和决定未来羊业品种的更新换代和市场需求的变化。

在育种过程中，首要的是要具备敏锐的未来市场洞察能力。这意味着育种者需要深入了解当前羊业生产的实际情况，理解市场需求的变化趋势，预测未来羊业发展的方向。通过不断观察、学习和研究，确保所培育的新品种能够真正满足未来的市场需求，而不是仅仅停留在现有的水平上。育种工作还需要深远的战略规划视野。这要求育种者不仅要考虑短期的市场变化，更要着眼长远，考虑羊业发展的未来趋势。在育种过程中，应积极适应并推动未来的市场变化，为羊业生产力的提升和现代化的推进做好前瞻性的布局。

育种工作是一项充满挑战和机遇的工作，基于品种资源评估结果，育种专家将结合长期遗传改良计划，明确育种目标，具体包括繁殖力、日增重、饲料转化率、肉色、脂肪分布、蛋白质含量等各项指标的提升幅度，并辅以基因组选择等先进育种技术。选配计划的制订是确保优秀遗传性状得以传承的关键步骤。通过精心设计和执行公母羊的配对方案，期望新一代肉羊能够继承并优化这些优良性状。

在繁殖技术方面，积极采用人工授精和胚胎移植等现代繁殖技术，以提高肉羊的繁殖效率，确保优秀的品种资源得到更广泛的利用。关注饲养管理的每一个细节，因为它是保障肉羊健康生长的重要环节。针对不同生长阶段的肉羊，提供适宜的饲料，确保营养充足，同时营造适宜的运动和生活环境，以促进肉羊健康成长。特别考虑到肉羊对环境的敏感性，应格外注重环境控制，通过调节羊舍的温度、湿度和光照，为肉羊创造一个舒适的生活环境。

此外，还需关注产品加工和市场开发两个重要领域。在产品加工方面，致力于开发新产品，以满足消费者对羊肉产品的多样化需求；在市场开发方面，努力拓宽销售渠道，提升品牌价值，增强肉羊产业在国内外市场的综合竞争力。定期对育种体系的效益进行评估，包括经济效益、生态效益和社会效益。通过这种方式，可以及时发现问题并进行调整，以确保整个育种体系的高效、可持续运行。

在肉羊育种体系的建设中，根据育种目的构建良种繁育体系和杂交育种体系两大类别。良种繁育体系旨在发挥纯种羊的优异性能，杂交育种体系则是通过品种杂交的方式，充分利用不同品种间的杂种优势。在杂交育种实践中，常采用本地品种羊作为母本，与外来优良品种父本进行杂交。通过不完全双列杂交等方法测定配合力，以筛选出最佳杂交组合。通过上述措施的实施和持续优化，致力于构建一个高效、可持续的肉羊育种体系，以推动肉羊产业的健康发展，实现经济效益、生态效益和社会效益的共赢。

一、肉羊育种体系的核心构成

肉羊育种体系是指通过一系列有计划的遗传改良措施，提高动物群体的遗传品质和生产性能。这一体系涉及种群的品种资源管理、选择育种材料、制订育种计划、实施遗传改良等多个环节。肉羊育种体系的目标是培育出适应性强、生产效率高、产品品质优良的动物新品种或新品系。

育种技术体系是指在肉羊育种过程中所采用的技术方法和手段的总和。这包括传统育种技术和现代生物技术两大类。传统育种技术包括选择育种、杂交育种等，而现代生物技术则包括基因工程、细胞工程、分子标记辅助育种等高端技术。这些技术体系共同为肉羊育种提供了强大的技术支持。

肉羊育种体系是一个宏观的、系统的框架，它涉及育种的全过程和各个环节，强调的是整体性和协调性。而育种技术体系则是具体的、可操作的技术集合，它侧重于育种过程中的技术细节和实际操作。

（一）育种场是育种体系的关键载体

育种羊场在育种体系中占据核心地位，是育种实践的关键载体。依据功能差异，育种羊场可分为原种场、繁殖场和商品场。原种场负责保存和培育高遗传价值的纯种羊，确保血统纯正，为育种体系奠定基石。繁殖场则承担大规模繁育任务，通过科学选配提升羊只性能，满足品种改良和市场需求。商品场则专注于生产符合商业标准的商品羊只，满足消费者需求。

原种场位于育种体系金字塔顶端，提供优质种羊资源，需资金、技术和管理支持。国家引进国外优秀种羊，丰富种质资源库，提升我国肉羊遗传品质。繁殖场分为一级和二级两类，一级纯繁保持品种纯度，二级杂交提升生产性能。商品场则通过杂交技术高效生产优质杂交羊，满足市场需求。

羊场分类与功能精细化管理体现了育种体系的专业化和效能。各类羊场各司其职，实现良种繁育稳定性和经济效益最大化。羊场运营管理、生物安全、遗传改良和设施环境等因素均影响育种体系整体效能和长远发展。

（二）肉羊育种体系的层次化架构

在现代肉羊育种工作中，普遍采用一种层次化的集中育种体系。这一体系将羊群分为三大核心组成部分：核心羊群、测定羊群和供应羊群。

1. 核心羊群

这一层次是整个育种体系的核心，其主要任务是选育种公羊。这些种公羊不仅为整个育种系统提供遗传基础，还是确保后代遗传品质的关键。

2. 测定羊群

这一层次在育种过程中起到承上启下的作用。它主要负责待验证公羊女儿的性能测定工作。测定内容包括生产性能、健康状况、遗传特性等多方面的指标。同时，这一群体还负责全部的记录工作，为后续的遗传评估和选择提供数据支持。

3. 供应羊群

这一层次的主要任务是每年向测定羊群输送后裔测定女儿。经过在测定羊群中的性能测定，最优秀的母羊将被选送到核心羊群内，以进一步提升核心羊群的遗传品质。而其余的母羊则继续留在供应羊群内，为下一轮的后裔测定提供基础。

这个方案实施的关键在于，供应羊群和测定羊群必须紧密围绕核心羊群开展育种工作。只有这样，才能确保整个育种体系的连贯性和高效性，从而不断提升肉羊的遗传品质和生产性能。在实际应用中，具体的育种方案可能会因品种、地域和育种目标的不同而有所差异。

（三）肉羊育种技术体系

肉羊育种技术体系是提升肉羊产业竞争力的关键所在，其涵盖基因编辑、分子标记辅助选择及全基因组选择等现代化育种手段。国家和各省区已建立相应的育种技术体系，设立首席科学家及岗位专家，并配备综合试验站。

该技术体系在遗传改良中展现出广阔前景。利用分子育种技术，可实现精准编辑肉羊基因组，培育优良性状新品种；分子标记辅助选择技术则有助于早期评估遗传性能，提升选种效率。该体系通过引入先进育种技术，加速遗传进展，提升生产性能和品质，进而增强产业整体竞争力，促进持续健康发展。其不断创新与进步，也为产业未来发展提供更多可能性。

宏观层面，肉羊育种体系致力于优化、改良和创新遗传资源，涉及遗传资源管理、育种材料选择、育种计划制订及遗传改良等环节，以确保育种持续高效。根据市场需求和生产条件，制定长期育种目标和策略，为育种工作提供全面规划。

具体执行层面，育种技术体系是实现目标的关键，涵盖多种方法，为育种提供技术支撑。将传统育种与现代生物技术结合，推动育种工作高效进行。

育种体系为技术体系提供应用平台和目标导向，技术体系则推动育种体系完善和优化，二者相互促进，形成良性循环，共同推动肉羊育种的持续进步与发展。

二、超数排卵和胚胎移植（MOET）育种技术体系

在人工授精育种体系下，通过对公羊后裔进行测定能够筛选出优秀的种公羊，提高羊群的遗传品质。但面临的问题是全国或地区范围内缺乏对生产性能的评定和监测机构，导致无法及时获取准确数据，影响了公羊后裔测定的可靠性。因此，需要寻找新的育种体系，以加速羊群遗传品质的改良进程。

在肉羊育种领域，母羊年度繁殖率较低的问题长期制约着遗传进展。然而，随着 20 世纪 70 年代超数排卵和胚胎移植技术的成熟和完善，这一限制因素得以突破。具体操作流程包括：首先对供体母羊实施超排处理，以增加卵子排出量；随后进行配种，并从子宫或输卵管内冲出受精卵或胚胎；最后，将这些胚胎直接移植或经冷冻处理后移植至受体母羊的子宫或输卵管。经此操作可平均获得 6 枚可用胚胎，移植成功率高达 70%。借助此项技术，能充分挖掘优秀母羊的繁殖潜力，进而加速肉羊遗传改良的进程。

在肉羊育种过程中，胚胎移植技术发挥了重要作用，主要体现在两个途径：一是与传统后裔测定相结合；二是应用于优良核心羊群，并根据家系资料进行早期选择。应用胚胎移植技术可推进遗传进展，具体表现在以下三方面。

首先，对产生公羊的母羊实施胚胎移植，可使每只母羊获得更多用于后裔测定的后代公羊，从而减少饲养母羊数量，提高选择强度和繁殖率。若对产生公羊的母羊的选择达到总遗传反应的 25%，那么胚胎移植可增加选择强度和繁殖率 2%～10%。

其次，对产生母羊的母羊应用胚胎移植技术。在人工授精育种体系中，大量母羊用于产生后备母羊。若对这类母羊实施胚胎移植，则遗传进展有限。然

而，对于特别优秀或进口母羊在进行纯繁时，应用胚胎移植技术经济效益显著。

最后，胚胎移植在肉羊评定中的应用。该技术能提高公羊和母羊遗传评定精度，加速肉羊育种进程。

① 母羊遗传评定。应用胚胎移植技术可使供体母羊产生众多女儿，利用这些女儿的生产性能对供体母羊进行遗传评定（即后裔测定），同时提高后裔测定精确性。胚胎移植还能增加全同胞和半同胞的生产记录。例如，一只公羊配 4 只供体羊，每只供体羊产生 4 只女儿，每只女儿可拥有 3 只全同胞和 12 只半同胞的资料用于供体母羊遗传评定。这有助于提高选择指数的准确性，利用供体母羊本身一个记录及其供体羊全同胞和半同胞的记录，可达到应用母羊本身 3 个胎次记录的精确性，从而缩短世代间隔，不影响母羊遗传评定准确性。

② 公羊遗传评定。利用全同胞和半同胞资料进行公羊遗传评定，相较于后裔测定所需时间较短。假设全部母羊有一个胎次繁殖记录，公羊及母羊母亲有两个胎次繁殖记录，产羔数的遗传力为 0.25，那么采用不同数量的全同胞及半同胞对预测产羔数育种值的准确性有一定影响（表 7-1）。

表 7-1　全同胞及半同胞数量对预测产羔数育种值准确性的影响

项目	全同胞	准确性/%				
		半同胞家系大小				
		0	1	2	3	4
公羊选择	0	29	35	39	41	43
	1	36	40	43	45	46
	2	40	44	46	47	48
	3	44	47	48	49	50
	4	47	49	50	51	52
母羊选择	0	55	57	58	59	60
	1	57	59	60	61	61
	2	59	60	61	62	62
	3	60	62	62	63	63

(一)超数排卵和胚胎移植育种方案

应用成熟的MOET策略为肉羊育种开辟了新途径，推动了肉羊育种事业的快速发展。在英国、加拿大和澳大利亚等国家的绵羊育种实践中，MOET策略已成功构建核心群体。该育种体系的优点如下：①突破传统后裔测定的限制，采用半同胞、全同胞后代的生产成绩及姐妹的生产成绩选择公羊（亲属测定）；②缩短优良公羊育成时间；③整个育种方案可在单一育种场内完成，大幅降低环境误差，提高选种精确性；④节省大量后裔测定所需的人力、物力和财力；⑤在MOET育种体系中运用遗传标记选择方法、基因组选择和基因编辑等技术，对公羊早期选择，缩短育种年限，培育核心母羊、优良种公羊及加速遗传进展具有重大意义。

在核心母羊群中应用MOET技术后，相较于传统后裔测定，青年型MOET和成年型MOET在遗传进展方面分别提高了71%和14%。传统后裔测定主要依据女儿的生产性能选择公羊，而MOET育种体系则根据公羊姐妹的生产性能进行评估，世代间隔可缩短约一半。

MOET育种方案分为两种形式：①确认的供体母羊集中在一个羊群中，构成核心MOET育种方案；②供体母羊分散在胚胎收集和移植中心周围的原羊群中，形成非核心MOET育种方案。具体实施方案详见表7-2。

表7-2 青年型和成年型MOET育种方案的实施步骤

月龄	青年型	成年型
1	初生	初生
6	系谱选择并进行MOET	
8		配种
11	MOET后代初生	
13		产羔
24	测定生长和繁殖性能，选择MOET的后代进行MOET	
26		测定生长和繁殖性能并进行MOET
29	MOET后代初生	
31		MOET后代初生
世代间隔	11个月	31个月

在核心 MOET 方案和非核心 MOET 方案中，挑选出优秀的供体羊以应用胚胎移植技术，从而培育出下一代肉羊。双亲选择方案主要有两种：青年型超数排卵和胚胎移植（JMOET）选择方案和成年型（AMOET）选择方案。

JMOET 方案中，公母羊均在 6 月龄时进行选择。由于母羊本身尚无繁殖成绩，需依据母亲及其他亲属的相关资料预测育种值进行排队。而 AMOET 方案则将选择时间推迟至母羊本身繁殖成绩出现，依据供体母羊的自身繁殖成绩、全同胞记录、同一组内的半同胞记录和母亲记录进行选择。供体公羊的选择则需参考全同胞、半同胞和母亲记录。JMOET 和 AMOET 的选择取决于对时间和准确性的权衡。若供体来自系谱和性能记录清晰的群体，选择 JMOET 方案较为明智。

AMOET 方案的目标是建立具有优良繁殖和生长性能的母羊核心群，生产优秀的公羊和母羊个体，并从中挑选出最优秀的种公羊。这一过程较 JMOET 方案多用 20 个月。显然，AMOET 使用者对供体的系谱和性能记录信心不足，需见到供体的生产成绩才肯放心使用。育种者需在时间和准确性之间权衡，以提高育种效率和降低成本。

肉羊成年型核心群 MOET 育种方案实施示意如图 7-1 所示，其中主要关注育成品种的繁殖和生长性能。执行该方案后，可获得表 7-3 中所示成果。假设每年移植 1024 枚胚胎，受胎率为 0.7，成活率为 0.7（实际可能较低），则在选择时每只供体羊有 8 只后代，每只公羊配 16 只供体羊。

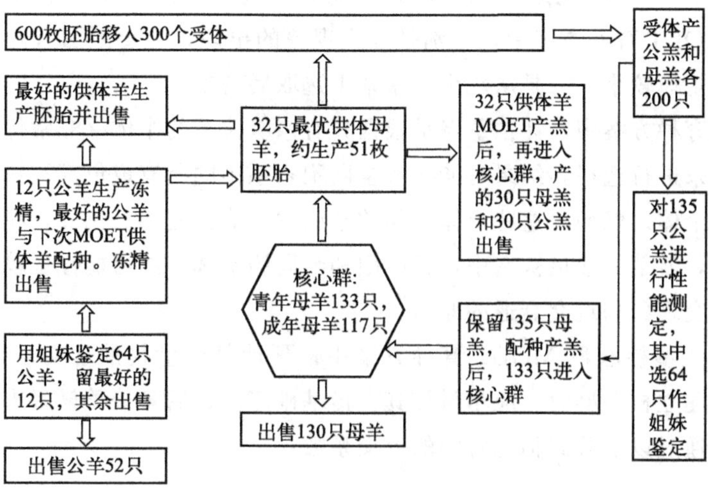

图 7-1　肉羊成年型核心群 MOET 育种方案实施示意图

为实现该育种方案，经费预算应较平常价格上浮 50%，确保具有充足的资金安全边际，以顺利完成育种项目。过去的一些育种项目常因资金短缺而失败，有的甚至不得不出售核心群，育种项目初始的美好愿景因此破灭。

表 7-3 选择生长和繁殖性能良好的成年型 MOET 方案的结果

	每 3 个月	全年
移植胚胎/枚	256	1024
初生羔羊/只	179	716
生产冻精的公羊/只	16	64
产过 1 胎的母羊/只	64	256
被选的供体羊/只	16	64
选择产 2 胎的母羊/只	32	128
选择产 3 胎的母羊/只	32	128
选择产 4 胎的母羊/只	32	128
已生产精液公羊/只	3	12

（二） MOET 育种方案的不足和近亲程度的估计

MOET 育种方案的主要缺陷在于容易引发近交。青年型 MOET 相较于成年型 MOET 更易出现近交现象，这可能导致近交衰退、体质下降和疾病发生。在 MOET 育种方案中，特别是近交现象的出现，主要原因有两点：一是核心群羊规模较小；二是从较少的家系中选取后备羊。

在该育种方案中，评估重点是根据具有亲缘关系的个体（非常优秀）预测的育种值来进行选择，结果可能导致全同胞家系中的所有成员都被评为具有高育种值的个体。然而，这些个体之间的亲缘关系非常密切。例如，在一个全同胞家系中，若某一成员被选中，其同胞和半同胞被选中的可能性也较大，这便是导致近交现象和近交衰退的原因。

在成年型核心群 MOET 育种方案中，预计每个世代的近交系数为 2%。因此，在建立核心群时，应尽量使其遗传基础广泛，后备公羊最好来自不同家系。可以通过以下公式估算每年的近交系数：

$$\Delta F=(1/S+1/D^{*})/8L^{2}$$

$$S=(D/X)$$
$$L=(L_m+L_f)/2$$
$$D=ST/Y$$

式中，S 为每年公羊数；D 为每年供体羊数；L 为世代间隔；X 为每只公羊所配供体母羊数；ST 为每年后代数；Y 为选择时每个供体的后代数；D^* 为有效供体羊数（被选中的供体母羊）；青年型 MOET 方案中 $D^*=2D/Y$，成年型 MOET 方案中 $D^*=D$。

三、开放核心群育种体系

肉羊开放核心群育种体系（open nucleus breeding systems）是一种针对肉羊育种的综合性方法[1]。其核心在于建立一个由优秀个体组成的核心群，这个核心群既是育种的基础，又是繁育优良后代的重要来源。在开放核心群育种体系中，优秀个体被选择和保留下来，以繁殖出更多的优秀后代，从而不断提升整个群体的遗传品质和生产性能。这个体系通常包括以下几个关键步骤：

（1）核心群建立　首先，从现有的肉羊群体中筛选出具有优良性状和遗传特质的个体，组成核心群。这些个体通常具有高产、优质、抗病等优良特性。

（2）核心群管理　对核心群进行严格的管理和监测，包括定期的健康检查、遗传评估和生产性能测定等。确保核心群个体的遗传品质和健康状况达到最佳状态。

（3）遗传评估　利用现代遗传评估方法，对核心群个体的遗传背景和生产性能进行全面评估。这有助于识别和保留具有优秀遗传特质的个体，淘汰不符合育种目标的个体。

（4）繁育计划　根据遗传评估结果，制订繁育计划，确保核心群个体之间的遗传差异最大化，以提高后代的遗传多样性和适应性。

（5）后代测定与选择　对核心群后代进行定期的测定和评估，选择具有优良性状和遗传特质的个体进入核心群，以维持和提升核心群的遗传品质。

（6）基因交流　在保持核心群遗传稳定性的基础上，适当引入外部优秀基因资源，以丰富核心群的遗传基础，提高整个群体的适应性和生产性能。

肉羊开放核心群育种体系通过持续优化核心群个体的遗传品质和生产性能，可以不断提高整个肉羊群体的遗传水平和生产效益，推动肉羊产业的持续发展和进步。

当人工授精不是很普遍或者生产记录不完整时，为了更快、更有效地提高肉羊育种群的生产性能，采用开放核心群育种体系是一种比较实用的方法。开放育种体系与集中育种体系相同，要求所有参加的育种羊群必须紧密合作，育种计划始终围绕核心羊群进行。每年要从合作育种的基础羊群中挑选出部分优良母羊补充到核心羊群中，以替换核心群中生产性能较低的母羊或退役母羊。开放核心群育种体系的具体过程如图 7-2 所示。

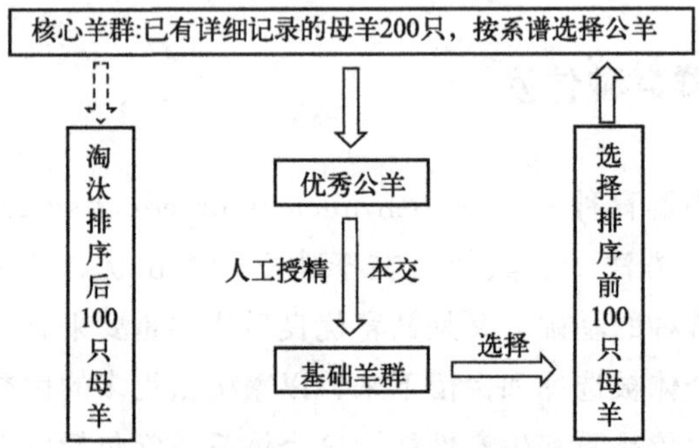

图 7-2　开放核心群育种方案示意图

开放核心群育种体系是一种先进的育种策略，它结合了核心群育种和开放群育种的优点。在这种系统中，通过引入繁殖母羊到父系育种核心中，可以实现基因流动和遗传多样性的增加，从而提高遗传增益率。

离散世代模型通常用于模拟和预测育种计划在不同世代中的遗传进展。数值分析表明，在母羊选择强度较低的情况下，开放核心群策略可以提高遗传增益率 10％～15％。这是因为开放核心群允许更多的基因流动，从而更有效地利用种群中的遗传变异。

在绵羊育种中，最佳的结构通常是将大约 10％的种群放在核心群中。这种结构可以在保持遗传多样性的同时，实现较高的遗传增益。此外，从基础种群中获得一半的核心群母羊替代羊，并将基础种群中不需要的所有核心群出生的母羊用作核心群替代羊，可以进一步优化种群结构，提高育种效率。

尽管遗传增益对种群结构参数（如核心群大小、替代率等）变化有一定的响应，但它并不十分敏感。这意味着在一定的参数范围内，育种者可以在保持较高遗传增益的同时，灵活地调整种群结构，以适应不同的育种需求和条件。

开放核心群策略的一个显著优点是可以降低近亲繁殖率。由于引入了新的繁殖母羊，核心群中的近亲繁殖率可以降低到同等大小的封闭核心群的一半左右。这有助于减少近亲繁殖带来的遗传问题，提高种群的健康水平和适应性。

总之，开放核心群育种体系通过优化种群结构、增加基因流动和降低近亲繁殖率，可以提高遗传增益率，促进绵羊和肉牛等家畜的育种进展。然而，在实际应用中，育种者需要根据具体的育种目标、资源条件和技术水平来制订合适的育种计划，以实现最佳的遗传增益和经济效益。

四、建立肉羊良种繁育基地

在肉羊生产实践中，应根据品种特性和产区条件建立良种繁育基地。这些基地通常具备肉羊养殖传统、丰富的饲养管理经验、稳定的饲料来源和饲草资源。合理的繁育体系应确保公羊和母羊的有序流动，以持续提高羊群的生产性能并吸取优良基因。学界和产业界认为，育种体系首先是一个正常的生产体系，它才能滚动发展壮大。而良种繁育基地和育种场在育种工作中都扮演着重要的角色。

良种繁育基地是一个专门用于繁育优良品种的区域，其主要任务是保护和繁育某个具体的品种。这些品种通常是通过长期的育种工作筛选出来的，具有较高的生产潜力和遗传稳定性。良种繁育基地通过采用先进的繁育技术和严格的管理措施，确保品种的质量和数量，为养羊业生产提供可靠的种源保障。繁育基地内可以有很多育种场。

育种场则是一个综合的育种单位，它具备良种繁育基地的功能，还涵盖了育种研究、品种试验、示范推广等多个方面。育种场通常拥有较为完善的设施和人才队伍，能够进行系统的育种研究和试验工作。育种场的主要任务是通过选育、杂交等手段，创造出新的优良品种或品系，为种业生产提供更为丰富的种源选择。

在实际工作中，良种繁育基地和育种场往往是相互依存的。良种繁育基地为育种场提供优质的种源，为育种研究提供可靠的物质基础。而育种场则通过不断的育种研究和创新，为良种繁育基地提供更为优良的品种资源，推动良种繁育工作的不断发展和进步。

因此，良种繁育基地和育种场在育种工作中是相互关联、相互促进的。它们共同构成了现代育种工作的重要组成部分，为农业生产提供坚实的种源保障和技术支撑。

五、构建肉羊商业化育种模式

在构建肉羊商业化育种模式时，我们首先需要明确长期与短期的育种目标，这些目标应基于深入的市场调研和消费者需求分析，以提升肉羊的生长性能、肉质品质和抗病力等关键性状为核心。同时，制订合理的核心种群与扩繁计划，确保遗传多样性和优良性状的稳定遗传。

在资源整合与利用方面，政府、企业和科研院校应形成产学研紧密结合的发展格局。政府发挥政策引领和资金支持作用，企业提供育种主体力量，科研院校提供技术支撑和人才培养。此外，应积极引入社会资本，拓展国际合作，推动肉羊育种的国际化进程。

技术创新与应用是肉羊商业化育种的关键。我们应加大对育种技术创新的支持力度，鼓励企业深入研发，并构建技术转化平台，促进科研成果产业化。借助基因编辑、分子标记辅助选择等先进技术，加快遗传改良步伐，提升品质与产量。同时，重视种质资源的保护与利用，建立种质资源库和评价体系，确保种质资源的可持续利用。

市场导向与推广同样重要。我们应紧密结合市场需求进行育种，加强品牌建设和市场营销，提升肉羊产品的知名度和美誉度。拓展国内外市场与销售渠道，形成多元化的销售方式。此外，加强产业链上下游企业的合作与联动，形成协同发展的良好机制。政府在此过程中应发挥引导和监管作用，制定相关政策支持商业化育种，并加强对育种市场的监管，确保公平竞争和知识产权保护。

第二节　本品种选育

纯种繁育作为育种方法，旨在通过选育具有优良性状的纯种个体，保持和传承这些性状，以维持品种的纯度和一致性，并提升生产性能。在育种体系中，纯种繁育是起点和基础，它有助于建立纯种群体，为后续育种工作提供可靠的品种资源，同时保持品种的遗传稳定性，减少遗传变异，从而提高品种的整体表现。

本品种选育和杂交育种是两种关键的育种方法，但它们并非育种体系本身。育种体系涵盖了从育种目标设定到数据分析等多个环节，更为宏观和全面。本品种选育主要针对自然群体，旨在发掘自然变异的优良个体；而杂交育种则是通过两个亲本材料的杂交，形成人工群体，以选择集双亲优点于一体的重组个体。

尽管这两种方法有所区别，但它们之间的联系在于都是为改善绵羊的遗传品质和提高生产性能而服务的。在实际应用中，本品种选育和杂交育种可以相互结合，例如在杂交育种中，经过本品种选育的优良亲本可作为杂交材料。当品种经过长期选育，已具备优良特性并符合育种目标时，便应采用纯种繁育，以增加品种内绵羊数量，并继续提高品种质量。

在实施纯种繁育时，为进一步提高品种质量，可在保持品种固有特性和不改变品种生产方向的前提下，根据需要采用适当的方法。通过这些育种方法的综合运用，我们可以不断优化绵羊品种，提升其遗传品质和生产性能。

一、本品种选育法

本品种选育是地方优良品种的一种繁育方式，它是通过品种内的选择、淘汰，加之合理的选配和科学的饲养培育，达到提高品种整体质量的目的。凡地方优良品种都具有某一突出的生产性能，并且往往没有合适的品种与之杂交。此外，地方品种内个体或地区间性状表型差异较大，因而通过选择实现品种性能提升的潜力较大。本品种选育的实施，可从以下方面考虑：

（1）摸清品种现状，制定品种标准　首先要全面调查品种分布的区域及自然条件、品种内绵羊数量及质量的区域分布特点、羊群饲养管理和生产特点以及存在的主要问题等。

（2）科学制定鉴定方法和分级标准　选育工作应以品种的中心产区为基地，以被选品种的代表性产品为基础，制定科学的鉴定方法和分级标准。

（3）严格制定品种选育方案　应分阶段（比如以 5 年为一阶段）制定合理的选育目标和任务，再制定适合不同阶段的选育方案，包括种绵羊选择标准和选留方法、羔绵羊培育方法、绵羊群饲养管理制度、生产经营制度以及选育区内地区间的协作办法和种绵羊调剂办法等。

（4）组建选育核心群（场）　组建选育核心群（场）的规模，要根据品种现状和选育工作需要来定。选入核心群（场）的绵羊必须是品种中最优秀的个体。核心群（场）的基本任务是为本品种选育工作培育和提供优质种绵羊，主要是种公绵羊。要严格淘汰劣质个体，一旦发现特别优秀并证明遗传性稳定的种公绵羊，应采用人工授精等繁殖技术，尽可能地扩大其利用率。

（5）调动群众选育积极性　可考虑成立品种协会或品种选育工作辅导站，组织和辅导选育工作，负责品种良种登记。并通过组织赛绵羊会、产品展销会、交易会等形式，引入市场竞争机制，搞活良种绵羊产品流通，这对推动本品种选育工作具有极为重要的实际意义。

二、品系繁育法

品系是品种内具有共同特点，彼此有亲缘关系的个体组成遗传性稳定的群体。1 个品种应当有 5 个以上的品系才能保证品种整体质量的持续提高。品系繁育就是根据一定的育种制度，充分利用卓越种公绵羊及其优秀后代，建立优质高产和遗传性稳定的畜群的一种方法。品种繁育过程中同时考虑的性状越多，各性状遗传进展就越慢，但若分别建立几个不同性状的品系，然后通过品系间杂交，把这几个性状结合起来，遗传进展就快得多。因此，在现代育种中常常都要采用品系繁育。品系繁育的过程，基本包括 4 个阶段，即选择优秀种公绵羊作系祖、建立品系基础群阶段、闭锁繁育品系形成阶段和品系间杂交阶段。

（一）选择优秀种公绵羊

系祖的选择与创造，是建立品系最重要的第一步。系祖应是绵羊群中最优秀的个体，不但生产性能要达到本品种水平，而且需具有独特优点。理想型系祖最主要是通过有意识选种选配，加强定向培育等产生。凡准备选作系祖的公绵羊，都必须通过综合评定，即本身性能、系谱审查和后裔测验，证明能将本身优良特性遗传给后代的种公绵羊，才能作为系祖使用。

（二）组建品系基础群

这是进行品系繁育的第二步。根据绵羊群的现状特点和育种工作的需要，确定要建立哪些品系，如在肉用绵羊育种中可考虑建立早熟体大系、肉质特优系、肉毛高产系、高繁殖力系等。然后采用以下两种方式组建品系基础群：

（1）按血缘关系组群　首先要分析绵羊群的系谱资料，查明各配种公绵羊及其后代的主要特点，将具有拟建品系突出特点的公绵羊及其后代挑选出来，组成基础群。遗传力低的性状，如产羔数、体况评分、肉品质等，按血缘关系组群效果好。当公绵羊配种数量大，其亲缘后代数量多时采用此法为好。

(2) 按表型特征组群　即不考虑血缘关系，而是将具有拟建品系所要求的相同表型特征的绵羊只挑选出来组建为基础群。对绵羊来讲，由于其经济性状遗传力大多较高，加之按血缘关系组群往往受到后代数值的限制，故在绵羊育种和生产实践中，在进行品系繁育时，常常是根据表型特征组建基础群。

(三) 闭锁繁育阶段

基础群组建起来以后，不能再从群外引入公绵羊，而只能进行群内公、母羊“自群繁育”。目的是通过一定时间的闭锁繁育，使基础群所具备的品系特点得到进一步的巩固和发展，从而达到品系的逐步完善和成熟。在具体实施时，要坚持以下原则：

(1) 尽早扩大系祖利用率　按血缘关系组建的品系基础群，要尽量扩大群内品系性状特点，突出并证明其遗传性稳定的优秀公绵羊系祖的利用率，并从该公绵羊后代中选择和培育系祖的继承者；按表型特征组建的基础群，从一开始就要通过后裔测验发现和培养系祖。

(2) 坚持不断地选择和淘汰　要将不符合品系要求的个体坚决地从品系群中淘汰出去。

(3) 有计划地控制近亲繁殖　为使基因纯合，巩固品系优良特性，此阶段近亲繁殖是不可缺少的。但要有目的、有计划地控制近亲繁殖。开始时可采用嫡亲交配，以后逐代疏远；或者连续采用三、四代近亲或中亲交配，最后控制近交系数不超过 20%为宜。

(4) 采用群体选配办法　由于品系基础群内个体基本是同质的，因此不必用个体选配，但最优秀的公绵羊可多配一些母羊。如果闭锁繁育阶段是采用随机交配的办法，则应利用公绵羊数来控制近交程度。其近似计算公式被称为“逐代增量估计法”：

$$\Delta F=\frac{1}{8N}$$

式中　ΔF——每代近交系数的增量；

N——群内配种公绵羊数。

上式得出的是每代近交系数的增量，再乘以繁殖世代数就可以获得该群绵羊近交系数。例如，一个封闭的绵羊群连续 5 代没有从外面引入公绵羊，并始终保持 4 头配种公绵羊，假设该绵羊群开始时近交系数为 0，那么该群绵羊现在的近交系数是：

$$F=5\times\Delta F=5\times[1/(8\times4)]=15.625\%$$

(5) 确保良好的饲养管理条件　由于系祖遗传性仅仅是一种可能性，能否实现还要看是否具备适宜的外界环境条件。因此，创造适合珍贵性状发育的饲养管理条件，是品系繁育的重要保障。

(四) 品系间杂交阶段

当品系完善成熟以后，可按育种需要组织品系间的杂交，目的在于结合不同品系的优点。由于这时的品系都已经过较长期的同质选配或近交，遗传性比较稳定，所以品系间杂交目的容易达到。例如，甲品系早熟体大，乙品系繁殖力高，二者杂交其后代就会结合它们的优点于一身。在进行品系间杂交后，应根据杂交后绵羊群的新特点和育种工作的需要再创建新的品系。周而复始，以期持续提高品种水平。

三、血液更新法

血液更新是指从外地引入同品种的优质公绵羊来更新原绵羊群中所使用的公绵羊。当出现如下情况时，可采用此法。①当绵羊群小，长期闭锁繁育，已出现由于亲缘繁殖而产生近交危害时。②当群体生产性能达到一定水平，性状选择差变小，靠本群的公绵羊难以再提高时。③当绵羊群在生产性能或体质外形等方面出现某些退化时。

第三节　绵羊杂交育种

杂交就是两个或两个以上不同品种或品系间公、母羊交配。利用杂交可改良生产性能低的品种，创建新品种。杂交是引进外来优良遗传基因的唯一方法，是克服近交衰退的主要技术手段。杂交还能将多品种的优良特性结合在一起，创造出亲本所不具备的新特性，增强后代的生活力。我国大多数培育品种都使用了杂交。

当原有品种不能满足市场经济发展需要时，则利用两个或两个以上品种进行杂交，最终育成一个新品种。用 2 个品种杂交育成新品种，称为简单育成杂交；用 3 个或 3 个以上品种杂交育成新品种，称为复杂育成杂交（图 7-3）。在复杂育成杂交中，各品种在育成新品种时的作用并非相等，其所占比重和作用必然有主次之分。育成杂交就是要把参与杂交品种的优良特性集中在杂种后代身上，缺点得以克服，从而创造出新品种。应用育成杂交创造新品种时要经历三个阶段，即杂交改良阶段、横交固定阶段和发展提高阶段。当然这三个阶段有时是交错进行的，很难截然分开。

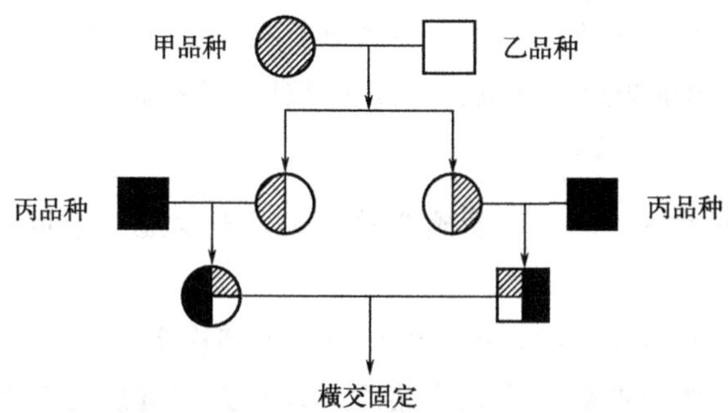

图 7-3 育成杂交示意图

（一）杂交改良阶段

这一阶段的主要任务是以培育新品种为目标，选择参与育种的品种和个体，大规模地开展杂交工作，以便获得大量的杂种个体。在杂交起始阶段，选择较好的基础母羊，可以缩短杂交过程。

（二）横交固定阶段（自群繁育阶段）

这一阶段的主要任务是选择理想型杂种公、母羊相互交配，即通过杂种绵羊自群繁育，固定理想特性。此阶段的关键在于发现和培育优秀的理想型杂种公绵羊，个别杰出的公绵羊在品种的形成过程中起着十分重要的作用，这在国内外绵羊育种史上已不乏先例。横交固定初期，后代性状分离比较大，凡不符合育种要求的个体，则应归到杂交改良群里继续用纯种公绵羊或理想型杂种公绵羊配种；有严重缺陷的个体，则应淘汰出育种群。横交固定时间的长短，应根据育种方向和横交后代的效果而定。为了尽快固定杂种优良特性，可以采用同质交配或一定程度的亲缘交配。

（三）发展提高阶段

这一阶段的主要任务是建立品种内结构，杂种绵羊经横交固定后，遗传性已较稳定，并已形成独特的品种类型，只是在数量、产品品质和品种结构上还不完全符合品种标准，此阶段可根据具体情况组织品系繁育，以丰富品种结构，增加新品种绵羊数量、提高新品种绵羊品质和扩大新品种分布区。

（四）新品种审定

2006年6月2日农业部发布的《畜禽新品种配套系审定和畜禽遗传资源鉴定办法》中已明确规定了新品种申报应具备的条件。

1. 基本条件

① 血统来源基本相同，有明确育种方案，至少经4个世代连续选育，有系谱记录。

② 体型、外貌基本一致，遗传性比较一致和稳定。

③ 经中间试验增产效果明显或品质、繁殖力和抗病力等有一项或多项突出性状。

④ 提供由具有法定资质的畜禽质量检验机构最近两年内出具的检测结果。

⑤ 健康水平符合有关规定。

2. 群体数量条件

15000只以上，其中2～5岁的繁殖母羊10000只，特、一级绵羊占繁殖母羊70%以上。

3. 有外貌特征和性能指标描述

① 外貌特征描述：毛色、角型、尾型及肉用体型与作为本品种特殊标志的特征。

② 性能指标：初生、断奶、周岁和成年体重，周岁和成年体尺，毛（绒）量，毛（绒）长度，毛（绒）纤维直径，净毛（绒）率，6月龄和成年公（羯）绵羊体重、净肉重、净肉率，屠宰率，骨肉比，眼肌面积，肉品质，泌乳量，乳脂率，产羔率等。

第四节　绵羊育种资料的记录与信息化

绵羊育种资料的记录与信息化是绵羊育种工作中至关重要的一部分，包括收集、整理、存储、分析和利用与绵羊育种相关的各种数据和信息。

一、绵羊育种资料记录

在绵羊育种工作中，各类详细记录资料是育种群体不可或缺的档案。这些资料涵盖种羊卡片、个体鉴定、精液品质、配种、产羔、生长发育、体重、饲料消耗、月变动、疫病防治及科学试验等多维度信息，均通过纸质形式记录，并以羊耳号相互关联。

通过深入剖析这些档案，育种管理人员能够精准掌握羊群状态，及时发现并解决潜在问题。例如，通过追踪个体绵羊的生长发育、繁殖力及抗病力数据，可实现精准个体鉴定，进而筛选出优良种羊，优化选种方案，从而有效提升羊群遗传品质与生产性能。同时，结合后裔测验结果与系谱分析，可科学规划配种计划，充分发挥优势基因，有效防控疫病。

在绵羊育种过程中，数据收集是基础环节，需专人负责。应详细记录绵羊品种信息、遗传特征、生产性能及健康状况等。繁殖记录尤为宝贵，包括亲本信息、配种及分娩日期、产羔情况等，为评估母羊繁殖性能提供依据。数据可通过育种试验、生产记录及监测检测等多种途径获取。

收集数据后，需进行整理工作，确保数据的准确性。包括数据清洗、分类编码及格式化等步骤，以去除无效数据，实现结构化处理，统一数据格式。

深入分析后的数据可用于制定品种改良及育种方案，优化生产管理，提升养殖水平。此外，数据还可用于与其他育种机构交流共享，推动育种技术进步。

综上，建立完善的绵羊育种档案系统，对于促进绵羊养殖业的现代化、标准化及持续发展具有重要意义。

二、绵羊育种资料的信息化

随着计算机信息科学的迅速发展，现代生产过程中的各类信息和资料正逐步实现实时数字化录入计算机系统。通过运行一系列专门设计的数据记录、管理和分析软件，这些海量信息得以高效有序地处理和编辑，从而建立起结构清晰、内容翔实的数据库，供不同层级的管理者及研究人员随时查询和高效利用。对于需要长期保存的资料，可在建成数据库后，借助计算机外部存储设备(如硬盘、U 盘)，或者通过网络云盘等先进技术手段进行安全备份。有条件的单位还会积极接入互联网，以促进养殖单位与科研机构、高等院校之间的紧密合作与信息交流，甚至拓展至国内外范围，实现信息传递的实时化和全球化。这样的信息共享不仅有利于促进养殖技术的不断创新与发展，而且为适应市场快速变化、构建电子商务平台奠定了坚实的基础。

数据的质量和准确性是关键。在数字化时代，数据的质量和准确性至关重要。在录入、处理和利用数据的过程中，必须严格保证所收集到的数据真实可靠，避免虚假和错误数据的出现。选择合适的信息化工具和平台是确保数据质量和准确性的重要手段。要根据实际需要选择合适的数据库、软件、平台等，以满足数据存储、分析和利用的需求。此外，要重视数据的安全性和可访问性。

整理好的绵羊育种数据需要存储在安全且易于访问的位置，以便于后续的分析和利用。可以选择 MySQL 数据库、电子表格（如 Excel)、云存储（如 Dropbox、百度云等）等方式进行存储。无论是哪种存储方式，都应确保数据的安全性和可访问性。数据库是一种常用的存储方式，它可以有效地组织和管理大量数据，并且可以通过设置权限来确保数据的安全性。电子表格则是一种简单易用的存储方式，适用于数据量较小的情况。云存储则是一种便捷的存储方式，可以在任何地方通过互联网访问存储的数据，适用于需要远程访问数据的情况。

数据分析。在绵羊育种的数据存储基础上，可以对这些数据进行深入分析。数据分析的目的在于通过统计方法揭示出隐藏在数据中的规律和知识，从而为育种决策提供科学依据。这包括描述性统计、比较分析、关联分析以及预测模型等多种分析方法。描述性统计是对数据进行概括和描述的重要手段，包括平均数、中位数、方差、标准差等统计量，能够简洁明了地展示出数据的特征。比较分析则是通过对不同品种、不同个体间的性能指标进行对比，找出差异和规律。关联分析则用于探索不同变量之间的关联性，例如体重与采食量之间的关联等。预测模型则是通过对历史数据的拟合和预测，预测未来个体或群体的性能表现。

加强数据管理和保护。要确保数据的安全性和保密性，防止数据泄露和滥用。在数字化时代，数据已经成为一种重要的资产，数据的安全性和保密性也成为越来越重要的问题。需要采取一系列的措施来保护数据的安全性和保密性，防止数据泄露和滥用。

持续更新和维护。随着育种工作的深入进行和技术的不断进步，也需要不断更新和维护数据库和信息系统，以确保其适应性和可持续性。

总之，绵羊育种资料的记录与信息化是绵羊育种工作中不可或缺的部分。通过科学的数据收集、整理、存储、分析和利用，可以提高育种效率和质量，推动绵羊育种技术的进步和发展。

参考文献

[1] James J W. Open nucleus breeding systems. Animal Science, 1977, 24(3): 287-305.

第八章

绵羊智能设计育种

在绵羊育种领域，正经历由传统经典选择育种向智能设计育种的转变。这种转变对于保障我国肉食供应的长期安全与稳定至关重要。作为畜牧业的核心产业，种业的发展离不开自主创新。在全球竞争中，科技与资本成为关键，而种羊业科技的进步对于现代肉羊产业转型升级具有重要意义。

在大数据和人工智能的推动下，绵羊智能设计育种正成为新兴的前沿学科。它基于绵羊经济性状的分子遗传基础，通过人工智能决策系统优化育种方案，实现高效定向改良。智能设计育种可分为智能杂交育种和直接设计育种两种范式。

智能杂交育种利用分子标记辅助选择或基因组选择策略，将优良等位基因汇集于优良遗传背景中，创造具备众多优良基因的新种质。而直接设计育种则利用人工智能设计有利等位变异和基因组元件，通过转基因或基因编辑技术实现精准改良。

未来，智能绵羊育种的关键在于结合人工智能技术与绵羊育种实践，实现育种智能化。本章探讨了智能设计育种的理论基础、技术手段与发展趋势，分析了市场与政策瓶颈，并提出了相应对策，旨在为我国绵羊智能设计育种提供参考，推动绵羊种业迈向新时代。

第一节　育种技术概述

绵羊育种正经历由传统选择向现代分子设计的转型升级。在此过程中，智能设计育种展现了生物技术（BT）与信息技术（IT）的深度融合，形成独特的BT-IT双驱动模式。智能杂交育种借助大数据和高级模型，旨在精准策划自然变异的最佳组合，通过高效杂交迅速实现目标性状的聚合与优良品种的培育。同时，直接设计育种融入人工智能与合成进化技术，创造新DNA或蛋白质序列，为基因编辑育种与合成绵羊学提供指导。

一、杂交育种

常规杂交育种技术，是一种基于基因自由组合原理的育种方法，它的发展历程深受经典遗传学三大基本规律的影响，这三大规律包括基因分离定律、基因自由组合定律以及基因连锁和交换定律。通过杂交技术，可以将不同亲本所拥有的优良性状进行人工组合，进而通过继代选育，最终获得基因型纯合或接近纯合的新品种。杂交育种技术是一种具有高度创造性和预见性的育种方法。它利用基因自由组合原理，通过人工杂交和多代培育选择，将不同亲本的优良性状综合在一个品种中，从而提供丰富的遗传资源。这种技术在育种工作中得到了广泛的应用，并为我国的畜牧业发展做出了巨大贡献。

在杂交育种过程中，人工杂交是关键步骤。它使得原本分散在各个亲本上的优良性状得以集中，为之后的选择提供丰富的选择材料。继代选育则是筛选出真正聚合优良性状的个体，并对它们进行进一步的选育工作。

杂交育种与选择育种相比，杂交育种具有更高的创造性和预见性。这是因为，在杂交过程中，控制优良性状的基因可以通过自由组合或连锁互换达到重组，从而产生新的性状。这种性状的多样性，为育种工作提供了更多的可能性。通过这种方式，可以将两个或两个以上亲本的优良性状聚合在一个品种中，产生遗传效应。

二、分子育种

分子育种技术的核心理念在于运用分子标记辅助选择（molecular marker-assisted selection，MAS）技术对绵羊品种进行改良。MAS技术使科学家能直接操作和精确分析绵羊遗传信息，为育种工作注入新动力。该技术主要运用于基因聚合、渗入及基因系构建，伴随现代分子绵羊学技术发展而兴起，对提升育种效率与质量、推动育种技术进步至关重要。绵羊育种研究的关键在于揭示基因与分子标记间的连锁关系。科研人员深入剖析绵羊基因组，寻找与目标性状紧密关联的遗传变异，进而确定连锁关系。这些关系的明确，使育种者可利用DNA指纹图谱、基因芯片及新一代测序技术，精准检测绵羊个体的基因型。

当前，绵羊育种中可利用的分子标记有限，如*CTNNA3*基因片段与生长性状相关，*BMPR1b*基因上的特定多态性位点与繁殖性状相关，以及单核苷酸多态性（SNP）与多种重要生产性状相关。这些分子标记不仅有助于快速识别目标基因，还能准确评估其表达状态和效应大小，从而实现对目标性状的有效选择。

分子育种技术显著缩短了育种周期，提高了育种效率。相较于传统的表型选择方法，分子育种更能排除环境因素的干扰，直接基于基因型进行选择，使得育种决策更加科学、准确。在绵羊育种实践中，分子育种技术已被广泛应用于产肉量、繁殖能力等经济性状的改良，以及品种纯度的鉴定等方面。

尽管分子育种技术在绵羊育种中展现出巨大潜力，但其应用仍受限于现有绵羊基因组的范围。与转基因技术相比，分子育种技术无法创造出全新的性状组合，只能对现有性状进行优化。然而，这并不意味着分子育种技术缺乏价值。相反，它在提高育种效率、确保品种非转基因身份等方面具有独特优势。

分子育种技术作为一种前沿且高效的育种手段，正在为绵羊育种领域带来革命性的突破。随着技术的不断进步和研究的深入，我们有理由相信，分子育种将在未来发挥更加重要的作用，为绵羊产业的可持续发展提供有力支持。

三、转基因技术育种

转基因技术通过导入特定基因至生物基因组中，旨在优化或赋予新特性。在植物育种领域，转基因技术已广泛应用，成功培育出抗虫、抗病、耐除草剂的植物。目前，该技术正朝着改善农艺性状和提升品质方向发展，引起动物育种领域关注。

与传统育种相比，转基因技术具有打破物种界限、精准操作基因、选育周期短、可控性强的优势。它能提高产量，减少农药化肥使用，有利环保。全球多国已批准种植转基因植物，中国自1998年起种植转基因抗虫棉，种植面积稳步增长。

中国遵循非食用到食用路径，已批准商业化种植转基因棉花和番木瓜。转基因种植行业发展与国家政策紧密相关，中国已批准多种转基因植物安全证书，产品种类不断丰富。近年来，国家强调粮食安全和种业发展，发布相关规章为转基因技术商业化推广奠定基础。

鉴于作物转基因政策成效，绵羊育种领域对转基因政策持积极态度。转基因绵羊在提高产量、抗病能力和降低成本方面具优势，有助于解决肉食安全与畜牧业可持续发展问题。同时，转基因技术在医学领域有广泛应用前景，如培育用于治疗疾病的绵羊。

然而，转基因绵羊技术也面临动物伦理、食品安全和生态环境等争议。国家在制定政策时需全面权衡这些因素，确保研发和应用稳步前行。中国已构建转基因动物安全管理体系，增加投入，支持基础研究和产业化进程，鼓励国际合作，以提升整体水平。

转基因绵羊技术将为医药产业带来发展机遇，提升国际竞争力，为畜牧业和医学领域技术创新和产业发展提供支持。政府将实施严格监管措施，确保技术安全和可持续发展。通过政策引导、增加投入和加强国际合作，中国有望在绵羊转基因领域取得重大突破，为国家和人民做出更大贡献。

四、基因编辑技术育种

作为一种创新绵羊技术，CRISPR/Cas9 等基因编辑技术针对绵羊基因组实现精准靶向修饰，能够实现对目标基因的精准敲除、基因片段置换以及基因定点插入等定向编辑。该技术已广泛应用于各类植物育种，包括拟南芥、水稻、小麦、玉米、大豆、烟草、高粱、番茄、马铃薯、杨树、苹果、香蕉等。借助基因编辑技术，这些作物在提高产量、增加营养成分、增强抗病性和抗逆性等方面取得了显著成果。相较于经典杂交育种和转基因育种等技术，基因编辑育种技术具有更为显著的优势。

基因编辑技术在绵羊育种领域备受瞩目，被视为创造新种质的绵羊育种手段。其优势主要体现在以下三个方面：

① 基因编辑技术具备同步操作多个基因的能力，能迅速改良绵羊的多个性状，从而大幅度缩短育种周期并降低成本。相较于转基因技术在单一品种开发上所需的十年以上时间和亿元级投入，基因编辑技术仅需三年时间和百万元级投入，进而使得更多企业得以参与其中。

② 基因编辑工具的持续优化突破了经典育种的技术桎梏。目前已研发出单碱基替换编辑、引导编辑和循环编辑等多种新型基因编辑系统，有望实现经典育种难以触及的目标。

③ 基因编辑技术有望规避转基因育种技术的安全风险。在转基因绵羊育

种过程中，选择标记基因及非靶标DNA的整合会增加转基因绵羊的安全风险和监管负担。然而，自CRISPR/Cas9基因编辑应用于绵羊育种以来，科学家致力于开发无外源DNA插入的基因编辑体系，以彻底规避转基因的安全风险。

第二节 智能杂交育种实现自然变异组合

杂交育种作为一种经典的育种方法，至今仍占据着育种领域的主导地位。其基本原理是利用自然变异作为原材料，通过育种材料的杂交和人工选择，以期在生产环境条件下找到最优的基因组合。自然变异是机体基因组中丰富多样的来源，包括单核苷酸多态性（SNP）、插入缺失（Indel）、获得与缺失变异（PAV）以及结构变异（SV）等。

中性进化理论主张，绝大多数变异均属中性，仅少数变异位点会对绵羊的表型产生影响。这类具有表型效应的变异被称为功能变异。根据其在绵羊经济性状中的作用，功能变异可划分为有利等位变异和有害等位变异。此处所述的有利和有害是依据畜牧学需求为标准，并不必然对绵羊的适应度产生积极影响。在育种和生产实践中，一个常见的例子是，经过高度选育的品种生产效率很高，往往抗病能力较弱。

有利等位变异对绵羊的生长发育、繁殖能力等方面具有积极影响，因此在这些方面表现出优势。相反，有害等位变异对绵羊的生长发育、繁殖能力等具有负面影响，因此在这些方面表现出劣势。在杂交育种过程中，寻找并利用这些有利等位变异的最优组合，是实现优良品种培育的关键。

为了实现这一目标，育种工作者需要在生产环境条件下，通过对育种材料的杂交和后代群体的人工选择，筛选出具有优势性状的个体。这些个体之间的杂交组合，往往能够产生更为优良的后代。通过多代选育，逐渐积累有利等位变异，最终培育出具有较高经济价值的品种。

以自然变异为原料的杂交育种仍然是当前最主要的育种方式。通过对基因组中的多样变异进行有效利用，结合人工选择，可以实现优良品种的培育。在育种过程中，需要密切关注变异位点对绵羊经济性状的效应，将有利的基因组合筛选出来，从而为我国畜牧业的发展提供有力支持。

一、大效应自然变异和分子标记辅助选择

在过去的十多年里，绵羊基因组学和群体遗传学领域取得了显著的进步。通过利用绵羊的自然或人工群体，并结合关联分析和连锁分析，已经成功克隆了大量对我国经济具有重要意义且在驯化和改良过程中发挥关键作用的数量性状基因座（quantitative trait locus，QTL）。部分QTL已精确定位至基因并进行了功能验证，甚至少数QTL已定位至功能变异，并对功能变异所涉及的分子机制进行了详尽解析。这些研究系统地阐述了绵羊在数千年的驯化和改良过程中所发生的分子机制，为未来绵羊的遗传改良提供了理论基础和目标位点。例如，肌肉生长抑制素（*MSTN*）基因作为绵羊育种领域的“明星”基因，在肌肉质量的负调控中扮演关键角色。在某些绵羊品种中，*MSTN* 基因的自然突变能够产生理想的双肌表型，从而增加肌肉产量。基因修饰技术的发展，尤其是基因编辑技术，为诱导或模拟绵羊基因组中自然发生的突变提供了前所未有的契机。研究人员已利用不同的基因修饰工具，成功创建了多种 *MSTN* 基因编辑的绵羊新种质。这些编辑后的绵羊展现出更快的生长速度和更多的肌肉产量，充分显示了 *MSTN* 基因编辑在绵羊育种中的潜力。研究表明，*MSTN* 基因编辑对于提升大多数家畜物种的肉质和产量具有显著效果[1]。

在未来育种工作中，QTL的价值可能逐渐降低。一般认为，可通过关联分析和连锁分析检测到的QTL具有较大效应，而这些QTL在早期育种过程中已在骨干种质中得到优化并固定。因此，育种家需投入更多资源以优化影响较弱的QTL。QTL通常具有多效性，育种家需在多个相互冲突的育种目标（如生长与繁殖、产量与抗病性、产量与品质）之间寻求稳健的平衡；同时，还需根据特定的饲养管理和营养条件选择最佳的自然变异组合。因此，在育种材料中，一些看似尚未被优化的基因组位点，从更广泛的环境因素出发考虑，可能呈现出全局最优解。尚有大效应位点尚未被优化，可通过分子标记辅助选择技术实现精准改良。

二、微效自然变异和全基因组选择

起源于人类基因组学领域的有害变异基本概念、研究方法及理论框架，已逐步拓展至绵羊基因组学领域。大部分群体中的有害变异为隐性，近交可揭示隐性有害变异的表型效应，有利于通过自然和人工选择降低群体中有害变异的

频率。尽管现代家畜品种经历多年育种家的强烈选择，其基因组中仍存在大量微效有害等位变异。如何高效地定位这些微效有害变异以指导杂交育种成为关注的焦点。

单个微效有害变异对经济性状的影响微乎其微，因而无法通过常规的关联分析和连锁分析检测其效应。编码区的有害变异可通过判断变异位点的保守性及在群体中的频率来间接确认，常用工具有 GERP、SIFT 等；转录调控区的有害变异可能导致基因表达量偏离群体平均水平，从而降低个体适应度。在实际生产中，可利用携带互补有害等位变异的两个品种杂交，使两套基因组相互掩盖对方的有害等位变异，即杂种优势。

在国际育种领域，奶牛和猪的育种工作已经取得了显著的进展。众多国际育种公司广泛应用全基因组选择技术，旨在更精确地聚合微效有利等位变异，并有效清除微效有害等位变异。从基础理论层面来看，全基因组选择技术的科学问题已经得到了全面解决。然而，在实际育种工作中，如何以工程化育种思路为指导，合理整合和配置人力、物力和财力资源，以实现育种流程的高效运作和成本控制，仍然是一个亟待解决的问题。

三、未来智能杂交育种的增长点和突破口

智能杂交育种的核心目标是，根据气候条件和养殖管理策略，更为精确地规划自然变异的最佳组合，并沿着最短路径，利用现有育种材料实现这一最优组合的杂交选育。为实现此目标，有必要从数据、模型、辅助育种技术三个维度寻求突破和创新。

智能杂交育种的核心在于育种大数据的积累。未来，随着高通量基因型数据、环境数据以及表型数据平台的不断发展，数据的规模和质量将得到显著提升，进而推动智能杂交育种决策的精确性。相较于传统育种方法，智能杂交育种具有显著优势。然而，目前所积累的育种数据规模相对有限且分散，智能数据采集能力亦存在不足。因此，需要继续加强育种数据的积累与整合，并提升智能数据采集能力，以更好地推动智能杂交育种的发展。

在育种大数据支持下，基于高维基因型和环境数据预测表型构建统计模型，是智能杂交育种的另一关键。目前模型构建所需的数学和计算机理论基础已相当成熟，算法优化在提升育种决策精度方面的空间相对有限。

其他辅助育种技术有望成为未来突破口。不同领域和方向的交叉融合不仅能为智能杂交育种提供更优化的“施工图”，而且能提升施工速度，降低成本。

第三节 智能绵羊育种创制人工变异

经过长期进化，自然界的完美是在不断追求中逐渐塑造的。基于中性进化理论的观点，众多有利突变在遗传漂变的过程中不幸丢失。而代谢控制论则揭示了自然选择在个体层面上起主要作用，导致分子和细胞层次的表型存在巨大的优化潜力。随着时间的推移，那些尚未被育种家发掘和利用的有利等位变异逐渐减少，面临枯竭的风险。近年来，绵羊育种面临着一系列挑战，包括可用有利等位变异的匮乏和品种同质化的问题，这严重制约了突破性新品种的培育。

为了弥补进化的内在不足，提出以下两个方面的策略。①结合群体遗传学和人工智能技术，深入探索自然变异，特别是那些低频和稀有变异，以发现与表型存在因果关联的有利等位变异。随后，利用基因编辑技术将这些变异应用于绵羊基因组，以防止它们在遗传漂变中消失。②针对控制绵羊重要经济性状的关键基因，运用合成进化和人工智能技术来探索尚未被自然变异触及的变异空间。通过优化甚至从头设计转录调控区的 DNA 序列或蛋白质序列，可以利用基因编辑和转基因技术对绵羊基因组进行改造。这些先进技术将为杂交育种提供有力的支持，促进绵羊育种的持续发展。

一、发掘自然群体中的有利等位变异指导基因编辑育种

基因编辑育种与杂交育种在方法上存在差异。杂交育种倾向于运用与因果变异（causal variant）相关联的其他变异作为分子标记，而基因编辑育种则直接针对因果变异本身进行发掘与利用。在过去的 20 年里，科学家通过连锁分析和关联分析，在绵羊中识别了大量影响重要性状的 QTL 或基因。然而，这些研究中，由于连锁不平衡的存在，许多位点中的因果变异尚未明确。此外，在关联分析中，低频或稀有变异的统计学效能相对较低，这导致这些变异在统计分析中往往被忽视，长期未能得到有效的发掘和利用。

近年来，深度学习技术在基因组学研究中得到了广泛应用，尤其是在功能变异的发掘方面。功能变异通过影响不同层次的分子表型，如基因表达量或蛋

白质的生化活性，进而对最终表型产生深远影响，如抗病性和绵羊品质等。因此，可以构建深度学习模型，以基因组序列为基础，预测分子表型的变化。应用该模型扫描自然变异，预测可能导致分子表型改变的变异，这些变异可能是导致最终表型变化的关键因素。

在人类基因组学研究中，此方法已被用于发掘导致人类疾病的功能变异，如孤独症等。同时，在绵羊育种领域，利用深度学习技术模拟分子绵羊学过程也逐渐受到关注。通过利用深度学习模型扫描绵羊群体中的自然变异，可以高通量地发掘功能变异，为基因编辑育种提供指导，进而对传统的杂交育种形成有力补充。

计算机模拟结果进一步显示，当在家畜全基因组选择育种的过程中，结合基因编辑技术向基因组中引入有利等位变异或清除有害等位变异，可以显著提高全基因组选择的遗传增益。这一发现为进一步探索和应用深度学习在基因组学研究中的潜力提供了有力支持。

二、设计自然界不存在的有利等位变异指导基因编辑育种

在绵羊驯化与改良过程中，转录调控区的优化至关重要。然而，调控区存在大量变异，如 120bp DNA 序列的碱基组合数量远超可观测宇宙中的原子数，导致深入解析困难，限制了有利等位变异的设计与实施。因此，如何在转录调控区设计出自然界中不存在的有利等位变异成了一个亟待解决的问题。

在绵羊育种领域，基因编辑技术已取得显著成果，尤其在创造转录调控区有利等位变异方面表现突出。这些变异对于提升绵羊关键经济性状具有重要意义，进而推动绵羊产业生产力和竞争力的提升。基因编辑技术的主要优势在于，它能够在不改变基因结构的前提下，实现对基因表达量的精确调控，同时避免引入外源基因，确保育种过程的安全性和可控性。

基因编辑技术能够实现目标基因的“敲低”，其关键在于对关键经济性状的负调控基因进行启动子饱和编辑。通过编辑启动子区域，可有效降低负调控基因的表达水平，进而释放被抑制的性状潜力。然而，此种方法具有一定的随机性，且工作量大，需从众多后代中筛选出具备目标基因“敲低”特性的新种质。

另一种策略是，针对关键经济性状的正调控基因，采用基因编辑技术在染色体上产生倒位，从而实现该基因与邻近高表达基因的启动子交换，达到“敲高”基因表达的效果。此种方法的优势在于，能够直接提升关键正调控基因的

表达水平，进而提升绵羊的经济性状。然而，这一策略同样具有一定的风险，因为倒位可能会破坏基因原有的时空特异性，并可能对其他基因的表达产生干扰。

为了解决目前所面临的诸多问题，开发更为智能化、精确化且广泛适用的转录调控区，有利等位变异创制方法显得尤为重要。在这一领域，基于深度学习的人工智能技术展现出了巨大的应用潜力。人工智能技术具有捕捉 DNA 序列与分子功能之间映射关系的能力，因此非常适用于绵羊基因组 DNA 序列的有利等位变异设计。通过深度学习模型的训练，可以精确预测特定 DNA 序列的功能，进而设计出自然界中不存在的有利等位变异。这些变异可以通过基因编辑技术整合到绵羊基因组中，以改善关键经济性状。这种方法结合了人工智能技术的精准预测能力和基因编辑技术的直接操作能力，使得有利等位变异的创造更加智能、定向和普遍适用。

当然，基于人工智能技术的基因编辑方法为经典杂交育种提供了一种重要的补充。虽然传统的杂交育种方法在实践中具有一定的有效性，但通常涉及较长的时间周期和显著的资源消耗。相对而言，采用人工智能技术的基因编辑方法能够在短时间内创造和整合有利等位变异，进而显著促进绵羊育种的整体效率。

基因编辑技术和人工智能技术的结合为绵羊育种领域带来了革命性的变革。通过精准设计自然界不存在的有利等位变异，并借助基因编辑技术将这些变异纳入绵羊基因组，可以更有效地改良绵羊的关键经济性状，提高产业的生产力和竞争力。这为绵羊产业的未来发展开辟了广阔的前景。

在设计蛋白质序列上的有利等位变异时，需要以自然界不存在的性状为目标，基于对蛋白质功能的深入理解进行模拟自然变异的操作。例如，通过基因编辑技术破坏 *MSTN* 基因的编码区，可以获得肌肉更加发达的牛羊。然而，对蛋白质的精细改造需要借助两方面的复杂工具。一方面是人工智能技术的应用，随着 AlphaFold、RoseTTAFold 等蛋白质结构预测模型的发展，蛋白质的人工智能设计已成为一个快速发展的热门领域。未来，可以利用这些工具对转基因或绵羊内源基因的蛋白质序列进行精确改造，以实现绵羊关键经济性状的定向改进。另一方面是合成进化（synthetic evolution）的应用，在微绵羊中建立了多个合成进化系统，如细菌中的 PACE 系统、酵母的 OrthoRep 系统等。这些系统已经成功进化出多种重要的蛋白质，如新的 Bt 抗虫蛋白、人工转录因子蛋白、碱基编辑器、RNA 聚合酶以及新型冠状病毒抗体等。尽管目前在绵羊中缺乏类似的系统，使得绵羊序列无法通过持续的“饱和突变-筛选”

循环过程进行进化，但仍然可以利用高通量碱基编辑技术对目标基因的编码区进行饱和诱变，并从中筛选出符合预期表型的突变体。

在绵羊领域，合成进化技术预计将实现重大突破，并与深度学习技术形成相互促进的正反馈闭环。此外，基因编辑技术本身也正在快速发展。一种新型的基因编辑技术，其特点包括低成本、高通量、可灵活编辑、无须转基因且不受绵羊基因型的限制，预计将逐渐取代传统的杂交选育方法，成为创造新种质的主流手段。这种技术不仅可用于现有绵羊的遗传改良，还将为野生绵羊的从头驯化提供新的可能。

三、利用深度学习技术指导从头设计新功能元件

合成绵羊学作为育种方式变革的又一关键技术，正日益受到关注。随着DNA和蛋白质等绵羊元件的化学合成成本持续下降，如何创新设计具备卓越功能的绵羊元件成为合成绵羊学领域面临的关键挑战。现有转基因技术主要局限于利用自然界已有的基因组元件或蛋白质，或对自然界基因组元件和蛋白质进行有限优化，尚未有实现从头设计基因组元件和蛋白质的实例。

近年来深度学习领域涌现出生成模型（generative model）技术。该技术能够从大量已知绵羊基因组序列中提炼规律，进而创新设计具备优异生化特性的全新绵羊基因组序列。例如，通过学习自然界的启动子DNA序列，生成模型可以设计出自然界不存在的启动子；通过研究自然界蛋白质，生成模型可以创造出自然界不存在的蛋白质。预计基于深度学习的合成绵羊学将为绵羊育种带来颠覆性技术变革，实现对关键基因组元件和蛋白质（如抗虫蛋白、抗病蛋白、基因编辑蛋白等）的从头设计，助力快速育种应用。

第四节　我国智能设计育种产业化的瓶颈问题和对策

我国肉羊育种企业在新技术领域的创新能力相对薄弱，难以满足育种技术研发的需求。因此，为提升企业创新意愿和创新力，有必要完善种业法律法规保障体系，强化知识产权保护，提高市场集中度，引导企业走出低水平徘徊的困境。

过去数十年间，我国绵羊遗传育种与繁殖基础研究取得了显著成果，尤其在绵羊基因组测序组装、关键经济性状的遗传解析和功能基因组学领域，我国已从跟随者转变为引领者，取得创新性成果。然而，全基因组选择算法开发、表型组算法构建、智慧牧场等应用型领域长期遭受忽视。

智能设计育种涉及畜牧学、绵羊学、遗传学、统计学、计算机科学、信息学等多个学科，对人才跨学科研究能力要求较高。只有提高市场集中度和创新意愿，才能创造出高薪研发岗位，吸引畜牧学、计算机、微电子、自动化等领域的优秀人才共同开发跨学科的智能设计育种体系。

一、加强智能设计育种原创研究

在群体遗传学、数量遗传学等基础理论，以及关联分析、连锁分析、有害变异分析、基因组选择信号分析、全基因组选择技术、高通量测序技术、基因编辑技术、合成绵羊学技术、人工智能技术等众多领域，欧美国家一直扮演着创新引领者的角色，而我国在这些育种新方法和新技术方面仍有待加强。

我国绵羊育种基础研究领域正逐步实现由数量积累向质量飞跃的重要转变。自 1985 年用显微注射技术诞生首批基因改造大型动物以来，我国在家畜育种领域的探索虽充满挑战，但从未停止。尽管针对小鼠等实验动物的高效核显微注射、胚胎干细胞基因靶向和组学数据等技术和方法已取得显著进展，但这些技术在大型家畜上的应用仍显不足。近几年来，大型动物基因工程的研究进展在很大程度上受到生物医学应用的推动，如利用猪、绵羊和奶牛等生产药用蛋白、进行异种器官移植以及构建人类疾病模型等。然而，技术的可用性和效率问题仍是制约该领域发展的关键因素。

智能设计育种技术体系主要由基因组研究、表型组研究、分子设计等环节组成。然而，我国部分关键技术面临“卡脖子”的问题，解决这些关键难题将是长期且艰巨的过程。高通量测序技术主要依赖大型企业，基因型分析的高通量自动化设备被拜尔公司专利独有；绵羊育种基因芯片核心技术基本被国外公司垄断；绵羊高通量表型组设备主要依赖进口。

绵羊基因组学是绵羊育种的重要基础，而 AI 技术在此领域的应用为研究人员提供了强大的工具。用 AI 算法对大量基因组数据进行处理和分析，能够更准确地识别出与特定性状相关的基因变异，从而加速育种进程。此外，AI 技术还可以用于预测绵羊的生长和繁殖性能等性状，为育种提供更为精准的目标。

绵羊表型组学是研究绵羊表型特征与其基因型关系的一门科学，对于育种工作至关重要。AI 技术在此领域的应用，如图像识别和自然语言处理等，使得研究人员能够更快速、准确地获取和处理大量的表型数据，提高育种工作的效率和准确性。

分子设计是绵羊育种的关键环节之一，而 AI 技术在此领域的应用为研究人员提供了更多的可能性和灵活性。例如，利用 AI 算法对大量的基因和蛋白质数据进行处理和分析，能够更准确地预测出蛋白质的结构和功能，从而为分子设计提供更为精准的指导。

二、科企联合形成智能设计育种创新合力

长期以来，科研院所一直在我国种业领域占据重要地位，发挥着核心作用。然而，要想实现种业优质资源在市场中的高效整合，企业的积极参与不可或缺。观察近年来我国种业品种的快速增长，可以发现育种企业所做出的贡献不可小觑。企业选育的品种数量已经超过了科研单位，约占品种选育量的60%，这充分证明了育种企业在我国种业领域的重要性和作用。

智能设计育种对品种资源挖掘、理论创新、技术集成和新品种培育的全链条融合创新要求较高。国际种业公司凭借充足的人才和资金优势，实现了从基础研究到应用研究的综合布局，并在相关领域建立专利技术壁垒，抢占先发优势。国际跨国公司整合智能设计育种各环节的资源，加快布局多技术融合型育种体系，形成全球领跑态势。相较之下，我国创新链环节存在短板，研究力量和研发资金分散，产业主体实力不足，尚未形成完善的智能设计育种技术链和产业化链条。

目前国际一流种业公司能够将基因组选择技术和绵羊技术成功应用于商业育种。然而，我国育种企业在前沿技术创新和产业布局方面进展较小，育种水平仍停留在经验育种阶段。因此，在短期内，我国种业企业与科研单位形成合力，在智能设计育种数据的积累和挖掘、算法开发方面完善创新和应用体系，实现“基础研究和应用基础研究在高校和研究所，应用研究在企业”的创新局面至关重要。

未来的绵羊智能设计育种将步入选择育种和分子设计育种“双轮驱动”的新时代。一方面，通过全基因组选择等技术，能够更为精准高效地在育种群体中聚合有利等位变异，而非仅仅依赖表型选择。另一方面，在人工智能模型的指导下，设计自然界不存在的有利等位变异和基因组元件，借助基因编辑、转

基因等技术精确改造基因组序列，从而优化绵羊经济性状。虽然目前设计育种还是前瞻性研究，但是大家乐观地相信很快它就会像 GS 和 MAS 一样进入实际应用。

国际种业公司已在全基因组选择、转基因、基因编辑等领域构建全面的技术壁垒，并具备将前沿技术转化为企业利润的能力，进而回馈前沿技术研发。我国亟待在国家战略层面就智能设计育种的发展提出前瞻性的顶层设计，同时尊重市场经济的客观规律。让科研机构和种业企业在智能设计育种的科学理论问题和工程技术问题中明确定位、优势互补，推动我国种业企业尽快从经验育种时代迈向智能设计育种时代，确保我国种业国际竞争力和肉食安全。

第五节 大数据和人工智能在绵羊育种中的应用

在现代畜牧业中，大数据技术在绵羊育种领域的应用日益凸显，成为推动产业发展的重要力量。大数据，简而言之，就是庞大的、多样化的数据集合，涵盖了各种形式，例如文本、图片、视频等。其显著特点是数据规模巨大、多样化以及更新速度快。利用大数据技术，可以深入挖掘与绵羊特定性状相关的基因变异，进而预测和改良绵羊的性状，提高育种效果。

一、大数据在绵羊育种中的应用

大数据技术在绵羊育种中的应用过程可以分为四个阶段：数据采集、数据存储、数据分析和数据应用。首先，数据采集是基础，需要收集大量的绵羊相关数据，如生长状况、繁殖能力、肉质等。其次，数据存储环节确保了数据的可靠性和稳定性，为后续分析提供支持。然后，在数据分析阶段，可通过先进的技术手段找出与特定性状相关的基因变异，为预测和改良绵羊性状提供依据。最后，将数据分析的结果运用到实际的育种工作中，实现大数据价值的落地。

大数据技术在绵羊育种中的优势显著。首先，基因编辑技术能够精确修改绵羊基因，改变其性状。借助大数据技术，可以提高基因编辑的精度和效率，使育种过程更加精准。其次，大数据分析可以帮助挖掘和分析大量绵羊基因组数据，找出与特定性状相关的基因变异，从而预测和改良绵羊的性状。最后，人工智能技术的应用有助于建立绵羊表型与基因型的关联模型，进一步提高育种精度和效率。这些技术的应用不仅提高了绵羊养殖业的效率和环保程度，还为探索未来绵羊育种的新方向提供强有力的支持。

尽管大数据技术在绵羊育种中发挥了不可或缺的作用，但仍存在一定的局限性。大数据提供了更准确、更高效的育种方法，有助于提高育种效率，为养殖业提供更全面的数据支持。然而，采集和分析成本较高，准确性受多种因素影响，应用范围有限，这些都是大数据在绵羊智能设计育种中的局限性。因此，在利用大数据助力绵羊养殖业可持续发展的同时，需要充分认识其优势和局限性，不断完善和优化技术手段，以更好地促进畜牧业发展。

大数据技术在绵羊育种领域的应用为畜牧业带来了前所未有的机遇。通过不断优化和完善相关技术，有望实现更加精准、高效的育种过程，推动绵羊养殖业的可持续发展。同时，也要关注大数据技术的局限性，寻求与其他技术的融合，以克服这些局限，为我国畜牧业发展注入新的活力。在未来的育种工作中，大数据技术与基因编辑、人工智能等技术的深入结合将成为重要趋势，引领畜牧业迈向新的高峰。

二、人工智能在绵羊育种中的应用

绵羊育种领域正经历一场由人工智能（AI）驱动的革新。AI 的应用为育种工作带来了前所未有的效率和精准度，为绵羊养殖业的可持续发展注入了强大动力。

AI 能够根据绵羊的基因信息、生长数据和性能表现，制定出更加精准的育种方案。通过对海量历史和实时数据的深度挖掘，AI 能够预测出具有高生产潜力的品种或品系，从而优化育种过程，提高成功率。

AI 的遗传信息分析功能使得基因组信息的解读更为快速和准确。通过对基因突变的识别和分析，AI 能够预测绵羊的抗病性、生长速度、肉质品质等关键性状，进而实现定向育种。这一技术的应用提高了育种目标的精准度和成功率。

AI 在环境适应性预测方面也表现出强大的能力。通过采集和分析绵羊在不同环境下的生长数据，AI 能够预测各品种绵羊在不同环境下的适应性表现。这有助于在育种过程中选择更适应特定环境的品种，从而提高绵羊生产效益。

在绵羊生长阶段管理方面，AI 也发挥了重要作用。通过实时监测绵羊的生长数据，AI 能够自动调整饲养方案，确保绵羊在不同生长阶段都能获得最佳的营养供给。这有助于提高绵羊生长速度和肉质品质，从而提高整体效益。

同时，AI 技术的应用也提升了繁殖效率。通过准确预测绵羊的发情期和深度分析繁殖数据，AI 为育种工作提供了有力支持。此外，AI 还能实时监测绵羊的健康状况，对可能出现的疾病进行预警，降低疾病对育种工作的影响。

绵羊育种工作还需建立完整的羊群档案以提升效率。AI 技术在此方面提供了高效的管理手段，确保每个绵羊个体的数据都能得到准确记录和妥善保存。通过对这些数据的分析，可以全面了解整个羊群的生长状况和性能表现，为育种工作提供科学依据。

人工智能在绵羊育种领域的应用带来了显著的优势和效益。随着技术的不断进步和应用范围的不断扩大，AI 将继续为绵羊育种工作带来更多突破和创新。从精准育种方案的制定到遗传信息分析、环境适应性预测、生长阶段管理、繁殖效率提升以及健康状况监测等各方面，人工智能都在为绵羊养殖业的可持续发展提供强大助力。作为从业者，需要不断学习新技术、新方法，让传统养殖业焕发出新的生机。在科技的助力下，我国绵羊养殖业将迎来一个新的“黄金时代”。

参考文献

[1] Kalds P, Zhou S, Huang S, et al. When Less Is More: Targeting the Myostatin Gene in Livestock for Augmenting Meat Production. J Agric Food Chem, 2023, 71(10): 4216-4227.

第九章

联合育种和场间交流

联合育种是一种协作模式，用于在地域异质性或养殖生产体系差异的条件下，交换品种资源与技术知识，以共同实施肉羊育种操作。其目的在于实现优质品种资源共享，提升育种效率，加快品种改良和适应性强的品种的推广和应用。场间交流是联合育种的关键环节，包括信息、技术、种羊、精液和胚胎等的交流与交换。种羊、精液和胚胎都具有极高的品质和优良的遗传特性，种羊具备卓越的产肉和繁殖能力，精液是繁衍后代的珍贵之源，胚胎携带着父母的优秀基因，为新品种的诞生提供无限可能。

第一节　联合育种场间基因交流和共享

品种资源作为育种的重要基石，对于联合育种而言，可推动共享，从而增强品种多样性，并带来效率的提升。在这一领域，华中农业大学与新疆维吾尔自治区进行了富有成效的合作，成功培育出澳湖羊这个多羔绵羊新品种。这个品种的亲本是湖羊和澳洲白羊，经过杂交育种和多年选育提高。此品种适应新疆地区的气候和饲料条件，其肉质鲜美且繁殖能力卓越。而场间联合育种策略，推动了新疆绵羊养殖业的发展，提升了产量和品质，同时也为养殖端带来了更高的收入。

在场间联合育种过程中，基因交流具有至关重要的作用。育种场基因交流的方向只能是从高等级核心育种场向扩繁羊场或商品羊场进行流动。基因流动可以通过活体、精液和胚胎三种途径得以实现。

（1）活体交流　活体交流是指将母羊或公羊从一个羊场转移到另一个羊场进行繁育的过程。这种方式通常用于引进新的品种或血统，并将其与本地育种羊进行杂交，以增加遗传多样性以及改善羊只的产量和质量。

（2）精液交流　精液交流是指将来自不同育种羊场的高质量公羊精液运输到其他羊场进行人工授精，以提高本地育种羊的遗传水平和生产率。这种方式通常用于提高育种羊的遗传质量和生产效率，同时减少跨区域或跨国交通对动物健康的影响。

（3）胚胎交流　胚胎交流是指将来自不同育种羊场的高质量母羊卵子采集出来，与其他育种羊场的高质量公羊精液进行体外受精，然后将受精卵移植到其他羊场的代孕母羊子宫内发育成胚胎的过程。这种方式通常用于传递优秀的基因组合以及改善羊只的产量和质量。

通过以上三种方式的基因交流，不同育种羊场可以实现基因的多样性和遗传优势的提高，促进育种事业的发展。

第二节　肉羊育种知识库共建共享

在生物育种过程中，品种资源的多样性构成了必要的基础，不同基因在培育过程中可以相互融合和提升，从而实现肉羊繁殖和生长的潜能增强和质量提升。然而，单凭品种资源远远不够，技术知识同样起着关键作用，决定育种的成功与否。育种知识库不仅涵盖基因选择和优选的理论知识，还涵盖遗传改良、高产育种、饲养技术、资源利用等实际应用和操作的技术指导。通过场间基因交流和联合育种的方式，可以在不同地理位置之间建立知识共享的知识库，以此为桥梁推动各地区技术知识的交流和融合。这样，更多的人可以了解和掌握先进的技术知识，从而实现全国范围内优质品种资源的有效传播和利用，提高育种的效率和成功率。建立肉羊育种知识库共享平台，促进各地区技术知识的交流和融合，对于提高育种的效率和成功率具有重要意义。政府和企业应该共同努力，加大对技术研究和创新的投入和支持，建立和完善知识共享的机制和政策，为肉羊育种业的长期发展奠定坚实的基础。

品种资源的多样性是肉羊育种的基础。不同品种具有不同的遗传特点和优势，通过合理选择和搭配可以实现优势互补，提高肉羊的生产性能和肉质品质。例如，有些品种具有生长速度快、瘦肉率高、繁殖能力强等特点，而有些品种则具有适应性强、耐粗饲、肉质好等特点。因此，在育种过程中，充分利用不同品种的遗传特点和优势，可以培育出更优秀的新品种。

技术知识在肉羊育种中起着关键作用。例如，通过人工授精、胚胎移植等繁殖技术可以实现优秀基因的快速传播；通过营养调控、饲养管理等技术可以提高肉羊的生长速度和肉质品质。因此，只有掌握先进的技术知识，才能实现肉羊育种的成功。

联合育种和场间基因交流是实现肉羊育种知识库共享的重要途径。通过联合育种，可以将不同地区的品种资源和技术知识集中起来，共同开展育种工作，从而实现优势互补和资源共享。通过场间基因交流，可以将优秀的遗传物质在不同地区之间进行交流和交换，从而实现基因的多样化和优化。例如，一些国际性的肉羊育种组织通过联合育种和场间基因交流的方式，已经成功培育出了许多优秀的新品种。

第三节　联合育种信息平台和区块链

羊场场间联合育种信息平台是为不同育种羊场搭建的一个信息交流和共享平台，具有可以提供信息共享、数据管理、技术支持、市场开发和信息安全等方面的功能和特点，以促进场间联合育种的成功实施。

一、联合育种信息平台

联合育种信息平台主要由以下 5 个方面构成。

(1) 数据库　建立育种羊场的数据库，包括种羊信息、育种技术、育种成果等方面的数据，从而帮助育种羊场更好地了解和掌握行业动态和最新技术。数据库可以收集和整理种羊信息，包括品种、遗传特征、繁殖能力等方面的数据。这些数据可以帮助育种羊场选择最佳的种羊，提高遗传水平和品质。数据库可以收集和整理育种技术，包括饲养管理、疾病防治、营养需求等方面的数据，并以专家系统的形式呈现服务。这些数据可以帮助育种羊场在生产过程中提高效率和质量，降低成本。通过共同探讨和改进育种技术和方法，不同育种羊场可以互相学习和借鉴机会，推动育种行业向更加高效、环保和创新的方向发展。最后，数据库可以收集和整理育种成果，包括科研成果、产品质量和市场反馈等方面的数据。这些数据可以帮助育种羊场了解市场需求和趋势，调整生产策略和方向。同时，这些数据也可以为不同育种羊场之间提供经验分享和借鉴机会，提高整个育种行业的水平和竞争力。

（2）资源共享　建立资源共享平台，包括育种设施、育种设备、种羊等方面的资源，以方便育种羊场之间的资源共享和利用。首先，育种设施是育种羊场的基础设施，包括羊舍、饲料库、水源等。不同育种羊场之间可以通过资源共享平台，共享和借用育种设施，避免过度投资和浪费，减少生产成本。其次，育种设备是育种羊场的生产工具和装备，包括饲喂设备、疫苗器等。通过资源共享平台，不同育种羊场可以共享和借用育种设备，避免重复投资和浪费，提高生产效率和质量。最后，种羊是育种羊场的核心资源。通过资源共享平台，不同育种羊场可以共享和交换种羊资源，帮助提高遗传水平和品质。同时，育种羊场也可以根据自身需求和规模，选择合适的种羊，并将种羊的优良基因分享给其他育种羊场。

（3）交流平台　建立交流平台，包括在线讨论、视频会议、在线培训等方面的交流方式，以方便育种羊场之间的交流和协作。首先，在线讨论是一种常见的交流方式，通过互联网平台进行文字或语音交流。不同育种羊场可以通过在线讨论，分享经验和技术，共同探讨和改进育种技术和方法。这样的交流方式既方便又高效，可以避免时间和空间限制，并且可以记录下来以供日后参考。其次，视频会议是一种面对面的远程交流方式，通过网络平台进行视频通话。不同育种羊场可以通过视频会议，进行更加直观、真实的交流，包括技术演示、产品介绍、市场分析等方面。这种交流方式可以节省时间和资金成本，促进育种羊场之间的交流和协作。最后，在线培训是一种方便快捷的学习方式，通过互联网平台进行远程教育。不同育种羊场可以通过在线培训，学习最新的育种技术和方法，提高自身的专业水平和竞争力。这种学习方式不受时间和空间限制，可以根据自己的需求和兴趣，选择合适的课程和时段。

（4）信息发布　建立信息发布平台，包括育种新闻、育种技术、育种成果等方面的信息，以方便育种羊场之间的信息共享和传播。育种新闻是育种行业发展的重要内容，包括政策法规、行业动态、企业动态等。通过信息发布平台，不同育种羊场可以了解到最新的育种相关新闻，及时了解行业动态，把握市场机会，提高企业竞争力。育种技术是育种羊场的核心内容，包括饲养管理、繁殖技术、疾病防治等方面。通过信息发布平台，育种羊场可以及时获取最新的育种技术成果，学习和借鉴先进的育种技术和方法，提高自身的专业水平和生产效率。育种成果是育种羊场的最终目标，包括产品质量、市场反馈等方面。通过信息发布平台，育种羊场可以及时了解自身的育种成果，根据市场反馈和需求调整产品策略和方向，提高企业的市场竞争力。

(5) 专家咨询　建立专家咨询平台，包括育种专家、兽医专家等方面的咨询服务，以方便育种羊场之间的技术交流和问题解决。可以选择建立线上平台或线下平台，或者两者结合。线上平台可以包括网站、微信公众号、移动应用等，线下平台可以包括专家门诊、技术交流会等。根据实际情况和用户需求，选择最适合的平台类型。通过招募或合作的方式获取专家资源。建议选择有丰富经验、资质齐全的专家，以确保服务质量。

通过上述 5 个方面，联合育种信息平台为育种羊场搭建起了全面的交流与共享体系。为了更直观地理解政府、高校和种羊企业等不同主体在联合育种信息平台中的作用，我们可以参考图 9-1。育种羊场间联合育种主要是保证育种信息流和基因流的顺畅。联合育种方式可以通过合作、交换、共享和协作来实现。通过合作，不同的育种羊场可以共同制订育种计划，共享育种资源和技

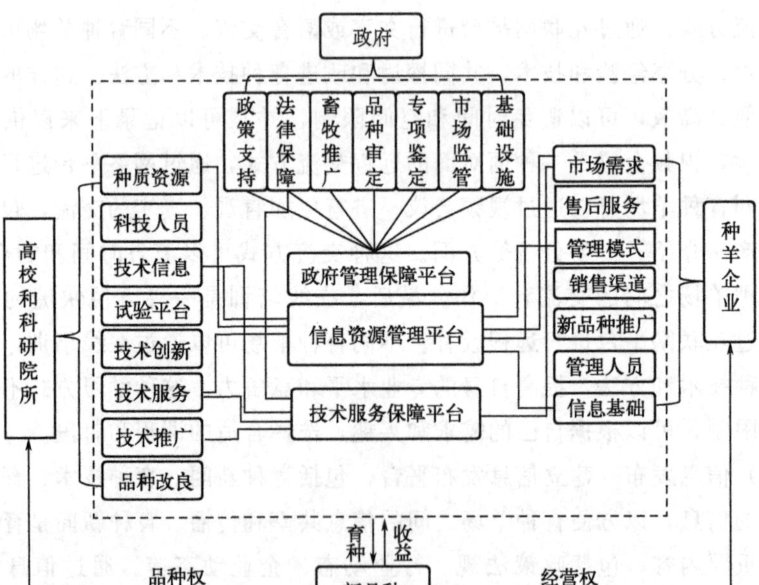

图 9-1　政府、高校和种羊企业在联合育种信息平台中的作用示意图

术，共同解决育种难题。通过交换，不同的育种羊场可以交换优良的种羊，以增加基因的多样性和遗传优势。通过共享，不同的育种羊场可以共同使用育种设施设备，以提高育种效率和质量。通过协作，不同的育种羊场可以共同开展育种研究和试验，以推动育种技术的创新和发展。联合育种方式可以促进育种信息和基因的流动，提高育种效率和质量，推动育种事业的发展。

二、区块链在育种平台中的应用

区块链（block chain）是一种通过分布式存储来维护可靠账本的应用模型。信息以块状结构进行存储，不同的区块使用密码学以链状结构连接在一起。区块链依赖于共识算法，通过使节点达成一致来维护更新区块链。区块链内的每个节点都参与账本的记账（即参与区块验算），并且节点能通过链条查询到完整的区块数据，从而保证了数据开放透明及时效性[1]。根据数据的读写权限和管理权限之间的差异，区块链可分为公有链、私有链和联盟链。

联盟区块链适合动物育种场景。从宏观维度看，育种场各自为战，独立育种，缺乏统一的育种管理平台，无法整合相对分散的育种资源，无法及时共享最新的遗传进展数据。从单个育种场的生产管理维度看，育种软件在场内的使用并未普及，大多数羊场种羊的性能记录、系谱记录还停留在以纸张记录为主的阶段，数据容易丢失。从育种工作者的维度看，一线育种人员多为当地农户，并未经过专业的育种职能培训，导致育种工作中肉羊性能测定不规范，并且无法有效地用相关数据开展科学的选种选配工作。从育种数据管理的维度看，目前运用中心化存储方式管理育种数据，存在明显的弊端：①中心化的数据库维护成本高；②中心数据库数据存储量极大，程序运行效率低，用户体验感差；③数据不安全，中心数据库一旦遭受攻击，可能造成数据永久性丢失；④中心数据库属于第三方数据库，用户不愿意将自己较差的种羊数据进行共享；⑤程序和数据库放在中心服务器上，用户需要通过网络访问，而我国大部分羊场都在山区或草原地区，网络信号不稳定，导致用户使用受到限制。

运用联盟区块链技术构建一个分布式的种羊数据管理系统，实现育种数据的分散存储和共享，最终达到智能选种的目的。这个种羊数据管理系统用联盟区块链技术实现了联合育种场的优秀种羊数据共享，并表现出 4 个优势和特点：①系统功能完善，功能主要包括用户管理、种羊注册、遗传评估、区块数据共享和选种；②系统程序、数据库和服务器都在本地，断网也能实现对羊场的数据管理；③用分布式的存储方式存储肉羊数据，每个节点都有一份区块数据拷贝，实现了区块数据共享，保障了区块数据的安全；④最新区块代表着联盟的最新育种进展，能够作为参考标尺用于选种，实时选出群体中较好的种羊[2]。

第四节 联合育种组织

联合育种组织是为了提高育种效率和品质而成立的机构。联合育种组织在行业内有不同的名称和组织形式，例如育种协作组、育种委员会、育种协会、品种协会等。国外知名品种协会，如美国绵羊业协会（American Sheep Industry Association，ASIA）和英国国家绵羊协会（National Sheep Association，NSA）和澳大利亚羊毛协会（Australian Wool Association，AWI）等，承担着关键角色。AWI 自 1997 年成立以来，主要负责澳大利亚羊毛产业的推广、研究、教育和市场开发。AWI 通过提升羊毛质量和生产效率，有力地增强了澳大利亚羊毛在国际市场的竞争力。这些协会矢志于推广优质品种、提升产业水平、加强国际交流与合作。它们在各自领域成果斐然，不仅为产业提供了技术支持，还推动了国际贸易与合作。新西兰的牛羊遗传机构（Beef Lamb New Zealand Genetics，BLNZGENETICS）则直接设立全资子公司——绵羊改良有限公司（Sheep Improvement Limited，SIL），负责组织和执行育种服务。

这些组织的主要收入来源为绵羊销售交易税、政府资助以及社会团体捐款。它们的主要职责包括研发育种技术、进行性能测定、进行遗传评估以及生产销售等，构建了全面且成熟的种业服务链条，从而确保了肉羊种业发达国家的全球领先地位。

一、创建联合育种组织的流程

我国可汲取这些协会的成功经验，加强国内相关领域的协会建设，助力我国羊业现代化进程。如何成立绵羊联合育种组织？成立绵羊联合育种组织的过程需严谨规划、明确目标、整合资源、推动交流与合作、加大宣传力度，并持续优化和完善。具体步骤如下：

（1）设定育种组织目标 明确绵羊联合育种组织的愿景，如提升育种效益、促进产业可持续发展等。专小特精是绵羊育种组织的优势与特色，如某一品种的育种协会。过于庞大且空洞的名头实则并无益处。

（2）组建筹备委员会 成立由各相关领域专家、养殖企业代表、科研机构人员等组成筹备委员会，负责组织成立筹备工作。在筹资任务方面，企业代表与财务专家须具备充足实力，避免挂名参与有害育种组织。

（3）制定章程与计划 制定绵羊联合育种组织的章程，明确组织宗旨、架构、成员资格、权利义务等。同时，规划育种计划和战略发展，明确育种目标、技术路径、实施方案以及各方责权利。

（4）筹集资金和资源 此为核心环节，通过多渠道筹集绵羊联合育种所需的资金和资源，包括科研经费、种质资源、基础设施等方面。鉴于育种为长期活动，持续投入显得尤为关键。

（5）推动交流与合作 团结其他关联机构和育种企业，展开交流与合作，共享资源和信息，以提升育种效益。

（6）强化宣传与推广 持续宣传与推广是重要工作，通过多样化途径宣传绵羊联合育种的意义和成果，吸引更多参与者及资源。同时，普及先进育种技术和方法，提升整个行业的育种水平。

（7）持续优化和完善 在绵羊联合育种组织运营过程中，不断总结经验，优化和完善组织运作和管理，提升竞争力及可持续发展能力。只有推动场间联合育种，才能确保绵羊联合育种组织的顺利运行和可持续发展。

二、场间联合育种

场间联合育种是指多个育种场或企业之间共享品种资源、数据和技术，协同开展育种工作，提高遗传进展和育种效率的联合育种模式。场间联合育种的期望收益主要体现在以下 4 个方面：①提高遗传关联率，增加群体有效含量，降低近交系数，提高群体遗传多样性和适应性。②提高遗传评估的准确性，加快优良基因的传递和利用，提高种羊性能水平和经济效益。③共享数据和技术，降低育种成本，提高育种效率和创新能力。④促进地方品种和新品系的保护和开发利用，满足市场多样化需求。增强国内种羊业的自主创新能力和国际竞争力，保障我国羊产业安全和发展。

场间基因交流和联合育种，能合作培育新品种，提高品种适应性、稳定性和产量。场间育种可研发适应本地气候和饲料条件的新品种，增加肉羊产量和质量。联合育种可促进资源共享、知识共享，提高育种效率和成功率，增强品种适应性和稳定性。推动肉羊产业可持续发展。开展育种羊场间联合的建议步骤如下：

（1）确定合作目标　确定合作目标是场间育种联合的重要前提，它可以帮助双方明确合作的意义和目的，有助于合作的顺利进行。这些目标可以是提高育种效率、改进品种质量、共同开发市场、加强科技创新合作等。明确的目标还能够为合作双方提供清晰的指导和方向，提高合作的成功率，促进资源共享和优势互补，从而提高合作的经济效益和社会效益，推动育种事业的发展和创新。

（2）筛选合作对象　筛选合作对象是场间联合育种的关键步骤之一。育种是一个持续过程，投机者或者弱者均不具备主观或客观条件。首先明确不是饲养相同的羊都是合作伙伴，而是只有理念和企业能力相近的才可能是合作伙伴。筛选可以帮助双方找到具有相同或相似育种方向和目标的合作伙伴，建立合作关系，实现优势互补和资源共享，从而提高合作效率和合作质量。育种者可以通过寻找具有相同或相似育种方向和目标的羊场、考察羊场的实力和经验、建立长期稳定的合作关系、充分沟通和协商等方法来筛选合作对象。

（3）共同制订育种计划　共同制订育种计划对于场间联合育种的成功实施非常重要。合作双方应该共同明确育种目标和方向，包括选种、配种、繁殖、饲养、管理等方面的内容，以达成共识和协调行动；选择合适的育种方法和技术，包括遗传育种、生物技术、饲养管理等方面的内容，以提高育种效率和品质；共同制订实施计划和时间表，明确各项工作的责任和权利，确保育种计划的顺利实施；建立监测和评估机制，定期对育种计划的实施情况和效果进行评估和调整，以确保育种计划的顺利实施和达成预期目标；加强沟通和协调，及时处理合作中出现的问题和矛盾，确保育种计划的顺利实施和合作关系的长期稳定。

（4）共同开展选种工作　合作双方可以共同开展选种工作，可以通过交换种羊的方式，互相借鉴和学习对方的育种经验和技术，提高自身的选种水平和品质；可以共同选择优良种公、母羊进行选配，以达到培育优良后代的育种目标；可以共同开展试验，比如选择同一品种的羊进行试验，比较不同选配方案的效果，以提高选种效率和品质；可以共同利用现代科技手段，比如基因检测、遗传学分析等提高选种效率；可以建立选种档案，记录种羊的基本信息、选配方案、后代表现等，以便对选种工作进行监测和评估。

（5）共同开展配种工作　合作双方可以通过交换种公羊的方式，互相借鉴和学习对方的配种经验和技术，提高自身的配种水平和品质；可以共同选择优良种公、母羊进行配种，以达到培育优良后代的育种目标；可以共同利用现代科技手段，比如人工授精、胚胎移植等，提高配种效率和品质；可以建立配种档案，记录种羊的基本信息、配种方案、后代表现等，以便对配种工作进行监测和评估；建立质量控制体系，对配种过程进行全程监测和控制，确保配种质量和效果。

（6）共同开展繁殖工作　共同开展繁殖工作对于场间联合育种的成功实施非常重要。合作双方可以通过交换种羊、合作繁殖等方式，提高繁殖效率和品质，加强科技支持，建立繁殖档案，建立质量控制体系等，以实现优势互补和资源共享，提高合作效率和合作质量。

（7）共同开展饲养和管理工作　合作双方可以通过交换经验的方式，分享饲养和管理方面的经验和技术，相互学习和提高；可以共同研究饲养和管理方面的问题，进行试验和观察，以便优化饲养和管理方法以及提高效率；可以建立联合饲养和管理团队，共同制定饲养和管理计划及方案，监测和评估饲养和管理效果；可以共同利用现代科技手段，比如自动化饲喂系统、环境监测设备等，提高饲养和管理的效率和质量；可以建立质量控制体系，对饲养和管理过程进行全程监测和控制，确保饲养和管理的质量和效果。

（8）共同开发市场　合作双方可以共同销售自己的新品种，共同开拓市场，提高市场覆盖率和销售量；可以共同推广自己的品牌和产品，通过广告、宣传、展会等方式，提高品牌知名度和市场影响力；可以联合定价，避免价格战和恶性竞争，提高市场竞争力和利润；可以共同加强售后服务和产品质量保证，提高客户满意度和忠诚度；可以建立长期稳定的合作伙伴关系，实现资源共享和互惠互利。

总之，育种羊场间联合是建立在共同的育种目标的基础上，需要双方共同努力，建立合作关系，制订合作计划，共同开展育种工作，以提高育种效率和品质，实现共赢。

第五节　联合育种组织的推动动力

肉羊联合育种组织的推动动力包括内部动力和外部动力。内部动力是指育种组织内部的驱动力，包括组织成员的意愿、利益和目标等。外部动力是指育种组织外部的环境因素，包括政策法规、市场需求和社会环境等。

一、持续开展场间联合育种的内部动力

随着消费者对健康肉品的需求增长，肉羊产业备受关注。育种作为提升生产效率和产品质量的关键，其中场间联合育种尤为重要，能有效传递品种遗传优势，增强生产性能和经济效益。然而，持续推动场间联合育种需有内部动力支撑。技术研创、政策完善、市场开拓与品牌建设、组织管理与人才培养是肉羊场间联合育种持续发展的四大内部动力，需多方共同努力推动。

首要动力在于技术研创。应深化基础研究，引进先进技术设备，培养专业人才，并与国内外科研机构合作，共同推进技术创新。尽管技术研创的重要性获广泛认可，但实践中育种企业持续系统开展工作的案例稀少，可能与短期利益导向、资金短缺、人才流失等因素有关。因此，政府和企业需加大投入与支持，奠定育种长期发展基础。

完善政策体系和法规制度是关键。制定相关政策法规，强化监管，建立信息公开平台，同时加强对育种主体的宣传和培训，以提供法律保障和社会支持。

市场开拓与品牌建设亦不可忽视。加强市场调研，拓展销售渠道，提升产品质量与服务水平，积极参与展览交流，以增强品牌影响力。

组织管理与人才培养同样重要。建立健全管理机制，加强人员培训与管理，建立激励机制，并注重团队建设与协作精神培养，以提升整体执行力。

二、持续开展场间联合育种的外部动力

场间联合育种作为有效的育种方式，其发展依赖于多重外部动力的共同推动。政策支持、市场需求、科技支持、社会认可度和国际合作共同构成了推动场间联合育种发展的外部动力体系。充分利用这些动力，有助于促进场间联合育种的发展，提升肉羊产业的整体水平和经济效益。

政策支持是其重要保障。国家通过制定相关法规、提供财政支持和强化监管，为场间联合育种创造有利条件。例如，政策文件明确鼓励企业开展联合育种，并加强信息共享，以促进该领域的持续发展。

市场需求是推动场间联合育种发展的直接动力。随着消费者对健康羊肉食

品需求的增加，对优质、高产、抗病力强的肉羊品种的需求日益旺盛。这种市场需求为场间联合育种提供了广阔的发展空间。

科技支持是场间联合育种发展的关键。现代生物科技和信息技术的应用，可以提高肉羊的繁殖率、生长速度和抗病能力，同时提升管理效率。例如，基因编辑和干细胞技术等先进手段的应用，有助于实现肉羊新种质创制和品种优化。

社会认可度是场间联合育种发展的社会基础。优质、具有辨识度的肉羊品种更易获得市场认可，进而推动场间联合育种的发展。同时，通过示范推广和技术培训等方式，可以提高社会对场间联合育种的认知度和接受度。

国际合作也是推动场间联合育种发展的重要途径。通过引进国外优异品种和技术，开展国际合作研究，可以加快场间联合育种的发展进程，提高国际竞争力。

三、持续开展场间联合育种的参与方及其作用

政产学研合作是场间联合育种的关键保障，其动力源于各方共同期望。政府在联合育种中起组织和政策引导作用，出台政策、鼓励合作、提供资金及税收优惠。产业界是实践者，需深化合作，集聚资源与技术，推动创新与发展。羊产业界应强化合作，构建高效资源共享机制，投入更多资源与技术，促进育种创新。同时，需妥善处理合作与竞争关系，实现共赢。学术界是技术支撑者，应加强研究，为育种提供理论基础和技术保障。研发资金多源于企业与政府支持，需通过竞争获得，创新团队更易获资助。社会作为温床，应加大宣传，提高公众对联合育种的认识，强调其社会与生态价值，多方支持推动其发展。

四、持续开展场间联合需要多方面的动力支持

持续开展场间联合育种的动力主要源自利益驱动、技术创新、政策支持及社会责任等层面。场间联合育种的动力多元且强大，是推动育种行业持续发展的重要力量。

利益驱动方面，场间联合育种通过多方合作实现共赢，显著提升了育种效率和品质，降低了生产成本，从而带来丰厚收益。这种创新方式吸引了众多从业人员投身其中，共同推动产业的繁荣与发展。

技术创新方面，场间联合育种促进了技术创新和经验共享，有助于解决行业面临的技术难题。通过合作，育种羊场可以共同研发新技术、新方法，提升生产效率和产品质量，增强行业竞争力。

政策支持对场间联合育种的开展具有重要的推动作用。国家通过制定优惠政策、提供资金支持和技术培训等方式，为育种行业提供有力保障，促进场间联合育种的深入发展。

社会责任方面，场间联合育种有助于实现资源共享和环境保护，履行社会责任。通过合作，育种羊场可以共享资源、减少浪费，同时采用更环保的生产方式，保护自然环境和人类健康。

第六节　场间联合育种的信息交流

育种是一个复杂而长期的过程，需要不断地探索改进技术、方法和策略，以提高羊只的产量和质量。因此，不同育种羊场之间的信息交流和共享非常重要。育种羊场间联合育种的信息交流主要通过以下四种方法实现。

一、育种会议交流

定期的、重要的育种会议可以促进不同地域的、有丰富经验的育种羊场之间的知识分享与深度合作，在这些会议的氛围下，参加的各羊场负责人能够详细地分享他们的育种计划、珍贵的经验、高效的技术，并热烈讨论如何最佳地利用现有的羊只资源，从而达到提升羊只生产效率和质量的目的。通过这种和谐、富有成效的交流方式，人们不仅可以互相了解其他羊场的最新动态和成就，还能激发出他们的创新思维和新颖点子。同时，会议还能为各个羊场提供宝贵的机会，让他们把自己的优秀成果和才华在众人面前得以展示，并得到来自各方的反馈和建议。这样一来，不仅可以帮助他们检验自己的工作质量，优化自身的工作方法，也可以借鉴和学习到其他羊场的成功经验和最佳实践。另外，定期召开的会议还能增强不同地域的、有丰富经验的育种羊场之间的紧密联系，以及他们之间的良好互动，从而建立起一种积极合作、互相支持的关系，为行业的蓬勃发展和繁荣昌盛贡献力量。

在现代化的组织管理中，会议的组织者可以是充满活力和创新的管理部门，也可以是以独特视角洞察团队运行的轮值单位。在召开会议时，无论是通过线上还是线下的方式进行，都能使与会人员更好地进行深入沟通与交流。为了让参会者在会议中更有收获，我们鼓励采用线上线下相结合的方式进行，充分发挥线下面对面沟通的直观性和线上即时通信的便捷性，让会议内容更加丰富，决策更加高效。

育种科技交流会议是一个以推动育种技术发展为核心的行业盛会。对此，主办方的一个重点任务便是邀请跨领域的专家学者参与进来，尤其是那些在育种领域享有极高声誉和丰富育种经验的权威专家。他们的专业素养和丰富经验是育种界的宝贵财富，他们的价值在于能够担任各类专题报告的演讲嘉宾，对新的育种技术或研究成果进行深入解析，将专业知识以精准而易懂的方式传授给参会者。同时，他们也会成为专业培训的指导顾问或老师，帮助参会者在短时间内快速掌握复杂难懂的育种专业技能，这便是常说的“以会代训”。

精心策划的专题育种报告不仅能够全程记录，以便于在后续的回顾和研究中准确地观察到演讲者的育种思路全貌，同时，PPT材料也能得到完整保留，让我们能在任何时间、任何地点自如地调取查阅。此外，育种报告还具备回放功能。这样，参会者在充分理解会议内容的基础上，就能对感兴趣的内容进行针对性的回放，确保信息的准确传递和充分理解。

二、联合育种网络平台

建立一个专业、智能化的育种羊场间的网络平台，可以使信息交流和共享变得更加便捷和高效。该平台具有诸多显著的优点。首先，网络平台的即时通信功能可以实现多个育种羊场之间迅速、有效的信息交流和协作，以便在遇到问题时能够迅速解决，提高育种效率。其次，网络平台采用先进的搜索引擎技术，可以提供一个高效的途径，使育种专家和育种主体能够在互联网上轻松找到其他育种羊场的最新信息和发展趋势，从而更好地把握市场动态和竞争态势。此外，网络平台还可以促进育种羊场之间的紧密合作和联系，使各个羊场可以共同分享他们的优势资源，共同推动整个育种业的繁荣发展。

在网络平台上，育种羊场可以上传他们的最新育种计划、先进的育种技术和研究成果，并与其他羊场进行积极的交流和互动。同时，该平台还为育种专家和育种主体提供了一个良好的机会，可以安排在线研讨会或培训课程，帮助大家更好地理解和运用育种技术，提高育种水平。通过这种方式，网络平台有望为整个育种行业的创新和进步带来更大的推动力。

三、交流访问

在这个日新月异的时代，不同规模、不同地域、不同品种的育种羊场之间可以进行密切交流和访问，使得育种专家和广大育种主体朋友有机会亲身了解到其他羊场的具体育种情况和成熟的技术应用，这样的交流访问方式，无疑为我们提供了宝贵的学习和探索新方法、新策略的机会，让我们更好地掌握和了解羊场育种工作的特点，并从中汲取宝贵的经验和教训，推动育种羊场整体水平的提升。

四、育种信息和成果分享

现代信息工具为育种研究成果的分享提供了多种途径和选择，研究人员可以根据自己的需要和偏好选择合适的工具进行分享。

学术期刊网站：许多学术期刊都有自己的网站，研究人员可以在这些网站上发布自己的研究成果，与其他育种专家进行交流。

在线数据库：一些在线数据库可以方便地搜索和获取育种领域的学术论文和研究成果。

学术论坛：学术论坛是研究人员交流和分享研究成果的重要平台。在这些论坛上，研究人员可以发布自己的研究成果，与同行进行交流，获取他人的意见和建议。

社交媒体：一些社交媒体平台也为研究人员提供了分享和交流育种研究成果的平台。

预印本服务器：预印本服务器是一种允许研究人员在论文正式发表之前，将论文草稿公开分享的平台。这种平台可以帮助研究人员更快地将研究成果传播出去，获取同行的反馈和建议。

学术博客：学术博客是一种允许研究人员撰写和分享自己研究成果的平台。在博客上，研究人员可以发布论文摘要、研究进展、技术方法等内容，与其他育种专家进行交流。

学术会议在线平台：一些学术会议提供在线平台，允许研究人员在会议上发布和分享自己的研究成果。这种平台可以帮助研究人员扩大研究成果的影响力，获取同行的反馈和建议。

在线协作工具：一些在线协作工具，如 Google　Docs、Dropbox 等，可以帮助研究人员更方便地进行交流和合作。研究人员可以利用这些工具共享论文草稿、数据和分析结果，以便更好地协作和分享研究成果。

在现代信息工具的影响下，育种成果的分享面临被大量娱乐性信息淹没的难题，这往往导致正经的育种成果被误解为广告，缺乏公信力和显示度。因此，撰写并发表独特且创新的育种研究成果显得尤为重要。学术期刊为这个过程提供了一个理想平台，让来自不同羊场的研究人员可以发布育种成果，展示创新技术和实践经验，同时与其他羊场进行交流和互动，分享育种智慧和成果。需要注意的是，育种“不唯论文”，而是要发表创新性的育种研究成果。学术期刊可以帮助育种羊场在研究和生产领域展示卓越研究成果，提高声誉和知名度，并为人们提供一种高效方式来快速找到其他羊场的最新科研成果和发展趋势。此外，学术期刊为育种专家和育种主体提供了一个难得的机会，让他们能够在这个平台上正式分享最佳育种实践和技术，从而进一步推动整个种业的繁荣发展。

通过以上四种方法，不同育种羊场可以方便地进行信息交流和共享，促进育种事业的长期稳定发展。

第七节　联合育种场间的引种和持续选育提高

在绵羊育种领域里，联合育种场间的引种与持续选育是一项至关重要的工作。引种，即是从其他联合育种场引入优质的种绵羊（包括其冻精或冷冻胚胎），目的在于直接提升本场核心群的遗传品质和生产性能。然而，并非任何情况下都需要进行引种，只有当其他育种场的绵羊遗传性能更为优越，或生产性能相近但遗传距离较远时，引种才显得必要和有意义。

一、联合育种场间引种的基本原则

联合育种场间引种是基因交流实现联合的具体实践，只是交流育种信息的联合育种是伪联合育种。各育种场应本着共同的育种目标，相互交换优秀种羊，提升整体遗传进展。

（1）生态条件相似性原则　在引进和改良本场绵羊群时，要根据绵羊品种的适应性和牧业气候相似理论进行，凡是按此理论引进的许多优良品种都会获得成功。反之，会给引种工作带来许多困难甚至招致失败。

（2）核心群发展需要原则　任何引种都是为了满足核心群和本场生产的需要，以提高遗传进展和经济效益为最终目的。盲目引种势必造成引入品种无立足之地，难以推广。

二、引种的技术措施

（一）引种前的准备工作

（1）制订引种计划　首先要研究引种的必要性，明确引种目的，然后组建引种小组，确定引进的品种名称、数量及公母比例，使选种、运输、接应等一系列引种环节落实到人。国外品种应从大型牧场或良种繁殖场引进，地方良种应从中心产区引进。

（2）修建绵羊舍　引种前应修建绵羊舍，绵羊舍要光线良好、通风透气、干燥卫生。绵羊舍建成后要进行消毒，可选用生石灰、新洁尔灭、烧碱等。

（3）落实引种计划　确定从某地引种后，在正式引种的前几天派引种小组人员赴该地，对所引品种的种质特性、繁殖、饲养管理方式、饲草料供应、疫病防治以及种绵羊价格等情况进行全面了解，并寻找场地集中饲养等待接运，以便接运车辆随到随运。

（4）种绵羊选择　要根据体型外貌来选择种绵羊，要查阅系谱。所选种绵羊应体质结实，体况良好、外形特征要符合品种要求。要特别注意公绵羊是否为单睾或隐睾，母羊要腰长腿高、乳房发育良好。此外，应向引种单位取得检疫证明，一是可以了解疫病发生情况，以免引入病绵羊；二是在运输途中检查时，只有手续完备的品种才可通行。

（二）正确选择引入的家系

选择引入品种的家系应该对自己羊场育种群具有提高作用，主要依据有二：一是该家系的经济价值和种用价值；二是要有良好的适应性。高产是引种的必要性，适应是引种的可能性。为了确保成功，应做引种试验，先少量引种，研究观测引入个体对本地生态环境的反应，制订对策，然后再大量引种。

（三）慎重选择引入个体

一个品种个体之间都有差异，因此引种时要认真选择引入个体。要注重引入个体的体质外形、生产力高低，同时要查系谱，了解引入个体性状遗传稳定性。引入个体间不应有亲缘关系，公绵羊最好来自不同家系，这样可使引入种群遗传基础广，有利于后续选育。此外，幼年个体对新环境可塑性强，适应能力强，必要时也可以引进胚胎。

（四）合理选择调运季节

为使引入个体在生活环境上的变化不太突然，使个体有逐步适应过程，在调运种绵羊时应注意原产地与引入地的季节差异，尽量避免在炎热的夏季引种。同时，要有利于引种后的风土驯化，使引种绵羊尽快适应当地环境。从低海拔向高海拔地区引种，应安排在冬末春初季节；从高海拔向低海拔地区引种，应安排在秋末冬初季节。在此时间内两地的气候条件差异小，气温接近，过渡气温时间长，特别在秋末冬初引种还有一个更大的优点，就是此时绵羊只膘肥体壮，引进后在越冬前还能够放牧，只要适当补充草料，种绵羊就能够容易越冬。

（五）严格检疫

我国通过引种曾引入很多新疫病，给生产带来巨大损失。因此，在引种时必须进行严格检疫，按进出口动物检疫法程序进行。在我国境内引种也要严格执行检疫隔离制度，确保安全后方可正常入群饲养。境外引种须在隔离场隔离观察 45d，境内引种须隔离观察 30d。

（六）种绵羊运输

1. 运输前准备

（1）材料准备　要备好提水桶、兽用器械（如注射器等）、应急抢救药物（如镇静、消毒、强心等药物）、手电筒等。

（2）备足草料　要根据运输数量、行程远近来备足运输途中所需的草料。

（3）接车准备　调运前要安排专人在引种到达地点负责接车验收。

2. 运输

运输途中绵羊只难免会遇到各种应激刺激，要采取科学的护理方法，以减少不必要的损失。首先要根据车厢大小确定运输数量，装运应以绵羊只不拥挤为标准，起运前要喂足料水；其次要中速行车，减少车体剧烈颠簸，防止绵羊只因突然惯性而出现拥挤、踩压。

（七）加强引入种群的选育

不同品种对引入地生态环境的适应性不同，同一品种内个体间也有差异。引种后应加强选种、选配和培育，使引入种群从遗传上适应新的生态环境。要对引入品种逐代扩群，并在选育到一定程度时开展品系繁育并扩大生产。

（八）加强引入种绵羊饲养管理

要尽量创造与原产地接近的饲养管理条件，然后逐渐过渡到引入地的饲养管理条件。为防水土不服，还可带些原产地饲料，供途中和初到引入地时饲喂。此外，还应加强引入个体的锻炼，使之逐渐适应引入地的生活环境。

（九）引种时应注意事项

(1) 引种要讲方法　目前的引种方法有引进纯种个体、引进胚胎、引入精液，3 种方法各有利弊。胚胎和精液便于携带和运输，但所需繁殖时间长。直接引进纯种，虽然运输较困难，但可使利用时间大为提前。

(2) 引种数量与资金要配套　引种数量的多少，应由引种资金的多少，以及引种单位的饲养管理能力决定。

(3) 对供种单位的信誉进行调研　在种绵羊中以假充真，以不合格产品冒充合格产品的现象时有发生。因此选择有信誉的供种单位十分重要。自己对外供种时也要讲原则、讲信誉。

参考文献

[1] Yuan Y, Wang F Y. Blockchain: the state of the art and future trends. Acta Automatica Sinica, 2016, 42: 481-494.

[2] Guo, Q, Sun, L, Liu, G, et al. MSBBS: A sheep breeding system based on blockchain. Small Ruminant Research, 2021, 205: 106562.

第十章

多羔羊繁殖技术

多羔羊的繁殖规律和繁殖管理技术在实际的畜牧业生产中扮演着不可或缺的关键角色，其对于切实提高农牧业经济效益起着决定性的作用。繁殖规律不仅涵盖羊只的性成熟与发情规律，还包括恰当的繁殖年龄、科学的配种方法，以及高效的分娩与接产技术。

第一节　性成熟、发情规律和繁殖年龄

性成熟是指肉羊生殖器官发育为成年羊的特征，具有繁殖能力。此时，公母羊均表现出正常的性行为，但不适宜配种。一般在12～18个月龄，体重达到成年体重70%～80%时，进行配种较合适。母羊在性成熟后，生殖器官有周期性排卵现象，周而复始，直到衰退。母羊有求偶行为的现象称为发情。母羊发情周期包括发情前期、发情期、发情后期和间情期。

（1）发情前期　在卵巢内，黄体逐渐萎缩，新的卵泡开始进入生长发育阶段。伴随着这一过程，整个生殖器官的腺体活动逐渐增强，上皮细胞不断增生。在此期间，母羊通常不会表现出性欲，也不会接受公羊的爬跨行为。

（2）发情期　母羊在排卵期表现出强烈的性兴奋，卵巢内卵泡发育加快。经过1～3个卵泡波后，确定一个或几个优势卵泡并成熟排卵。此时子宫蠕动加强，阴道充血潮红，腺体分泌加强，子宫颈口张开，阴道排出黏液，阴唇肿胀。母羊表现精神兴奋、情绪不安，不断发出咩叫，出现爬墙、顶门等行为。食欲减退或不思饮食，放牧时离群，喜接近公羊，接受爬跨，也爬跨别的母

羊。农谚归纳为四句话："食欲不振精神欢，公羊爬跨不动弹，咩叫摆尾外阴红，分泌黏液稀变黏"。

(3) 发情后期 此时，排卵后卵泡内的黄体开始形成。发情期间生殖道发生的系列变化逐渐消失并恢复至正常状态，性欲明显减弱。

(4) 间情期 发情期结束后至下次发情期到来前的这段时间称为间情期。在此阶段，动物体内黄体活动增强，通过分泌孕酮维持生殖器官的生理平衡。肉羊在分娩后，若处于繁殖季节，仍可能发情。对于肉用绵羊，产后发情的时间一般在 30～59d 之间，平均为 35d 左右。有个别品种的绵羊具有热配的特点，如湖羊或小尾寒羊在产后 2～5d 内即可进行配种。

绵羊品种和饲养方式都会影响繁殖利用年限。经过大量的实证研究，我们发现绵羊的繁殖利用最佳年龄范围为 2～4 岁。在此阶段，绵羊的繁殖性能和哺乳能力均较强，产羔数量较高，羔羊成活率较高，断奶重量较大，且母羊和羔羊患病概率较低，管理相对方便。然而，在母羊超过 7～8 岁后，其繁殖利用价值通常会显著降低，同时，疾病抵抗力降低。优化繁殖母羊群体的年龄结构，使 2～4 岁母羊的比例较大，同时又不影响群体的遗传改进，对群体产羔数有利。

第二节 产羔体系和配种方法

多羔羊配种工作的三种方法包括自然交配、人工辅助交配和人工授精，每种方法都有各自的优点和缺点，我国规模化农场对这三种方法都有使用。不管用哪种方法配种，经济实用是关键，配种记录清楚是必须，才能保证育种工作正常开展。

一、产羔体系

肉羊产羔体系是针对不同品种特性、生产需求及母羊身体状况所制定的多样化产羔策略，旨在提升羊场生产效率和经济效益。选择产羔体系需综合考虑羊场条件、品种特点、市场需求等要素。

一年两产体系适用于繁殖能力强、饲养管理水平高的母羊，特别是在南方地区，能有效提高年繁殖率。而两年三产体系则通过精确规划配种与产羔周期，实现高效且结构化的产羔管理。三年四产体系适用于选育高繁殖性能品种的羊场，通过合理划分产羔阶段提升生产效率。三年五产体系则采用星式产羔策略，确保母羊在一年中均匀分布产羔，提高产羔效率。

此外，随机产羔体系适用于饲料资源丰富、条件适宜的情况，可根据实际情况灵活调整产羔计划。

在选择产羔体系时，应深入分析地理生态、管理能力、饲料资源等因素，确保决策的科学性和有效性。同时，通过评估繁殖性能，如空怀率、受胎率、产羔率等指标，及时发现问题并采取相应措施，优化育种计划，提高肉羊繁殖效益。

二、自然交配

自然交配在生产中的含义即是在常规条件下，将公、母羊各自进行独立饲养，避免混群，仅在配种期间，向母羊群组内引入公羊。配种期内，按每栏7～10只母羊放入一只公羊组群，进行自然交配。这种方法的优点是管理方便，能记录系谱。大规模生产时，结合种公羊用过后快速淘汰，并不影响遗传进展和经济效益。

若采用非正确的自然交配策略，即在日常牧养中，将公羊和母羊混合群牧，其劣势如下：无法控制产羔时间，同时也难以避免近亲繁殖；管理困难，容易诱发小母羊过早配种的现象；对交配时间的精确度无法掌握；谱系不清晰，难以了解配种公羊的后代品质；需要更多的公羊，导致公羊间频繁争斗，不仅消耗大量公羊体力，同时也妨碍母羊觅食、休息和增膘。

三、人工辅助交配

人工辅助交配是指全年将公羊与母羊分群饲养或放牧，在配种期间，利用试情公羊寻找到发情母羊，并与筛选出的公羊进行交配。在农区，肉羊的饲养多为这种交配方式。在农区，公羊通常在种羊户中饲养，母羊在发情时便会指定公羊进行交配。这种交配方式具有以下优点：交配过程由人工管理，了解交配日期和种公羊羊号，并进行必要的记录工作；可以进行选种选配，预测产羔日期，减少种公羊的体力消耗，提高种公羊的利用率。每只公羊可以承担70～80只母羊的配种任务。因此，在母羊数量较少，种公羊数量较多的羊场，可以采用人工辅助交配的方法进行配种。

四、人工授精

在育种场内，人工授精是主要且首选的配种方式，该方法的独特优势体现在其能有效配置优质种公羊，并加速遗传进程。它在实际生产中是最佳的配种手段，特别是在杂交肉羊生产中，因引入异地的种公羊数目有限，难以满足杂交改良的需求，采用人工授精技术可克服空间和时间上的限制。关于人工授精的操作，将在后续章节中进行详细阐述。

第三节 妊娠和妊娠期管理

妊娠过程特指母羊所经历的发情、排卵、精子融合，从而形成受精卵，并在母羊体内孕育、生长，最后产出羔羊的历程。此阶段的管理涵盖了妊娠母羊的饲养照料以及妊娠检查的执行。

一、排卵和受精

母羊在发情期间，其卵泡已经达到了成熟阶段。随着卵泡内卵子的发育成熟，卵泡开始破裂，卵子随即被输卵管伞部接收进入输卵管。这一过程被称为排卵，在此过程中，卵子从卵巢排出是自发的。不同品种的肉羊排卵数存在差异，有些品种排卵数较少，因此往往只产单羔；而一些多羔品种则具备较高的排卵数，因此一胎可产羔 2～3 只[1]。

在输卵管内，通过输卵管的蠕动、收缩以及上皮纤毛细胞的摆动和输卵管黏膜的分泌作用，进入的卵子会到达输卵管的上 1/3 处与精子汇合。在受精过程中，大量精子包围着卵细胞或其膜外的放射冠。在精子分泌的蛋白水解酶作用下，放射冠开始溶解，然后一部分精子钻入卵子的透明带与卵周隙。最终，只有一个精子进入卵膜内，与卵子的细胞核结合。这一复杂的生理过程被称为受精，已受精的卵子则被称为受精卵。

二、妊娠母羊饲养管理

妊娠母羊的饲养管理如果没有得到妥善和科学地处理，那么，非常有可能引发母羊流产等不良后果，甚至给养殖场造成不可挽回的经济损失。除了必须满足其他羊只通常所需的饲养管理条件外，妊娠母羊还有以下三点必须予以重点注意：第一，必须根据妊娠母羊的实际生理需求，合理地进行分群放牧；第二，要确保妊娠母羊的营养需求得到充分且均衡的满足；第三，当母羊分娩后，必须尽快地引导羔羊提早断奶，以便母羊尽快恢复体力并进入下一次的繁殖周期。

三、妊娠检查

受精卵在输卵管被引导至子宫，并在子宫黏膜上逐步发育形成胚胎。母羊在孕期的这一过程，被称为妊娠或妊娠期。在母羊妊娠直至分娩的这个过程，即妊娠期，通常持续 150d（147～153d）。然而，妊娠期的时间长度会根据品种、胎次以及产羔数等因素有所不同。因此，在配种后及时确定母羊是否成功妊娠，对于生产具有关键性的影响。可以采取临床检查和实验室诊断两种方式进行妊娠的评估。

应用妊娠诊断可以断定母羊的生育状态，以便依据不同状态的生育母羊和其他类型的母羊制订差异化的照料方案。对于已经怀胎的母羊，需提升其养殖管理质量，维持其生理健康，以防胚胎在早期发展中夭折或流产。而对于未经妊娠但也未出现返情症状，经过一段较长的时间才被确认未孕，进而拖延了空怀的周期，这将可能会对育种的步伐和生产经济效益造成负面影响。因此，在未妊娠的情况下，需要对其下一次发情期的时间进行严密的关注，并妥善完成下一次的配种工作，同时也要及时找出未能妊娠的原因，为下一次配种时所需的改进或对生殖系统等方面的疾病进行治疗。当前在羊的妊娠诊断方面，主要有以下几种方式：

1. 外部观察法

妊娠后的母羊会表现出一些特定的体征。发情周期停止是其中之一，同时食欲也会增加。此外，母羊的毛色会变得更为光亮，性情也变得更为温顺。在行为上，母羊会表现得更为谨慎和安稳。妊娠 3 至 4 个月后，通过观察可以发现母羊的腹围明显增大，尤其是右侧相对于左侧更为突出。此外，母羊的乳房也会肿胀。这种方法的优点在于其方便、简单，但其最大的缺点是不能够早期诊断。仅仅没有出现其中一个体征并不能确定母羊未怀孕。

2. 直肠-腹壁触诊

在进行母羊触诊时，应确保在喂料 12h 前进行此项检查。在触诊过程中，需将母羊采取仰卧保定。首先，使用肥皂水灌肠以排出母羊直肠内的宿粪。随后，一只手握住涂有润滑剂的触诊棒（直径 1.5cm，长度为 50cm，前端呈半圆形，光滑的木棒或塑料棒），并插入母羊肛门，紧贴脊柱并向直肠内插入约 30cm。然后，让进入直肠的一端稍微挑起，以托起胚胎。与此同时，另一只手在母羊腹壁进行触摸。若能触摸到块状实体物，则可认定母羊已怀孕；如果触摸到触诊棒，应将棒重新调整至脊柱处，反复挑动触摸。如果仍然可以摸到触诊棒，即可确定母羊未怀孕。对于怀孕 60d 的母羊，此方法的检查准确率可达 95%；对于怀孕 85d 以后的母羊，准确率为 100%。然而，需注意防止造成直肠损伤。对于配种后 115d 的母羊，应谨慎使用此方法进行检测。

超过 115d 的母羊可采用腹壁触诊法进行诊断。此方法要求施术者两腿夹住母羊颈部或前躯，用双手紧贴下腹壁，待母羊稳定后，以左手在右侧腹壁前后滑动，通过触摸是否存在硬块来判断母羊是否患病。

3. 超声波诊断法

超声波诊断法是将物理特性与生物体组织结构特性结合的物理学检测手段，原理是超声波遇到运动物体时会发生频率变化，可用于羊胎动探测、胎儿心搏监测和子宫动脉血流观察。根据各脏器组织声阻抗差异，超声波传播产生反射，并在示波屏上呈现特定波形，对妊娠状态诊断具有重要应用价值。

当前市场上的超声波检测仪器主要有 A、B、D 三种型号，其中较常用的是 B 型。原因在于，A 型和 D 型仪器均采用单一超声波束进行诊断，探查范围较小，呈线性。B 型仪器则同时发射多束超声波，并在一个面上进行扫描，形成被检测部位的断层影像。其诊断结果相较于 A 型和 D 型更为清晰和准确，且具有较高的重复性。A 型超声波仪可检测子宫内液体，对子宫异常情况反应迅速，具有早期诊断的特性。D 型超声波仪可对子宫动脉血流进行探查，用以检测胎儿发育情况和脐带动脉的血流状况，进而诊断妊娠情况。由于妊娠初期宫血音并无特异性，胎儿活动虽有特异性，但出现时间相对较晚。因此，临床实践中常将 A 型和 D 型仪器结合使用，先用 A 型仪器确定子宫位置，再用 D 型仪器在其中寻找胎心音或胎血音，以便快速准确地进行诊断。

4. 孕酮含量测定法

此方法用母羊血浆孕酮含量确定是否妊娠。配种后20～25d，绵羊以孕酮含量大于1.5ng/mL判断不孕，准确率100%，检测妊娠准确率93%。山羊以孕酮含量大于3ng/mL判断不孕，准确率100%，检测妊娠准确率98.6%。

四、分娩与接产

在绵羊育种学实践中，对母羊分娩过程的处理至关重要。在处理母羊分娩过程中，应注重清洁消毒、观察羔羊状态、促进母子识别与互动，以及合理控制分娩时间和处理难产情况，以保障母羊和羔羊的健康与安全。

分娩前，需用1%的来苏儿溶液清洗并消毒母羊尾根和外阴部，以确保环境清洁，减少感染风险。分娩过程中，母羊通常在羊膜破裂后30min左右顺利产下羔羊。羔羊出生时，两前肢先出，随后头部露出，最后自然产出。若母羊产下第一只羔羊后仍表现出努责和阵痛，应检查是否还有第二只羔羊待产。

羔羊出生后，需清除其口、鼻、耳内黏液，避免窒息或异物性肺炎。同时，应让母羊舔干羔羊身上的黏液，促进羔羊血液循环，并帮助母羊识别自己的后代。若母羊不舔，可在羔羊身上撒麸皮引导其舔舐。羔羊脐带通常自行扯断，若不能扯断，可用5%碘酒消毒并剪断，长度保留3～4cm。母羊舔净羔羊黏液后，羔羊会自行站起找奶吃，此时应协助羔羊及早吃上初乳。分娩后，需注意胎衣排出情况。胎衣通常在2～3h内自然排出，母羊会吃掉胎衣以减少血腥味和恢复体力。若胎衣超过4h未排出，需采取治疗措施。

此外，通过实施同期发情配种方案，可控制母羊分娩时间，便于管理和降低羔羊死亡率。难产处理时，需根据具体情况采取适当措施，如送回子宫矫正胎位、助产拉出胎儿等。对于助产后的羔羊，如出现假死现象，可通过提起后肢轻拍背部或平卧胸部按压等方法进行复苏处理。

第四节 人工授精

人工授精和胚胎移植是肉羊繁殖的实用新技术，能显著提高养殖效益。胚胎移植主要提升母羊繁殖效率，实现快速扩繁；人工授精则提高公羊利用率和配种效益，主要用于特一级公羊生产纯种或杂交肉羊。人工授精是采集公羊精液，检查精液品质后输送至发情母羊子宫颈内，替代自然交配，实现种羊优秀利用和提高生殖效益。优势是优秀种公羊可配种更多基础母羊，减少不孕因素，避免疾病传播，不受时间和地域限制，可以全球联合育种。

一、采精前准备

人工授精步骤包括：采精前准备工作→采精→精液品质检查→精液稀释→精液保存和运输→母羊发情鉴定→输精。具体如下：

采精前准备工作

(1) 场地的准备　采精室需坚固、明亮，温度18～25℃，与输精室相通，用高锰酸钾或新洁尔灭消毒，每周进行熏蒸消毒（甲醛250g，40%溶液500mL）。

(2) 器械的消毒准备　采精、精液品质检查及输精等过程中所需要的各种器械（表10-1），均应消毒，并干燥保存。

表10-1　肉羊人工授精主要器械

器械名称	数量	用途
假阴道	3～5套	采集精液
集精杯	5～10个	收集精液
输精枪	5～10个	输精
开膣器	3～5个	打开生殖道，观察子宫颈口，辅助输精
保温桶	1～2个	储存精液
消毒锅	1个	器械消毒
手电筒	2个	输精时提供照明
普通显微镜（≥400倍）	1架	检查精子活力和密度

输精相关器材的清洗和消毒程序如下：首先，需要使用2%碳酸氢钠溶液对输精器材进行清洗，随后用清水冲洗干净；然后，用蒸馏水冲洗两次，再用75%酒精进行消毒处理；最后，在输精前还需用清水冲洗以进行进一步的清洁。清洗后的输精器材需放置在纱布罐内进行蒸汽灭菌处理以备用。

对于假阴道内胎的清洗：使用后立刻用 35～40℃温水冲洗假阴道内胎，接着用中性洗涤剂轻柔揉搓、涮洗，清水冲净；再浸泡于消毒剂溶液，15～20min，之后用无菌蒸馏水或凉白开反复冲洗，冲洗完毕后需要用纱布将其包裹起来；使用长柄镊子夹上 96%的酒精棉球进行消毒处理，待酒精挥发后即可使用。

在进行输精操作时，每只母羊输精完毕后，需要使用 96%的酒精棉球和灭菌生理盐水对输精器进行擦拭，然后才能给另一只母羊输精。

开膣器通常采用酒精火焰进行消毒处理，之后将其置于灭菌生理盐水中待用。

其他器械的消毒程序如下：玻璃器械通常用 2%碳酸氢钠清洗，然后用清水冲洗后进行蒸汽灭菌。纱布、手巾、台布等需要用肥皂水清洗，然后进行蒸气灭菌。外阴部的消毒布需要用肥皂水清洗后，再用 2%来苏儿溶液消毒，然后晾干备用。

(3) 种公羊的准备　在选择种公羊时，需注重其体格状况、生产性能、雄性特征、生殖器官和精液品质等。在 8～10 月龄时，可以进行初次配种。在配种开始前 1～1.5 个月，每只种公羊应至少进行 15～20 次采精，初期每天采精 1 次，后期可隔天采精 1 次，并对每次采集的精液进行品质检查。

对于初次配种的公羊，需要进行调教，方法如下：①将发情母羊的分泌物或尿液涂抹在公羊鼻尖上，以刺激其性欲并使其爬跨母羊进行采精。反复几次后，便可以成功调教。②将公羊放入母羊群中，待其出现爬跨行为时，即可牵走用于采精。

(4) 准备假阴道　假阴道主要由外壳、内胎、集精杯、注水孔、气体活塞等部分组成。在采精前的 30min，应当对假阴道进行消毒准备。在操作过程中应注意温度、压力与润滑度三个重要因素。安装假阴道的步骤如下：首先，确保内胎的光滑表面面向内部，并将内胎放入 40℃的水浴锅中加热，然后将内胎适度固定在假阴道外壳上。内胎是直接与种畜接触的部分，其材质柔软且具有一定弹性，能模拟母畜阴道环境。接着，用 75%酒精消毒假阴道后，放入 40℃的保温箱备用，或等待酒精挥发后，直接将集精杯装入保温瓶（在装入集精杯前，请先在保温瓶中装入温度约为 35℃的温水）。集精杯用于收集精液，其材质需保证对精液无不良影响。为确保内胎表面平整，无皱褶，请在其上均匀涂抹灭菌润滑剂（灭菌凡士林与石蜡油按 1∶1 比例混合）。最后，从假阴道的注水孔中注入约 50～55℃的温水，并确保注水量约占内胎与外胎空间的 70%（约 150～180mL）。注水孔用于调节假阴道内的温度和湿度。接着使用气体活塞吹入气体以保持弹性，直至模拟阴道内胎表面入口处呈现三角形并不向外膨胀。气体活塞可控制假阴道内的压力。在采精前，假阴道内胎的温度应使用已消毒的温度计测量，确保其保持在 39～42℃的适宜范围。

二、采精

采精前 30min 先用温湿毛巾将种公羊阴茎包皮周围擦干净。采精者蹲在假台羊或发情母羊右后侧，右手握假阴道与地面呈 35°～40°角（集精杯一端向上）。当公羊爬跨时，采精者迅速用手指托住包皮，将阴茎导入假阴道内（不要使假阴道的边缘或手触到阴茎）。当公羊身体向前耸动后，应立即取出假阴道，使集精杯一端向下竖起，之后取下集精杯，加盖后立即送实验室检查。注意种公羊采精频率要适当，1～2 次/d，每周采精 3d。

三、精液品质检查

精液品质检查是保障受精效果的重要措施，同时要做好种公羊的精液品质检查记录工作。精液品质检查的方法主要有肉眼观察和显微镜检查两种。

1. 肉眼观察

公羊一次射精量约为 0.5～2.0mL，其中绵羊的射精量，不同品种或在不同情况下有所差异，通常为 0.8～1.2mL。正常的精液颜色呈乳白色或浅黄色。若精液呈深黄色表明混有尿液，灰色或浅青色表示少精，粉红色或红色表示混有血液，深绿色表示混有脓液，有絮状物表精囊腺发炎。精液颜色异常的不能输精。正常精液无味或略有腥味，有尿味或浓腥味时不能输精。精子运动会引起翻腾活动，呈云雾状，精子密度越大、活力越强，云雾状越明显。

2. 显微镜检查

通常在 18～25℃的室内，用 200～600 倍的显微镜进行检查。具体操作为，用清洁的玻璃棒或吸管蘸取一小滴精液，滴在载玻片中央，盖上盖玻片（注意不要有气泡），放在显微镜下进行检查。检查的内容有精液量、颜色、气味、形态、密度和活力等。在实际应用中，检查最多的是精子密度和活力。

（1）精子密度检查　一般用每毫升精液中所含的精子数表示。取 1 滴新鲜精液放在载玻片上置于显微镜下观察，根据视野内精子多少可分为密、中、稀、无四级。表示视野内精子数量多，精子之间的距离小于一个精子长度；

“中”表示精子之间的距离约相当于一个精子长度；“稀”表示精子之间空隙大，超过一个精子长度；“无”表示视野中见不到精子。此外，为了知道每毫升精液中确切的精子数，需要用血球计数器在显微镜下进行检测和计算。每毫升精液中精子数量在25亿个以上者为密，20亿～25亿个为中，20亿个以下为稀。

（2）精子活力检查　精子活力指38℃室温下呈直线运动的精子占总精子数的百分率。分十级制评分法和五级制评分法。在十级制评分法中，100％的精子呈直线前进运动者，评为1.0；90％以上的精子呈直线前进运动者评为0.9，以此类推。在五级制评分法中，100％的精子都呈直线前进运动，评为5分，80％～90％的精子呈直线前进运动评为4分，60％～80％的精子呈直线前进运动，评为3分，以此类推。正常肉羊的精液，精子密度为“密”，每毫升精液精子数在25亿个以上，若密度过稀、五级评分中的活力在3分以下者，不能用于输精。

四、精液稀释

1. 精液稀释目的

① 增加精液容量和扩大配种母羊数。公羊每次射精数目较多，但只有少数参与受精作用。因此，将原精液适当稀释后输精，即可增加精液容量和发情母羊配种只数。②延长精子存活时间，提高受胎率。精液经过适当稀释后，可以减弱副性腺分泌物对精子的有害作用（氯化钠和钾），补充精子代谢所需要的养分，缓冲精液中的酸碱度和抑制细菌繁殖。③便于长途运输。经过适度稀释的精液，可延长精子存活时间，有利于精液保存和运输。

2. 精液稀释步骤

精液稀释前，要先根据采集数量和待配发情母羊数量来确定稀释倍数，一般稀释4～8倍，稀释后的精液，每毫升有效精子数不少于7亿个。稀释时，要将稀释液温度调整到与精液相同，然后将稀释液缓慢加入盛有精液的试管中，37℃水浴储存待用。常用稀释液的配方有以下3种。

第1种稀释液，为增加精液容量而进行稀释的两类稀释液：①0.9％氯化钠溶液，将0.9g氯化钠加入100mL蒸馏水中，使其充分溶解后用滤纸过滤，然后再高压蒸汽消毒，因蒸发所减少的水分，用蒸馏水加以补充，以保持溶液原来浓度不变。②乳汁稀释液，先将乳汁（牛乳或羊乳）用4层纱布过滤，装入三角瓶或烧杯中，放在热水锅中煮沸消毒10～15min（或蒸气灭菌30min），取出冷却后，去除奶皮，稀释后即可应用，稀释倍数通常为 1～3 倍。此种稀释液配制方法简便易行，但保存时间极短，约为 20h，只能用于即时输精。

第 2 种稀释液，将 10mL 新鲜蛋黄加入 90mL 0.9%氯化钠溶液（生理盐水）中，搅拌均匀即可，通常稀释倍数不超过 1～4 倍，保存时间较短，一般 40h 左右（韩天龙等，2015）[2]。

第 3 种稀释液，葡萄糖-卵黄稀释液，将 1.5g 葡萄糖、0.7g 柠檬酸钠放入 50mL 蒸馏水中溶解后，过滤 2～3 遍，蒸煮 30min，取出降温至 25℃，加入 10mL 新鲜卵黄，振荡溶解即可，用此种稀释液稀释的精子在 4℃保存时间较长，可达 108h（韩天龙等，2015）。杨桂霞（2014）对种公羊精液做 3～6 倍稀释后，常温环境下（20～25℃），1～3h 之内完成输精，可取得平均情期受胎率为 79.2%的良好配种效果[3]。

精液稀释时要避免温度和水对精子的不利影响。高温和低温均会影响精子活力。温度高于体温时会造成精子热应激，使其在短暂和急促的快速运动后发生死亡；温度低于体温时可对精子活动起到抑制作用，温度在 15℃以下精子就会出现冷休克，造成活力的不可逆丧失。水对精子的不利影响主要表现为渗透作用。在检查精子活力和稀释精液过程中，要避免水混入精液中，用于活力检查的液体和稀释液，其渗透压均必须与精液本身的渗透压保持一致，否则会导致精子活力丧失和死亡。

五、精液保存和运输

精液保存分为常温保存、低温保存和冷冻保存 3 种方法（表 10-2），不同保存方法对受胎率影响不同。

表 10-2　肉羊精液保存方法

保存方法	温度/℃	稀释液	保存时间	参考文献
常温保存	20℃以下	基础液	1d	王占赫等，2006
低温保存	2～4℃	基础液	2～3d	刘福元等，2008；慕勇，2015
冷冻保存	−196℃	基础液＋冷冻保护剂	长年	席利萌等，2015

注：基础液即前面所述 3 种精液稀释液；冷冻保护剂有甘油、乙二醇（EG）、二甲基亚砜（DMSO）和小分子物质二甲基乙酰胺（DMA）。

在近距离运送精液时，不必降温，将盛有精液的小试管或集精瓶口封严，用棉花包裹好放入保温瓶即可。远距离运输时，要用直接降温法缓慢降温至0～5℃之间。具体为：将广口保温瓶先用冷水浸一下，再填装半瓶冰块使温度保持在0～5℃。为防止温度突然下降和冰水混合物浸入容器内，可将容器放进垫有棉花的大试管里，或者将装满精液的小试管用灭菌玻璃纸包以棉花塞严，再用玻璃纸进行包扎管口，然后包以纱布置于胶皮内胎中，直接放入广口瓶内。运输精液时尽量缩短运输时间，还要防止剧烈震动，每次输送的精液都要注明公羊号、采精时间、精液量和精液等级。精液运送到目的地取出后，置于18～25℃室温下缓慢升温，检验合格后再输精。

六、母羊发情鉴定

试情公羊的准备。由于母羊发情症状不太明显，发情持续期较短。因此，在人工授精过程中必须使用试情公羊从大群待配母羊群体中找出发情母羊进行适时配种。试情公羊必须健康无病，性欲旺盛，年龄在2～5岁，数量约为参加配种母羊数的2%～4%。

用试情公羊识别发情母羊。试情时间为每天早晚各1次，每次不少于1小时，试情过程中保持安静。给试情公羊戴上试情布，赶入待配母羊群中进行试情。凡有意与公羊接近，接受公羊爬跨的即认为是发情母羊，及时将其挑出至发情母羊圈中。母羊有时与公羊接近，但又拒绝接受爬跨，此时应将其捕捉，然后用辅助阴道检查的办法来确定是否发情。

七、输精

在人工授精输精环节，要做好母羊配种繁殖记录工作（表10-3），它可以为总结经验教训，加速提高肉羊品种改良和育种水平提供参考。

表10-3　人工授精母羊配种繁殖记录

<table>
<tr><td colspan="17">场别：</td></tr>
<tr><td rowspan="2">编号</td><td rowspan="2">配种前体重</td><td colspan="2">第一情期</td><td colspan="2">第二情期</td><td colspan="2">第三情期</td><td rowspan="2">预计分娩日期</td><td rowspan="2">实际分娩日期</td><td colspan="6">产羔</td><td rowspan="2">父号</td></tr>
<tr><td>种公羊号</td><td>日期</td><td>种公羊号</td><td>日期</td><td>种公羊号</td><td>日期</td><td>羔羊号</td><td>性别</td><td>羔羊号</td><td>性别</td><td>羔羊号</td><td>性别</td></tr>
</table>

肉羊人工输精时间。当天挑出的发情母羊在当天配种 1～2 次（若每天配 1 次可在上午配，配两次时可在上、下午各配 1 次），如果第 2 天继续发情，则可再配。为提高母羊受胎率，一般给发情母羊输精 2 次，即在第 1 次输精后 8～12h 再输 1 次。授精母羊要做好标记，便于识别。

肉羊人工输精具体操作：将配种母羊固定于固定架上，用 1/1000 新洁尔灭或 75%酒精擦拭其外阴部进行消毒，输精员右手持输精器，左手持开膛器慢慢插入阴道，再将其轻轻打开，寻找子宫颈。在打开开膛器后，如果发现母羊有排尿或阴道内黏液过多表现，应让母羊先排尿或将其母羊阴道内黏液排净，之后再将开膛器插入阴道，仔细寻找子宫颈。子宫颈附近内膜的颜色较深，用开膛器打开阴道后，向颜色较深的方向寻找子宫颈口。找到子宫颈以后，将输精器前端插入子宫颈口内 1～2cm 深处，用大拇指轻压活塞，将原精液 0.05～0.1mL 或稀释液 0.1～0.2mL 输入，保障直线运动的精子数在 7000 万个以上。当初配母羊阴道狭窄，用开膛器插不进或打不开、无法寻找到子宫颈时，只能进行深部阴道输精，每次输入原精液量不低于 0.2～0.3mL。

在输精过程中，要遵循慢插、适深、轻注、缓出 4 个原则。一般认为，输精深度越深，人工授精的效果越好。子宫颈输精比阴道输精的受胎率可提高 20%。如果发现发情母羊阴道有炎症，待输完精之后，要用 96%的酒精棉球擦拭输精器进行消毒。消毒时酒精不宜过多，只能从后端向尖端方向擦拭，擦拭后，要用 0.9%生理盐水冲洗后才能对下一只母羊进行输精。

八、人工授精站的建立

在羊育种的地理区域内，必须建设人工授精站点（图 10-1）。此站点的位置应与羊群的分布相吻合，以便更有效地进行配种工作。为确保人工授精站的运作，必须具备以下条件：专业技术人员、优质的种公羊、适宜的场地、必要的器械和药品。当前，部分人工授精站并未完全满足这些条件，这极大地影响了肉羊人工授精的效率。今后，需要加快建立更完善的肉羊人工授精站点，并将这些站点连接为区域性或全国性的人工授精网络，以实现品种资源共享，并提高工作效率。

1. 技术人员配置

为了确保每座人工授精站都能够提供高质量服务，并确保在遇到任何问题时都能够及时作出应对，每座人工授精站都必须配备至少 2～3 名经过严格且

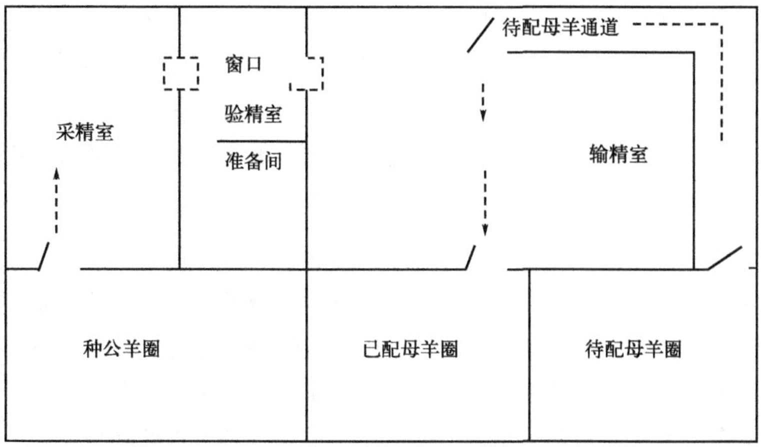

图 10-1　肉羊人工授精站布局示意图

专业培训的人工授精技术人员。这些专业人员在培训过程中所接受的训练都是非常严谨且系统化的，不仅涵盖了理论知识，也包括了实践操作的技能和流程。他们在正式上岗之前，都需要通过相关的考核，以确保他们具备了足够的专业能力和技能，能够应对各种可能出现的问题和挑战。他们的主要职责是保障公羊的健康，并执行人工授精等相关工作。他们会负责饲养、观察、记录和照顾公羊，以及执行人工授精等相关工作，确保人工授精的成功率和效率，从而为广大养殖户提供更好的服务和支持。

2. 优秀种公羊的选择和准备

秉承科学与高效的肉羊育种理念，在众多优质公羊中，我们选取了那些体质强健、肉用性能卓越、繁殖性能优越、生殖器官完好无损，以及精液品质优良的公羊作为种公羊。这些种公羊的优秀性能已经被记录在系谱资料中，这些资料是我们选择主配公羊的主要依据，因此必须仔细查阅这些资料，以了解种公羊的上一代、下一代以及自身的性状参数。

我们要对精心挑选的种公羊进行科学的调教工作，这不仅有助于提升种公羊的繁殖效率，同时也能有效地促进种公羊在繁殖过程中的协调配合。对于实施人工授精的公羊，我们必须谨慎选择。必须确保这些公羊是经过精挑细选的特级或一级公羊，因为特级或一级公羊的优良基因能够带来更高效的繁殖效果。对于每一只特级或一级公羊，我们可以根据 200～400 只母羊的需求量进行计算，从而精确地确定所需的种公羊数量。

在预设的肉羊人工授精站内，每只种公羊应提前准备至少 1～2 只后备种公羊，以防在种公羊进行授精时出现异常状况，以便在发生状况时迅速实施替换。同时，为保障种公羊在进行授精前的状态，应当在其授精前的三周启动采精程序，并将采精过程分为三个阶段：首周，每两日采精 1 次；第二周，每日采精 1 次；第三周，每日采精 1 次。这种规划能够提升种公羊的性兴奋度和精液品质，从而提升人工授精的成功率和母羊产羔率。

3. 场地准备

每座人工授精站的设施均须包括采精室、精液处理室以及输精室。精液处理时，室温需保持在 18～25℃之间。同时，应有足够的公羊圈、试情公羊圈、待授精母羊圈以及已授精母羊圈。对于用于配种和存放药品器械的场所，应进行全面消毒。室内须保持充足的阳光、清新的空气和宁静的环境。

4. 必备的器材和药品

肉羊人工授精必备的器材和药品见表 10-4。

表 10-4　肉羊人工授精器材和药品表

器材和药品名称	规格	单位	数量
显微镜	≥400 倍	架	1
天平	称量 100g，感量 0.1g	台	1
蒸馏器	小型	套	1
假阴道外壳	羊用	个	4
假阴道内胎	羊用	条	10
假阴道塞子	标准型带气嘴	个	8
玻璃输精器	1mL	支	10
输精器调节器	标准型	个	5
集精杯	标准型	个	10
金属开膣器	大、小 2 种	个	各 3
温度计	100℃	支	5
室温计	普通型	支	3
载玻片	76mm×26mm	盒	1
盖玻片	15mm×15mm	盒	2
酒精灯	普通型	个	2
玻璃量杯	50mL，100mL	个	各 1
蒸馏水瓶	5000mL，10000mL	个	各 1
玻璃漏斗	8cm，12cm	个	各 2
漏斗架	普通型	个	2
广口玻璃瓶	125mL，500mL	个	各 4

续表

器材和药品名称	规格	单位	数量
细口玻璃瓶	500mL，1000mL	个	各 2
玻璃三角烧杯	500mL	个	2
烧杯	500mL	个	2
玻璃培养皿	10～20cm	套	2
带瓶陶瓷杯	250mL，500mL	个	各 2～3
钢筋锅	27～29cm 带蒸笼	个	1
陶瓷盘	20cm×30cm，40cm×50cm	个	各 2
长柄镊子	18cm	把	2
剪刀	直	把	2
吸管	1mL	支	2
广口玻璃瓶	手提 8 磅	个	2
玻璃棒	直径 0.2 或 0.5cm	支	各 1
瓶刷	中号、小号	把	各 2
擦镜纸	普通	本	2
药勺	角质	把	2
滤纸	普通型	盒	2
纱布	普通型	公斤	1
药棉	脱脂棉	公斤	5
试情布	普通棉布	米	2
脸盆	普通型	个	4
肥皂	普通型	个	5～10
酒精	95%，500mL 装	瓶	5
氯化钠	分析纯，500g 装	瓶	1
碳酸氢钠	分析纯，500g 装	瓶	5
白凡士林	1000g 装	盒	1

第五节 胚胎移植

在种羊配种后，采集早期胚胎，并移植到生理状态相近的另一只母羊体内。提供胚胎的母羊，我们称之为“供体”，而接受胚胎的母羊则被称为“受体”。实际上，胚胎移植技术是通过胚胎供体与受体的分工协作，共同完成生殖任务。

一、胚胎移植原则

胚胎移植的生理基础主要包括：发情期母羊生殖器官孕向发育，为妊娠作准备；胚胎早期处于游离状态；受体羊对胚胎无排斥反应。

为确保移植成功，需遵循以下原则：

① 供体与受体生殖内环境需一致，且种属必须相同，以确保胚胎存活率。

② 生理同期化至关重要，需通过管理措施使供体和受体母羊生理周期精确同步，提高移植成功率。

③ 移植部位须一致，即从何处收集胚胎便植入相应部位。

④ 同时，胚胎收集和移植时间应适宜，最好在黄体期早期和胚胎附植前进行。胚胎应发育正常，移植前需鉴定其状态，减少不良影响。

二、胚胎移植过程

胚胎移植过程包括供体和受体母羊选择及同期发情处理、供体羊超数排卵和授精、胚胎收集和处理、胚胎移植、胚胎移植后母羊饲养管理（妊娠检查、分娩及其他饲养管理）（图 10-2）。

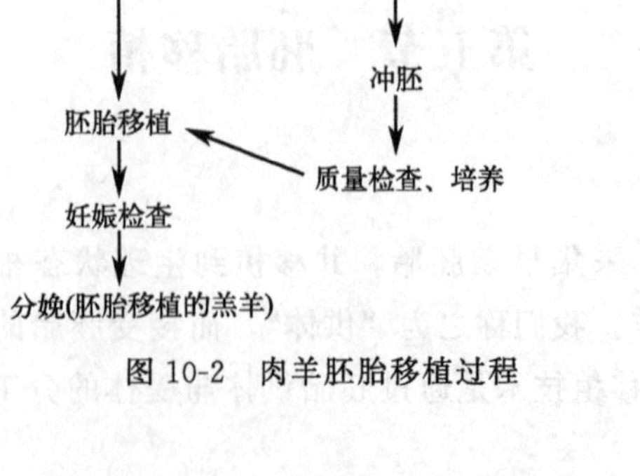

图 10-2　肉羊胚胎移植过程

1. 供体、受体母羊选择和同期发情处理过程

（1）供体和受体母羊选择

① 供体母羊选择。应具有该品种羊优良的遗传特性和较高的育种价值，可以用个体测定、同胞测定和后裔测定等方法筛选出优秀的母羊。供体母羊必须健康无病，经过血检后无巴氏杆菌病、结核病、副结核病、肉羊黏膜综合征、钩端螺旋体病、传染性鼻气管炎和蓝舌病等。供体母羊生殖系统机能正常，膘情适中，无卵巢囊肿、子宫炎和卵巢炎等疾病，无屡配不孕和难产史。

② 受体母羊选择。选择价格便宜、数量较多、体型较大、具有良好的繁殖性能、无生殖器官疾患、健康状态良好的本地母羊，隔离饲养，防止流产。此外，检疫和疫苗接种要与供体母羊相同。

（2）供体和受体母羊同期发情处理　在胚胎移植前，需对供体与受体母羊实施发情同期化处理，以提高移植成功率，优化畜牧业生产组织及饲养管理，降低成本。发情同步误差应控制在 1d 内。山羊发情持续期个体差异大，通常以发情终止时间评估同期化程度，因排卵多发生在发情终止前 4～6h 或发情终止后。

同期发情药物主要分为三类：抑制卵泡发育及发情药物（如孕酮等）、缩短发情周期药物（如前列腺素），及促进卵泡发育和排卵药物（如促卵泡素等）。给药方式有阴道栓塞法、注射法和口服法。阴道栓塞法是用阴道栓浸入激素溶液后置于阴道深处；注射法为每日分两次注射药物；口服法则是将药物混入饲料中持续饲喂。

处理方法包括前列腺素和孕激素处理。前列腺素能溶解黄体，促进卵泡发育和发情；孕激素则抑制卵泡发育，撤除抑制后母羊会发情。前列腺素处理法适用于发情周期不确定的母羊，采用两次注射法，发情率可达 70%；孕激素处理法成本低但处理时间长，妊娠率低，适用于发情季节内。

2. 供体母羊超数排卵

超数排卵，简称“超排”，指通过外源性促性腺激素诱导母羊多个卵泡发育并排出多个受精卵子的技术。该法能有效发挥优秀种羊的生长和繁殖性能，特别适用于提高肉用绵羊的双胎或多胎率，进而增加其后代数量，对于优化母羊生产性能，具有重要的实践意义。

在超排过程中，常使用促卵泡素（FSH）和孕马血清促性腺激素（PMSG）等作为促性腺激素类药物，同时辅以促黄体素（LH）、促性腺激素释放激素（GnRH）和人绒毛膜促性腺激素（HCG）等激素。

超排处理方法主要有两种：一是在发情周期第16～18d，单次皮下注射或肌内注射PMSG 750～1500IU，或连续3～4d每天两次注射FSH，发情后或配种日再肌内注射HCG 500～700IU；二是在发情周期中期，注射PMSG（或FSH）后，隔日注射前列腺素F2α（PGF2α）或其类似物。目前，FSH因其操作简便和效果稳定而更受青睐，但超排效果仍受母羊遗传、体况、年龄、发情阶段、产后恢复、卵巢功能、季节以及激素质量和用量等多重因素影响，须综合考虑。

3. 超排羊配种

超排母羊排卵持续期可达10h左右，并且精子和卵子的运行也会发生某种程度的变化，要严密观察供体发情表现。当观察到超排供体母羊接受爬跨时，即可进行配种。如果采用人工授精，应加大授精剂量，间隔6～12h后再进行第二次授精。对超排后发情不明显的母羊应仔细观察，上午发现发情的可进行第1次输精（或下午输精）。如果三次配种以后仍表现发情并接受爬跨的母羊，多为卵泡囊肿的表现，不易回收胚胎。

4. 胚胎收集

在动物手术中，将滑石粉涂抹在剃毛部位，用剃刀剃除毛发，再用干毛刷清除断毛。术前，需通过腹膜外腔麻醉或局部浸润麻醉。用9号针（体型大者用更大号）垂直刺入百会穴约3～5cm，并注射20%盐酸普鲁卡因溶液进行麻醉。若推注时感觉阻力小，则位置正确；有阻力则需调整针位。此麻醉方法可持续2h以上，亦可配合使用静松灵和阿托品进行辅助麻醉。

手术部位位于腹中线、乳房前3～5cm处，先用碘酒消毒，再用酒精脱碘。术中需逐层分离组织，切开皮肤、肌肉及腹膜，同时用灭菌纱布止血。暴露腹内脏器后，铺上清洁创布。用中指和食指触摸子宫角，夹持并引出至创口表面，再寻找并确定卵巢位置。操作时避免触碰充血卵泡，以防出血和损伤。

采卵方法包括输卵管冲洗法、子宫冲洗法和输卵管-子宫冲洗法。输卵管冲洗法须将冲卵管插入输卵管内，注入冲卵液，回收卵子。操作时需注意针只走向，避免误注，同时保持输卵管撑直，控制冲卵液速度和力量。子宫冲洗法则需在子宫角刺破浆膜，插入冲卵管，并从子宫体远端推注冲卵液。输卵管-子宫冲洗法则结合前两者，旨在最大限度回收受精卵。

冲洗完成后，需用生理盐水撒布于各器官上以防粘连。最后，逐层缝合腹膜、肌肉和皮肤，并在缝合前撒消炎防腐药，完成手术。

5. 胚胎鉴定和评定

检卵前需准备吸卵管，采用厚壁、质硬且无气泡的玻璃管，经加热拉长、割断和烧光滑处理，使尖端内径满足要求。将吸卵管浸泡、冲洗、烘干并灭菌，连接含玻璃珠的乳胶管备用。检卵时，将冲卵液静置，移去上层液，用吸卵管检查胚胎数量与发育情况。注意识别并避免漏检被黏液和血凝块裹住的卵。保持检卵室温度适宜，使用透明光滑、底部圆凹的检卵杯。在显微镜下观察胚胎，用吸卵管移入清洁培养皿中洗涤，去除污染物。胚胎清洗后放入含小牛血清的 PBS 中，如需长时间储存，需定期更换新鲜培养液并降温处理。胚胎质量鉴定通过形态观察、细胞结构和透明带完整性等方面进行，以选出发育正常的胚胎进行移植，提高成活率。

6. 胚胎冷冻保存

在非配种季节，储存肉用绵羊胚胎应在最适宜时间进行移植，有助于建立肉羊品种资源库，实现有效保种。研究报道显示，将优质肉羊（如德国肉用美利奴羊或无角陶赛特羊）的胚胎冷冻后解冻移植，可获得较高的妊娠率和产羔率。冻精和肉羊胚胎的冷冻保存技术将是未来胚胎保存的主要方向，具有广阔的应用前景。

肉羊胚胎冷冻保存方法主要包括快速冷冻法和一步冷冻法。快速冷冻法以其高移植成活率成为目前最为成熟和常用的方法，但操作相对烦琐，需依赖专业冷冻仪器。其操作流程包括胚胎收集、冷冻液平衡、装管标记、冷冻诱发结晶、解冻和脱除保护剂等步骤。解冻时，快速解冻方法更佳，可避免冰晶形成，减少对胚胎的破坏。一步冷冻法则以其简便操作著称，受胎率也较高。该方法采用特定的玻璃化液，经平衡后直接冷冻，解冻后胚胎须经活力鉴定和培养后方可移植。

7. 胚胎分割

肉羊早期胚胎的每个卵裂球均具有发育成独立个体的潜能，因此通过胚胎分割可以制造同卵双生或多生的羔羊，有效扩充胚胎来源。历史上，Torunson 等（1974）和 Willadsen 等（1979）分别通过胚胎分割技术成功获得了绵羊羔羊，证实了其可行性。尽管如此，当前胚胎分割后母羊的产羔率仍偏低，技术尚需优化。

胚胎分割方法主要分为显微操作仪分割法和手工分割法。显微操作仪分割法利用高精度仪器将胚胎等分切开，成功率高但成本昂贵。而手工分割法利用自制刀片在显微镜下操作，简便易行但操作经验要求高。

分割后的半胚可装入透明带或直接移植，若胚胎为囊胚，则需沿内细胞团方向分割。实验表明，冷冻解冻后的半胚仍具有发育潜力。通过结合胚胎移植、冷冻与分割技术，不仅能获取大量胚胎，还能实现随时随地进行胚胎移植，推动技术的广泛应用。异龄双生后代在育种上具有重要价值，为动物育种学提供新的思路与手段。

三、胚胎移植操作

(1) 胚胎移植器械制备　胚胎移植所需的手术器械可购得，但移卵管和吸卵管需自制。简易制作方法为：加热拉伸直径约 0.6～0.8cm 的玻璃管，制成前端笔直或弯曲、内径约 0.1～0.5cm 的吸管，前端略尖，尾端安装橡皮吸球。子宫内移卵需先穿刺子宫壁，再插入移卵管。另一种方法为套管移植，用 12 号针去除注射器端口，磨平尖端形成金属导管，再接细硅胶管，适用于肉羊受精卵移植。

(2) 移植时间选择　选择移植胚胎时间须考虑供体和受体发情期同步，及胚胎发育与受体子宫发育匹配性。子宫发育程度可根据黄体表型特征判断。供体羊采用超数排卵技术，卵子排出时间差异大，故发情同期化方法不完全可靠。移植前需全面检查受体母羊健康状况，黄体发育符合要求即可移植，不符合要求则不可。

(3) 受体母羊准备　受体羊须确保卵巢黄体发育健全，可通过腹腔镜检查确定黄体数量、品质及位置。术前一日剃除羊体毛发，术前长时间禁食。

(4) 移植操作　移植途径分输卵管移植和子宫移植。输卵管获取的胚胎置于输卵管伞部，子宫获取的胚胎移植至子宫前 1/3 处。吸取胚胎时，先在吸管中吸入适量培养液，其作用是为胚胎提供适宜的环境并便于后续操作。接着吸入一小段空气形成小气泡，小气泡可起到缓冲作用，防止胚胎直接与吸管壁接触而受损。然后吸取胚胎，再吸入一个小气泡，同样是为了缓冲。最后再吸入一些培养液，这样在移动吸管时，由于培养液和小气泡的保护，可防止胚胎丢失。输卵管移植时，需特别关注输卵管前近伞部的形态、有无粘连或阻塞等情况，确保输卵管直且处于输卵管系膜正上方，便于观察喇叭口一侧。移卵管插入喇叭口，缓慢加压使含胚胎保存液的液体流入输卵管。子宫移植是通过特制移卵管吸入胚胎，用钝性导管插入子宫角腔，施加压力注入液体。移植后需检查是否成功移入胚胎，成功后复位器官并缝合腹壁。

四、胚胎移植后母羊饲养管理

1. 妊娠早期饲养管理

在胚胎移植后，应持续关注受体母羊的第一个发情周期和孕情，此举可鉴定胚胎移植是否达到预期效果，从而在移植后的 30d 内，可通过 B 超诊断仪或其他有效手段，对受体母羊进行妊娠的准确检测。

在实施胚胎移植后的前三日，应对受体羊只进行适度的抗生素治疗，首选青霉素或链霉素，每日进行两次注射（每次注射间隔一日）。在移植后的七天之内，务必采用舍饲的饲养方式，确保所提供的饲草和饲料质量上乘且多样化，容易消化。同时，应避免向受体羊只提供可能诱发流产的霉变、霜冻饲料，酒糟以及冷水。夏季时，则应密切注意对受体羊只进行驱虫防蝇工作。

在进行胚胎移植后，应在伤口愈合后立即拆除缝合线。在后续的饲养管理阶段，应将注意力更多地集中在增加羊只的膘情以及保胎方面，同时也要密切关注羊只的发情以及其他异常状况。在胚胎移植后的前三个月，应适当限制高能量饲料的摄入，并补充足够的维生素和微量元素。

2. 妊娠中后期饲养管理

胎羔从第 3 月起，生长发育迅速加快，约 2/3 的初生重是在妊娠后 50d 增加，营养需求量也随之增加。因此，应对母羊的营养需求进行严谨的观察，适时提高其能量与蛋白质的摄取量，并确保微量元素和维生素的持续供应。同时，应该提供高品质、易消化的饲料。每头母羊的日精饲料量应达到 0.5～0.8kg。精饲料的配方中，玉米、豆粕、麸皮的比例应分别维持在 60%、20% 和 16%的合理范围内。精饲料的饲喂量应逐渐增加，早、晚两次分开喂食。水的温度应保持在 20～30℃之间，严禁饮用冰冷水或雪水。对于长期在室内饲养的母羊，应适度进行运动，以提升其抗病能力并减少难产的可能性。

3. 临产期饲养管理

母羊的妊娠周期大约为 150d，几天的受孕时间差异被认为是合理的。假设母羊已经怀孕了 140d，此刻应做好新生羊羔的接生工作。产房需保持清洁和空气清新，并定期消毒，同时还需配置适当的保温设备，以确保室内温度保持在 10℃以上。若在分娩过程中遭遇困难，需要立即进行助产。若母羊能自然分娩，则尽量避免干扰母羊舔舐新生羊羔，让它们建立起嗅觉联系。只有在特殊情况下，才有必要人工擦拭新生羊羔的胎水。

4. 产后饲养管理

母羊在产后身体相对较弱，应对其进行适当补充水分，在水中加入少量食盐或麸皮。接下来，按需提供优质粗饲料。对于精料，产后前三日建议控制在0.25kg以下。后期，可逐步增加精料的饲喂量。建议粗饲料实行自由进食。

参考文献

[1] Mulsant P, Lecerf F, Fabre S, et al. N., Elsen J.M.(2006). Regulation of ovulation rate in mammals: contribution of sheep genetic models. Reproductive Biology and Endocrinology, 2006, 4:20.

[2] 韩天龙，李清泉，毛冉，等. 羊精液稀释保存液的筛选. 畜牧与兽医,2015, 47(09): 45-47.

[3] 杨桂霞. 葡萄糖-柠檬酸钠精液稀释液的制作与应用效果观察. 当代畜牧，2014,(30): 25-26.

第十一章

育种羊群的饲养管理

育种羊群的饲养管理需要细致的规划和执行。从饲料和水源的提供，到饲养密度的安排，再到分群管理和防疫卫生，每一个环节都对羊群的健康和生产性能产生重要影响。只有全面考虑并实施这些管理措施，才能确保育种羊群的正常生长和繁育，进而提高整个羊群的品质和效益。

第一节　育种羊群的饲养和管理原则

育种羊群的饲养与管理，是提升羊群健康水平、繁殖效率及遗传特性的关键环节。在特定的育种体系下，对精心挑选组成的育种羊群实施科学、系统的选育措施与管理技术，直接影响育种效率与项目成败。适宜的选育环境与管理条件，有助于羊群生产性能充分、有效发挥，确保选育准确性，实现育种目标。反之，不当的选育措施或管理技术，可能导致优秀个体在育种过程中表现异常，甚至被淘汰，严重影响育种进程。

育种羊群饲养与管理的核心在于使选育条件与拟推广地区实际相符，既考虑环境适应性，又兼顾遗传进展与推广便利性。仅依赖优饲方法不利于遗传进步与推广。确保羊群遗传基础稳固，是后续推广利用中发挥其最大效果的关键。

育种羊群通常由种公羊、繁殖母羊、育成羊和羔羊组成。种公羊提供优质精子，繁殖母羊是羊群基石，育成羊承担成长重任，羔羊则是新生力量与希望。因此，在饲养与管理过程中，应针对各类型羊群特点，制定并实施相应的操作建议，确保育种工作的顺利进行。

一、营养管理

（1）提供均衡饲料　根据育种羊的生长阶段和营养需求，提供含有适当比例的蛋白质、能量、矿物质和维生素的饲料。

（2）分群饲养　根据年龄、性别、体重和生长阶段将羊群分群饲养，以便更精确地满足它们的营养需求。

（3）定期评估和调整饲料　定期检查羊群的生长和健康状况，根据需要调整饲料配方和饲喂量。

二、健康管理

（1）防疫接种　按照当地动物卫生部门的要求，定期为羊群进行防疫接种，预防传染病的发生。

（2）定期健康检查　定期检查羊群的健康状况，包括体重、体尺、毛色、呼吸、消化等方面，及时发现并处理健康问题。

（3）环境卫生　保持羊舍清洁、干燥、通风良好，减少疾病的发生和传播。

三、繁殖管理

（1）选育优秀种羊　选择遗传性能优良、生产性能稳定的种羊，提高后代的遗传品质。

（2）控制繁殖季节　通过调整光照、营养等手段，控制羊群的繁殖季节，使繁殖与生产计划相协调。

（3）记录繁殖信息　详细记录每只羊的繁殖信息，包括发情、配种、妊娠、分娩等，以便分析和提高繁殖效率。

四、遗传管理

（1）建立档案　为每只育种羊建立详细的电子档案，记录其血缘关系、生长发育、生产性能等信息。

（2）遗传评估　定期进行遗传评估，了解羊群的遗传结构和遗传进展，为选育和配种提供依据。

（3）避免近亲繁殖　通过合理安排配种计划，避免近亲繁殖，减少遗传缺陷的发生。

五、其他管理措施

（1）人员培训　定期对饲养管理人员进行培训，提高他们的专业技能和管理水平。培训的方式应该以现场示范为主，不能只是找一些外训人员讲课，还应结合现场培训和示范。

（2）记录管理　建立完善的记录管理制度，记录羊群的生长、健康、繁殖等信息，为决策提供依据。

（3）与相关机构合作　与当地动物卫生部门、科研机构等建立合作关系，共同推进育种羊群的饲养和管理技术水平的提高。

总之，育种羊群的饲养和管理需要遵循科学的原则和方法，确保羊群健康、高效繁殖，并不断优化遗传特性。通过实施以上操作建议，可以为育种羊群的饲养和管理提供有力的支持。

第二节　羔羊饲养管理

羔羊饲养管理非常重要，它关系着羔羊今后的生长和繁殖性能。加强羔羊饲养管理，对提高羔羊成活率和整个羊群的品质有着重要作用。

在羔羊接产方面，通常以自然产为主。当羔羊出生时，要让母羊尽快舔干羔羊身上的黏液。若在特殊情况下，母羊未能舔干羔羊，需及时采取措施，以避免羔羊受凉或感染。可采用干净的抹布擦拭或使用吹风机进行吹干。显然，保持温暖干燥的产房是关键。

在羔羊产出后，需要进行脐带消毒，以防止感染。经过5%的碘酊进行消毒处理，可有效防止细菌感染，保障新生羔羊的健康成长。此外，为确保新生羔羊获得充足的营养和免疫力，应尽快安排其吮吸母羊的初乳。

在人工哺乳方面，需要特别注意奶的温度，以防止对羔羊造成刺激或者呛奶。经过人工哺乳的羔羊必须在出生后的12～18h内接受至少200～300mL的初乳。在喂完初乳后的4～5h，应开始为其提供代乳粉，以确保羔羊能够获取充足的营养。

喂食的量和时间也需要合理安排。在初始阶段，每次喂食量应控制在约0.2～0.3kg之间，每3小时左右喂食一次，每天喂食4～5次。随着日龄的增长，喂食次数可以逐步减少，但在15日龄后，每天喂食三次即可。在40日龄时，喂食量将达到高峰，然后应逐步减少喂食量。

对于新生羔羊的日常管理也十分重要。应当注重保暖御寒，维持场所卫生并定时进行消毒。为确保羊羔的健康成长，还应实施合理的转栏分群管理。哺乳期母羊和羔羊分离饲养，只在哺乳时将羔羊放入母羊群圈舍饲养，其他时间羔羊在育羔圈，这样的管理方式对母羊和羔羊确实都有一定的好处。

对于母羊来说，可以减少因频繁被羔羊吸吮而导致的体力消耗，有助于恢复体力和保持健康。同时，母羊在不需要哺乳的时候可以有更多的时间和空间进行休息和采食，有助于提高其生产性能和身体状况。

对于羔羊来说，由于得到了更多的专人照料和补饲，可以保证其获得足够的营养和生长发育所需条件，有助于提高羔羊的成活率和生长速度。同时，这样的管理方式也有助于防止羔羊过度依赖母乳，促进其独立采食和生长。

总之，哺乳期母羊和羔羊分离饲养的管理方式可以带来一定的好处，但需要注意保持适宜的饲养环境和卫生条件，确保母羊和羔羊都得到充分的照顾和营养。

一、初乳期羔羊饲养管理（1～3日龄）

初乳期羔羊饲养管理指的是初生后1～3日龄内羔羊饲养管理。羔羊初生后2～5日龄内发病死亡率最高，可占全部死亡的85%，这主要与此阶段羔羊生理特点有关：①体温调节能力弱，易受外界环境影响；②体内缺乏免疫抗体；③乳汁直接进入真胃内消化，尚未发挥前3个胃的消化作用；④肠道中各种消化酶不健全导致肠道适应能力差。因此，肉羊育种中要高度重视初乳期羔羊饲养管理。

羔羊初生后，应让其尽量早吃好和吃饱初乳。母羊分娩1～3d内的乳是初乳。初乳中含有丰富的免疫球蛋白、营养蛋白（17%～23%）和脂肪（9%～16%）等免疫物质和营养物质，能够增强体质、抵抗疾病和有利于胎粪排出。

对于无哺乳经验的母羊、弱羔或3个以上的多羔，要人工辅助母羊喂好初乳，并做好多羔寄养的准备。人工收集初乳并低温保存，定时饲喂弱的、无母羔羊或者生病的羔羊，应用这种方法可显著提高羔羊成活率。

做好初乳喂养的同时，还要搞好圈舍的清洁，并严格执行消毒隔离制度，做好肺炎、肠胃炎、脐带炎和羔羊痢疾“三炎一病”的防治工作，冬季温度较低时，可以用垫草、加保温灯等办法防治羔羊冻死。

二、哺乳期羔羊饲养管理（4～60 日龄）

哺乳期羔羊饲养管理指的是从初生后第 4 日龄到 60 日龄内羔羊饲养管理。此阶段的关键是羔羊补饲。从初生到 45 日龄是羔羊体重增长最快的时期，母羊泌乳量在羔羊生长后期已不能完全满足其生长发育需要。因此，要尽早训练羔羊开始吃草料，以促进前胃发育，增加营养供给。

从 10 日龄开始对羔羊补给草料，要设置专门补饲栏，料槽内可加入适量开口精料，空中吊有成捆幼嫩的青干草捆，让羔羊自由采食。

从 20 日龄开始集中训练精料的采食。在饲槽里放上用开水烫后的半湿料，注意烫料的温度不可过高，应与奶温相同，以免羔羊烫伤，诱导羔羊去舔食，反复数次后羔羊就学会了采食精料。15 日龄每天补饲混合精料 50～75g/d，1～2 月龄 100g/d，2～3 月龄 200g/d，3～4 月龄 250g/d。有的品种羔羊采食量增长较快，若是达到 200g/d 就可以断奶而不必等到 2 月龄或较长的时间。

混合精料可以直接购买商品饲料，也可按表 11-1 自行配制。自配料的好处是比较放心，价格上有时会有优势。

表 11-1　羔羊饲料配方

配方	玉米/%	豆饼/%	大麦/%	苜蓿粉/%	蜜糖/%	食盐/%	碳酸钙/%	无机盐/%
A	50	30	12	1	2	0.5	0.9	0.3
B	55	32	～	3	5	1	0.7	0.3
C	48	30	10	1.6	3	0.5	0.8	0.3

三、奶-草过渡期羔羊饲养管理（61 日龄～断奶）

奶-草过渡期羔羊饲养管理指的是从 2 月龄至断奶这段时期羔羊饲养管理。

2 月龄后的羔羊逐渐以采食饲料为主、母乳为辅。这段时期要求提供多样化的饲料，并根据个体发育情况随时进行调整，日粮中可消化蛋白质和可消化总养分以 16%～20%和 74%为宜。

要安排好羔羊吃奶和运动的时间。如果是放牧的，一般母羊和羔羊分群放牧，让羔羊能在早、晚各吃 1 次奶。如果是全舍饲的，可以定时打开补饲栏的门放羔羊到母羊舍吃奶。母羊和羔羊分开饲养有利于母羊休息、增重、抓膘和羔羊寄生虫病的预防。断奶的羔羊在转群或出售前要全部进行驱虫。

四、开食与补料

开食与补料对羔羊的生长发育至关重要。早期开食可刺激瘤胃发育，促进健康。母羊泌乳高峰期后，补料成为主要营养源。羔羊出生后 7 日龄内开始训练，10 日龄未自主摄取补料需人工引导。补料以谷物为主，全混合颗粒饲料最佳，易于储存运输。采食量与母乳量成反比，40 日龄后随泌乳量下降，采食量增加。评估适口性重点关注 6 周龄前，后期影响较小。设计饲料分开口料和断奶料，35 日龄过渡，40 日龄断奶。断奶以采食量为标准，更科学准确。补饲原则包括尽早开食促消化、少喂勤添防残留、栏干槽净防疾病。遵循这些原则，有助于提高羔羊的健康与生长速度。

五、断奶前羔羊的营养需求和管理策略

新生羔羊在出生后迅速进入生长发育阶段，此时它们需要摄取大量的初乳以获取到足够的营养成分，包括蛋白质、矿物质和维生素等。随着哺乳期的延长，羔羊对固体食物的消化和吸收能力逐渐提高，其营养需求也逐渐转向固体食物。

为了满足羔羊的营养需求，必须采取一系列精心设计的饲养措施。首先，确保新生羔羊在出生后立即摄取到足够的初乳是至关重要的，因为初乳含有丰富的营养物质和抗体，为新生羔羊提供必要的营养和免疫保护。其次，根据羔羊的生理状况和营养需求，制订合理的断奶计划及断奶后的饲养方案同样关键。这需要根据不同生长阶段和营养需求来制订饲养计划，包括断奶后的饲料类型、喂食时间和喂食量等细节。此外，提供足够的优质饲料是满足羔羊固体食物需求的必要条件。优质的饲料应包含全面的营养素，并根据羔羊的口感和偏好进行适当调整，以确保其摄取足够的营养。最后，饲养过程中应密切关注

羔羊的体重变化和生长速度，根据实际情况调整饲养方案，以促进其健康生长发育。这种全面的饲养策略不仅有助于提高羔羊的成活率和生长速度，还有助于改善其生产性能和肉质品质，从而实现养殖效益的最大化。

六、断奶期及生长育肥期羔羊的营养调控及饲养管理

断奶期是指羔羊从哺乳后期逐渐适应断奶料直至断奶后生长期前期的阶段。此期间，羔羊对断奶料的接受程度和采食量是评估断奶效果的关键指标。当断奶料能满足羔羊基本营养需求时，可实施断奶。

断奶前一周，应逐步减少母羊哺乳次数，促使羔羊逐渐过渡到以断奶料为主。待羔羊采食量达标后，便可断奶，并持续使用断奶料饲喂至 4 月龄。此时，羔羊瘤胃发育基本完善，可逐步转向生长及育肥料，以减少断奶应激，保障其健康成长。

对于同批出生的羔羊，实施同期断奶有助于平衡生长发育、减少生长速度差异、提高养殖效益。此外，同期断奶便于防疫工作，如疫苗接种和驱虫，提高防疫效果。同时，有利于饲养管理和同期出栏，降低劳动强度，提升养殖效率。因此，推广同期断奶策略具有实际意义。

4 月龄后，羔羊应分群饲养，公羊、母羊及去势羊分开管理。选出后备种羊，按种羊饲养要求培育。其他公羔去势后与非后备母羔一同育肥。育肥羊与育成羊因生长发育阶段和目的不同，所需饲料种类、营养成分及配比亦有所差异。

育肥羊以快速增重为目标，需高蛋白、高热量饲料，如豆粕、玉米等，同时关注饲料性价比，适量添加杂粕、非蛋白氮。还需补充维生素和矿物质，保障免疫系统和骨骼健康。

育成羊则注重骨骼、肌肉及消化系统、生殖系统的发育。应提供高蛋白、中热量饲料，如玉米秸秆、青贮饲料等，促进其健康生长。同时，补充矿物质和维生素，支持骨骼和牙齿发育。

此外，育肥羊需高密度饲养，注重环境卫生和通风；育成羊则需注重运动和放牧，提高抗病能力。总之，针对不同用途的羊群，须采取不同的饲养管理策略，以确保其健康生长和提高生产效益。

第三节　育成羊饲养管理

育成羊即从断乳至配种前的阶段，是羊只生长发育的关键期。在初生至1.5岁的生长过程中，羊的肌肉、骨骼及各器官组织均处于迅速发育状态，对营养需求极高。特别是在初生至8月龄，羊只发育尤为迅猛，如同跑车急需燃料支持。若此时营养供给不足，将严重影响其后续性能与表现。

因此，育成羊的饲养管理至关重要。科学合理地饲养，特别是优质粗饲料的充足供应，有助于羊只体格增大，尤其促进消化和生殖系统的充分发育，为日后成为优质肉用羊或繁殖羊奠定坚实基础。

对于落选的青年羊，因其主要用于肉用，故将其调整至育肥群，采取快速育肥模式。通过精心调配饲料、控制饲养环境等措施，短时间内即可达到理想育肥标准，迅速出栏，为养殖场带来显著经济效益。

育成羊饲养管理的核心在于保障全价营养与充足运动。断奶后至8月龄期间，需确保羊只每日摄入足量优质青干草，并补充含15%可消化粗蛋白的精料。青年公羊生长速度较快，应适当增加精料供应。同时，确保育成羊拥有充足运动时间，有助于其生长发育、增强免疫力，并预防不良体态形成。

此外，育成羊应按计划称重，以监测生长发育情况。通过自动称重设备或定期抽测体重，可及时调整饲养管理措施，确保羊只健康生长。

总之，育成羊与落选青年羊的饲养管理需根据其特点制定个性化方案，确保科学合理，以实现健康成长与经济效益最大化。同时，避免将育肥羊与育成羊混淆饲养，以免影响生长发育与经济效益。

第四节　母羔一体化管理技术

母羔一体化管理技术是将母羊与羔羊视作整体实施的系统化饲养、管理与防疫策略。该技术旨在提升母羊泌乳性能，促进羔羊生长发育，进而实现整体生产效率的提高。对于多羔品种而言，其核心目标在于实现“多产多活”，理论核心在于通过调控母羊饲养管理，优化羔羊生长发育。该技术特征主要体现在以下方面：首先，注重母羊全周期生长发育调控，确保其在整个饲养过程中保持健康稳定状态；其次，追求全周期内的整体优化，确保各阶段饲养行为相互协调，避免损害后续阶段；再次，兼顾母羊与羔羊哺育需求，制订合理饲养计划，确保两者营养充足；最后，实现饲养整体优化的目标，提高生产性能，降低生产成本，促进可持续发展。

一、绵羊母羔一体化管理的目标和分期

母羊饲养的决策目标是提供尽可能多的健壮的断奶羔羊。举例来说，在两年三产的体系中，设定的目标包括母羊在两年内生产三胎，每胎平均产下两只羔羊，羔羊在 60d 断奶后，进行育肥并在约 8 月龄时出栏。

在羔羊断奶后安排一个月的配种期。为了实现这一目标，需要对母羊的日粮及饲养管理进行精心安排，着重关注五个生理阶段，即配种期、妊娠早期、妊娠晚期、哺乳前期及哺乳后期。在每个阶段都会进行特定的营养调控和饲养管理关键点控制。

同时，针对羔羊的瘤胃发育及消化器官的特点也将它们分为四个生理阶段，即哺乳期、断奶期、生长期及育肥期，并对每个阶段进行特定的营养调控和饲养管理。

二、配种前饲养管理

配种前要充分做好母羊抓膘复壮工作，为接下来的配种妊娠储备充足营养。配合日粮要满足正常的新陈代谢，对断奶后较瘦弱的母羊要适当增加营养，以达到抓膘复壮的目的。种羊场母羊一般以舍饲为主，山芋藤、花生秸等粗饲料可以让其自由采食。每天放牧约 4h，并补饲混合精料约 0.4kg/只。

三、哺乳期饲养管理

母羊产后哺乳期为 2～3 个月，分娩后泌乳期的长短和泌乳量的高低对羔羊生长发育和健康有着重要影响，此阶段应保障母羊全价饲养。在哺乳期，母乳是羔羊重要的营养来源，尤其是初生后 15～20d 内。羔羊哺乳期内日增重一般可达 200～250g，羔羊每增重 100g 需母乳约 500g，产生 500g 乳需要 0.3kg

风干饲料（33g蛋白质、1.8g钙和1.2g磷）。补饲精料时，钙、磷的含量和比例对母羊产奶量都有明显影响，合理的钙、磷比例为（1.5～1.7）∶1。此外，维生素A和维生素D对母羊产奶量也有明显影响，当母乳中维生素D缺乏时，羔羊对钙、磷的吸收和利用能力也会下降，不利于羔羊生长和发育。因此，必须给羊提供较充足的青绿多汁饲料以满足维生素的需要。在产后1～3d内，母羊不能饲喂过多精料，不能喂给冷料和冰水。在哺乳期除了要保障青干草自由采食外，每天还要补饲多汁饲料1～2kg，混合精料0.6～1kg。

哺乳后期，随着羔羊饲料采食量的增加，可逐渐减少母羊补饲量，尤其是减少断奶前多汁饲料和精料的饲喂量，以防止乳房炎的发生。母羊舍要经常打扫和消毒，以防羔羊吞食粪便和毛团等污物而生病。

四、妊娠期饲养管理

妊娠期除满足母羊自身营养需求外，还必须为胎儿的生长发育提供必需的养分。在妊娠前期（妊娠前3个月），胎儿的累积生长较小，母羊营养需求与空怀期基本相同，但必须保障优质蛋白质、矿物质和维生素的供给，在放牧条件差的地区，还要补饲混合精料和优质干草。在妊娠后期（妊娠后2个月），胎儿长势迅猛，母体增重也非常快，胎儿80%的体重和母羊增重的60%在这一时期内完成。然而，随着胎儿的生长发育，母羊腹腔容积逐渐减小，采食量逐渐降低，饲草容积过大或水分含量过高，均无法满足母羊对干物质的要求。因此，母羊妊娠后2个月应提供充足、全价和高浓度的营养，营养浓度（营养水平）应提高15%～20%，钙、磷含量增加40%～50%，并提供充足的维生素A和维生素D，补饲混合精料0.6～0.8kg/(d·只）和骨粉3～5g/(d·只)。产前10d左右还应多喂一些多汁饲料。不能饲喂霉变和冰冻饲料，以防流产。应加强妊娠母羊管理，日常活动要以“慢和稳”为主，要防止拥挤、跳沟、惊群和滑倒等现象。

五、母羊短期优饲与人工催情

短期优饲和人工催情是一种在黄体期通过短时间内提高能量摄入来刺激母羊产生胰岛素，从而增加排卵数、提高受孕率，并最终提高产羔率的技术。这一技术最好采用专门设计的饲料，在配种前约两周开始，同时提高日粮中维生素和微量元素水平，特别是铜、碘、锌、硒等四种元素的含量[1]。对于配种母羊，其饲养水平应比空怀母羊高出20%～25%，而对于初配的后备母羊，其饲养水平应在维持基础水平的基础上增加15%～20%。

在配种完成后，饲养水平应降低到妊娠前期的水平。如果配种后继续采用高营养水平饲养，可能会导致黄体消退及胚胎着床不良。这是因为高营养水平饲养会导致绵羊体内代谢水平升高，进而影响黄体的功能，导致孕激素分泌不足，从而影响胚胎着床。此外，高营养水平饲养还可能导致绵羊体内脂肪沉积过多，进一步影响胚胎的发育和着床。

六、配种期和空怀期营养调控与饲养管理

配种受胎率和卵子受精数是决定断奶羔羊数的核心因素，其关键在于配种期的有效管理。为优化母羊繁殖性能，需精准调控营养和饲养管理。其中，膘情控制尤为关键，理想状态应保持六至八成膘情，避免过瘦或过肥影响繁殖力。空怀期饲养水平应略高于维持基础饲养水平，膘情不佳者需提高饲养水平，过肥者则适当限食。制定体质指数（BMI）有助于提升操作可控性和效果。此外，营养水平对卵泡发育至关重要，黄体期尤为明显。能量不足会抑制排卵，延长发情时间，降低繁殖率；而能量过高则不利于黄体消退和受精卵着床。因此，合理调控营养水平，促进卵泡优势化发育，是提高繁殖率的关键。

七、妊娠中前期母羊营养调控与饲养管理（1～90d）

在妊娠中前期（1～90d）阶段，子宫、胎盘、羊膜等组织发育完成，而胎儿增长相对缓慢。此时，妊娠前期母羊与空怀母羊生理状态相似，营养需求相近，饲养水平应略高于维持基础标准饲养水平，膘情控制在六至七成。若膘情不足六成，可适当提高饲养水平；超过七成则保持体重；超过八成则需适当限饲至七成左右，避免大幅度限饲影响胚胎发育。同时，确保矿物质和维生素等营养供应充足，以防营养不良导致流产等问题。

妊娠期间，母羊营养摄入和环境刺激对胎儿发育至关重要。营养不足或环境不良均可能影响胎儿生理和行为发展，甚至影响其出生后的健康和生长。因此，需科学控制母羊营养摄入和环境刺激，保障胎儿正常发育。

妊娠早期或中期营养限饲会限制胎盘及其附属物的生长，对胎儿发育不利。而妊娠中期适宜的营养摄入是保障胎儿肌纤维数量最大化的基础，对日后产肉能力至关重要。营养限制会导致肌纤维数量减少，影响肉类品质；后期营

养限制还会影响肌纤维大小和肌内脂肪细胞生成，对胎儿生长发育和肉质产生负面影响。

研究表明，母羊营养对胎儿骨骼肌发育影响显著。因此，在妊娠期间，需精准调控母羊营养摄入，确保胎儿正常发育，提高肉质品质。

八、妊娠后期（91～150d）

胎儿的增重主要集中在妊娠后期，尤其是最后两个月，特别是最后一个月。此时，胎儿的骨骼和肌肉发育迅速，而母羊的采食量受限。因此，提高日粮营养浓度至关重要，但需注意避免过度肥胖或营养不良对胎儿的不良影响。

妊娠后期是母羊营养需求的关键阶段，需额外补充能量、蛋白质、维生素等营养物质，以满足胎儿生长发育的需求。营养供应不足会导致胎儿生长受限，持续超过 21d 将造成不可逆损害。

研究显示，围产期补充烟酰胺可提高母羊抗氧化能力，缓解氧化应激，促进羔羊肠道发育。此外，蛋氨酸在胎儿营养吸收和羔羊生长、免疫功能中扮演重要角色。

在绵羊妊娠后期，应精心管理营养，确保胎儿正常增重和母羊营养储备。临产前，最好在产房待产，调增饲喂次数和日粮营养浓度，选用易消化饲料和优质粗饲料。分娩时，可喂食营养汤或麸皮盐水，维持母羊水分和能量平衡。

九、哺乳期母羊营养调控与饲养管理

母羊分娩后的健康状况直接关系到羔羊的生长发育，因此产前产后管理尤为关键。分娩后 1.5～2h 内，应提供营养汤或麸皮盐水以补充水分和营养。产后首日，饲喂适量优质干草或全混合颗粒饲料，避免纯精料。产后第三天起，逐步增加精饲料量，但日增量不宜超过 100g。哺育单羔母羊精料控制在 0.3～0.5kg，多羔则增至 1.0～1.5kg。泌乳高峰期需增加精料比例，并添加瘤胃缓冲剂防止酸中毒。选用优质粗饲料提升产奶量。哺乳期约 30d，高峰期需高水平饲养，控制产后体重下降，绵羊以不超过 6kg 为宜。哺乳期后期逐步降低营养水平，断奶前一周减少精料摄入，减少哺乳次数，促使羔羊增加采食量。分娩后，确认母子关系后转栏，多羔母羊需人工护理。产后需清洁消毒外阴，难产或助产母羊需止血、防感染、促恢复。产后 7～9d 还需采取保健措施，确保母羊快速恢复，为羔羊提供良好环境和充足母乳。

十、断奶前母羊的营养需求和管理策略

妊娠期和哺乳期是母羊营养需求的关键时期。在此期间，母羊需要适量的蛋白质、矿物质、维生素等营养物质来满足自身和羔羊的需求。妊娠期母羊的营养需求取决于妊娠阶段和胎儿的发育情况，而哺乳期母羊的营养需求则与羔羊的生长发育密切相关。

针对妊娠期和哺乳期母羊的营养需求，合理的饲养策略应包括：提供足够的优质饲料，保证母羊在不同妊娠阶段得到适当的营养供应；在哺乳期，要确保母羊获得充足的营养物质，以保证其乳汁的质量和产量。此外，应关注母羊的体况评分和体重变化，根据实际情况调整饲养方案，以保持其良好的营养状态。

十一、断奶时母羊和羔羊的健康管理

在断奶阶段，母羊与羔羊面临生理和心理双重挑战，须实施有效健康管理防止疾病暴发。羔羊断奶时间依据采食量而定，达 200g/d 即可断奶。此时，应提供高质量饲料和水源，满足其营养需求，并定期检查身体状况，及时处理异常。同时，关注其行为情绪变化，提供安静舒适环境，减少应激。防疫措施包括驱虫、修蹄和注射维生素，以保障健康。

在羔羊养殖过程中，科学组群对提升收益和产品品质至关重要。应根据性别和体重进行分群，避免公母混养，预防疾病传播，降低养殖成本。羔羊组群需持续优化，结合性别、年龄、健康状况等因素进行调整。我国已有成熟技术实现自动称重和分栏，提高工作效率。养殖人员需密切关注羔羊生长状况，及时干预有问题的羊只。

随着养殖业发展，羔羊组群优化技术不断更新，未来将更加智能化、精细化。政府支持也为养殖业带来新机遇。在良好环境下，我国羔羊养殖业将迎来新挑战与机遇。

十二、断奶后的母羊和羔羊的生长发育管理

断奶后，母羊进入关键的繁殖休息期，此时须精细调整饲料结构。应适度削减高能量食物，避免母羊过度肥胖而影响繁殖性能[2]。同时，须防止母羊

营养不良，应通过优化饲料配方和合理控制喂食量来确保母羊体况适中。调整饲料时应注重营养素的均衡摄入，如蛋白质、矿物质和维生素等，既要满足营养需求，又要避免过量。喂食量需根据母羊的年龄、体重、活动量和健康状况等因素灵活调整。

此外，断奶后的母羊还需根据体况和繁殖计划进行调情处理，以促进其繁殖性能。调情过程中须密切关注母羊反应，及时调整策略。同时，羔羊进入快速生长期，须提供高能量、高蛋白质及高消化性的饲料以满足其生长发育需求。在饲养过程中，应根据羔羊性别、品种等因素合理分群，并根据目标市场需求进行淘汰或育种，以优化饲养计划。断奶后母羊和羔羊的饲养管理需综合考虑多个因素，包括饲料调整、调情处理、分群饲养和市场需求等，以实现最佳饲养效益。

十三、母羊-羔羊交互作用对营养管理的需求

母羊与羔羊之间的营养交互作用对于养殖业的成功至关重要。母羊的营养状态对其所分泌乳汁的质量和产量具有决定性影响，进而直接影响羔羊的生长和发育。只有营养充足的母羊才能产生丰富且营养均衡的乳汁，这对于羔羊的健康成长至关重要。相反，营养不足的母羊可能会导致乳汁质量下降，甚至影响羔羊的正常发育。

随着羔羊的生长发育，其对乳汁中各种营养成分的需求会不断增加。从图11-1中可以看出，在泌乳早期，母羊泌乳量逐渐上升，此时羔羊对乳汁脂肪和蛋白质需求较高，以满足快速生长需求：进入泌乳盛期，母羊泌乳量达到高峰，羔羊对乳糖等营养物质需求也相应增加：而到了泌乳后期，母羊泌乳量下降，羔羊对固体食物的消化吸收能力逐渐增强，营养需求开始转向固体食物。在哺乳早期，羔羊需要更多的乳汁脂肪和蛋白质，随着其生长阶段的变化，对乳糖和其他营养物质的需求也会增加。如果母羊不能根据这些需求来适时调整乳汁的成分和分泌量，可能会导致乳汁供应的营养不足，从而影响羔羊的正常生长。

此外，羔羊对乳汁的需求也会刺激母羊分泌更多的乳汁。这种刺激可以促使母羊产生更多的乳汁以满足羔羊的需求，从而确保其正常生长。因此，在实际养殖过程中，应充分考虑母羊与羔羊之间的这种交互作用，并制定相应的营养管理策略。对于母羊，应确保其获得充足的营养摄入以维持其乳汁的质量和产量。同时，还需密切关注母羊的身体状况并定期检查其乳汁质量和分泌情况。对于羔羊，应根据其不同生长阶段的营养需求采取适当的饲养方式，确保

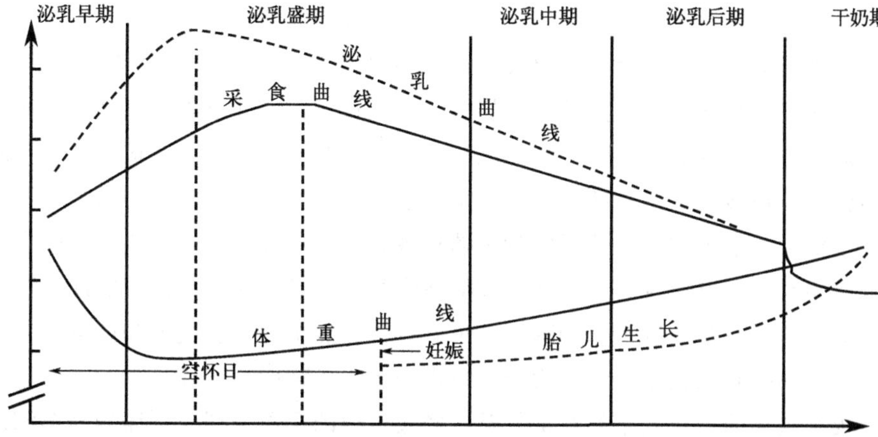

图 11-1　绵羊泌乳、采食和体重曲线

其获得充足的营养摄入。同时，也需要保持羔羊生活环境卫生，降低疾病风险。

为了满足母羊和羔羊在不同生长阶段的营养需求，合理的饲养计划和营养配方是必不可少的。首先，应确保饲料的质量和安全性，选用新鲜、无霉变的饲料原料。其次，根据母羊和羔羊各阶段的营养需求特点，合理搭配饲料配方以确保营养成分均衡和充足。最后，应控制饲喂量和饲喂频率以避免母羊过度喂食导致乳腺炎等问题。

除了合理的饲养计划和营养配方外，还需要注意母羊和羔羊的生活环境和卫生状况。保持圈舍的清洁、干燥和通风良好，并定期清理圈舍和更换垫草。

十四、母羔一体化管理技术的主要效果

提高了母羊的泌乳性能和再次受孕率。断奶后的母羊在科学的饲养管理条件下，需要根据其体况和繁殖计划进行相应的催情处理。维护母羊的健康状况，可帮助其在断奶前后保持理想的身体状况，进而提高其产奶量和奶的质量，延长哺乳期。此外，催情处理能够刺激母羊的生殖系统，提升其再次受孕的成功率。在催情过程中，应对母羊的体况和繁殖性能进行细致的观察，以便及时调整繁殖策略。同时，繁殖计划的制订需结合母羊的实际情况，考虑其年龄、体况、繁殖历史等多方面因素。合理进行催情处理能够更好地实现繁殖计划中的目标，提高母羊的繁殖效率和品质。总之，断奶后的母羊进行适当催情

处理是发挥其繁殖性能的关键环节，同时需密切关注母羊的反应和表现，以便及时调整繁殖策略，确保其繁殖性能得到最大程度的发挥。

提高羔羊的生长速度和存活率。通过采取科学的饲养管理及健康护理措施，可在很大程度上促进羔羊在断奶前后的生长发育，并显著提升其断奶体重与品质，同时降低其死亡和患病的风险。科学的饲养管理不仅要求保证充足的营养供应，还涉及对羊舍的清洁、干燥和通风等环境条件的维持，以及对羊只的定时饲喂、饮水和运动等日常管理的重视。健康护理方面，需要定期检查羊只的健康状况，以便及时发现并治疗潜在疾病，同时需对羊舍进行定期消毒和驱虫等。这些科学的管理和护理措施可有效提高羔羊的生长速度和体重，同时降低其患病率和死亡率，从而为养殖户带来更为可观的养殖经济效益。

提高整体的生产效率和经济效益。经过科学的饲养管理及严谨的筛选淘汰机制，羊群的结构与品质得以优化，进而提高其繁殖与产肉性能。此类饲养管理方式可有效降低饲养成本与兽医费用，进一步提高养羊业的经济效益。通过实施母羔一体化管理技术，羊肉生产效率得到显著提升，这一技术显然是养羊业未来发展的重要方向。因此，母羔一体化管理技术具有极高的实用性和可推广性，值得在更广泛的范围内进行推广和应用。

第五节　种公羊饲养管理

种公羊在提高生产力和改良品种中起核心作用。种公羊培育需要遵循中上等膘情、性欲旺盛、精液品质良好、单独饲养放牧、避免过早配种等原则。目的是提供优质遗传资源和良好性状表现。种公羊饲料需营养全价、易消化、适口性好，以及富含蛋白质、维生素和无机盐。理想饲料包括苜蓿草、三叶草、山芋藤、胡萝卜、南瓜、花生秸、玉米、麸皮、豆粕、麦芽和骨粉。配种或采精频率高时，应增加蛋白质供应。

种公羊的管理，开始配种或采精时要单圈饲养和单独组群放牧，保持足量运动和适量补饲，每天放牧和运动的时间为 4～6h。配种季节公羊采精频率为 1～2 次/d，连续采精 3～4d 休息 1d。采精频率较高时，每天要补饲 2 个鸡蛋，并按体重的 1%补饲混合精料。种公羊要随时观察精神状态，定期进行检疫、预防接种和防治寄生虫。

一、种公羊饲养

种公羊在养羊产业中占据着关键地位，其品质的优劣直接影响着生产效益。随着人工授精技术的普及，对种公羊品质的要求日益提高。为实现种公羊饲养的品质目标，以下 3 点至关重要：

① 饲料的种类与搭配需多样化，精饲料与粗饲料要合理搭配，力求保证全年青绿多汁饲料的均衡供应。在青草生长较少的地区，应储备充足的青贮饲料，并关注矿物质与维生素的补充。

② 日粮应保证较高的能量与粗蛋白水平。即使在非配种期，种公羊的饲料中也应包含一定比例的混合精料，以维持其良好的身体状况。

③ 非配种期种公羊的饲养还需注意适度放牧与运动，以避免过肥影响其配种能力。

总之，种公羊饲养管理的重点在于饲料的多样性和科学搭配、能量与蛋白质的充足供应以及适度的放牧与运动，以保证种公羊具备良好的品质和配种能力。

（一）非配种期的饲养

在非配种期，种公羊的饲养主要目的是恢复和维持其优良的种用体况。配种结束后，种公羊的体况会有一定程度的下降，为了使其迅速恢复，配种结束后的 1～2 个月内，日粮应与配种期基本保持一致，但日粮的组成可以适当调整。例如，提高优质青干草或青绿多汁饲料的占比，并根据体况恢复状况，逐步转变为非配种期的日粮。

我国北方地区的羊繁殖具有明显的季节性，主要集中在 9～11 月（秋季），非配种期较长。在冬季，种公羊的饲养需保持较高的营养水平，既有利于体况恢复，又能确保其安全度过冬季和春季。饲养过程中要合理搭配精粗饲料，补充适量青绿多汁饲料（或青贮料），并在精料中添加一定的矿物质。混合精料的用量不低于 0.5kg，优质干草 2～3kg。春夏季以放牧为主，每日补喂少量混合精料和干草。

南方大部分低山地区气候温和、雨量充沛、牧草生长期长、枯草期短，加之农副产品丰富，羊繁殖季节可分为春秋两季，部分母羊可实现全年发情配种。因此，全年均衡饲养种公羊尤为重要。除了做好放牧和运动管理外，每日应补饲 0.5～1.0kg 的混合精料和一定量的优质干草。

（二）配种期的饲养

在配种期内，种公羊需消耗大量养分和体力。根据配种任务或采精次数的差异，个体对营养需求存在显著差异。针对配种任务繁重的优秀种公羊，每日应补充1.5～3.0kg的混合精料，并在日粮中加入部分动物性蛋白质饲料（如蚕蛹粉、鱼粉、血粉、肉骨粉、鸡蛋等），以确保其精液品质。同时，要保持饲料和饮水的清洁卫生，及时清除剩料，降低饲料污染和浪费。青草或干草应放入草架饲喂。在南方高温高湿季节，种公羊宜在早晨和傍晚进行放牧。种公羊舍应具备良好的通风条件，可修建带漏缝地板的双层楼圈或在羊舍内铺设羊床。

在配种前1.5～2个月，逐渐调整种公羊日粮，增加混合精料的比例，同时进行采精训练和精液品质检查。开始时每周采精检查1次，以后增至每周2次。对精液稀薄的种公羊，应增加日粮中蛋白质饲料的比例；当精子活力差时，应加强种公羊放牧和运动。

在确定种公羊采精次数时，需充分考虑羊的年龄和身体状况。对于1.5岁左右的种公羊，每天采精1～2次较为适宜，同时避免连续采精。成年公羊每日可采精3～4次，偶尔可达5～6次，每次采精之间应保持1～2h的间隔。当采精频率较高时，仍需确保种公羊每周有1～2d的休息日，以防止因养分和体力过度消耗而导致体况下滑。

二、种公羊营养标准

饲养种公羊的目的是获取优质精液，饲养管理好坏直接关系到精液品质。因此要根据种公羊不同生理阶段的营养需求建立营养标准，以增强种公羊的配种能力和提高精液的品质，参考表11-2和表11-3。

表11-2　种公羊阶段化营养标准

生理阶段	体重/kg	风干饲料/kg	消化能/MJ	可消化粗蛋白/g	钙/g	磷/g	食盐/g	胡萝卜素/mg
非配种期	70	1.8～2.1	16.7～20.5	110～140	5.0～6.0	2.5～3.0	10～15	15～20
	80	1.9～2.2	18.0～21.8	120～150	6.0～7.0	3.0～4.0	10～15	15～20
	90	2.0～2.4	19.2～23.0	130～160	7.0～8.0	4.0～5.0	10～15	15～20
	100	2.1～2.5	20.5～25.1	140～170	8.0～9.0	5.0～6.0	10～15	15～20

续表

生理阶段	体重/kg	风干饲料/kg	消化能/MJ	可消化粗蛋白/g	钙/g	磷/g	食盐/g	胡萝卜素/mg
配种期（配种2～3次）	70	2.2～2.6	23.0～27.2	190～240	9.0～10.0	7.0～7.5	15～20	20～30
	80	2.3～2.7	24.3～29.3	200～250	9.0～11.0	7.5～8.0	15～20	20～30
	90	2.4～2.8	25.9～31.0	210～260	10.0～12.0	8.0～9.0	15～20	20～30
	100	2.5～3.0	26.8～31.8	220～270	11.0～13.0	8.5～9.5	15～20	20～30
配种期（配种4～5次）	70	2.4～2.8	25.9～31.0	260～370	13～14	9～10	15～20	30～40
	80	2.6～3.0	28.5～33.5	280～380	14～15	10～11	15～20	30～40
	90	2.7～3.1	29.7～34.7	290～390	15～16	11～12	15～20	30～40
	100	2.8～3.2	31.0～36.0	310～400	16～17	12～13	15～20	30～40

表 11-3　混合精料配方

种类	比例/%	粗蛋白/%	代谢能/MJ	钙/%	磷/%
玉米	60	5.166	1.812	0.024	0.126
豆粕	25	11.8	0.758	0.08	0.23
麸皮	10	1.48	0.221	～	0.064
甘薯	3	0.12	0.087	0.02	0.008
食盐	0.8	—	—	—	—
碳酸钙	1	—	—	—	—
多维素	适量	—	—	—	—
微量元素	0.2	—	—	—	—
合计	100	18.566	2.878	0.124	0.428

三、种公羊管理

（一）运动与保健

种公羊舍的清洁和废弃物处理需定期进行，同时实施科学合理的消毒措施，确保环境整洁。研究发现，适量的运动有助于增强种公羊的体质。每天应在阳光充足的时间段，将种公羊驱赶至运动场活动0.5～1h，或让其在运动场自由活动 3～4h，以防止种公羊因过度肥胖而影响精子质量，降低配种成功率。此外，饲养员应定期对种公羊进行蹄部修剪、毛发修剪和身体刷拭，以增强饲养员与种公羊的亲近感。

（二）疫病防治

种公羊的防疫工作务必落实到位。针对布病、口蹄疫、小反刍兽疫、羊痘等疾病，需根据制定的免疫程序，进行科学且合理的疫苗接种。值得注意的是，各类寄生虫对羊群的危害同样不可忽视。为确保羊群健康，每年的 3～4 月和 9～10 月，应对种公羊实施药浴措施。选用依维菌素用以驱除体表螨虫、蜱虫和消化道线虫，同时可通过丙硫咪唑预防吸虫和绦虫。

（三）配种训练

初次配种的种公羊需要进行调教才能顺利完成配种。开始调教时，将种公羊和一些健康的母羊进行同圈饲养，或将发情母羊阴道分泌物、尿液涂抹在种公羊鼻尖上，这种做法可以提高种公羊性欲。其他公羊配种或采精时，将训练公羊牵到近旁观摩也有利公羊训练成功。

（四）精液品质检查

经过调教的种公羊在配种前两周，可进行 3～5 次人工采精。通过检测精子密度、活力、畸形率等指标，以判断精子是否适宜进行配种。此外，精液品质的检查可反馈饲料配方和补饲量，从而实时调整饲料的营养配比。

参考文献

[1] 王宏博，郭江鹏，李发弟，等. 不同营养水平对滩×寒杂种母羊繁殖性能的影响. 草业学报，2011，20(6)：254-263.

[2] ATTRA. Managing Internal Parasites in Sheep and Goats. National Center for Appropriate Technology，2020.

第十二章

多羔羊产业链发展模式

绵羊品种依主导产品用途可分为肉用、毛用和奶用三类，而按生产方式可分为放牧品种和舍饲品种两类。根据多羔羊的种质特性，将其定位为舍饲品种更具市场潜力。

第一节 多羔羊产业链

多羔羊养殖链以肉羊养殖为核心，旨在提高肉羊繁殖效率及增加养殖效益。该养殖链涉及种羊选择、繁殖技术、饲料管理、屠宰加工及销售渠道等多个环节，需进行优化方可实现肉羊养殖的集约化、高效化，从而增加养殖的经济收益。

一、多羔羊产业链构成

多羔羊产业链主要由以下 4 个环节组成：养殖、加工、销售和服务。目前，养殖端在产业链中的话语权较低，而加工端比较强势。

（1）养殖　多羔羊产业链的基础是养殖环节，这一环节包括多羔羊的繁育、饲养和管理等。养殖端需要对多羔羊的生长环境、饲料和疾病预防等方面进行精心管理，以确保多羔羊的健康成长和良好品质。此外，养殖端还需要关注多羔羊品种的选择和培育，以适应市场需求和提高养殖效益。

（2）加工　多羔羊产业链的加工环节主要包括屠宰、分割、冷冻、冷藏和包装等。这一环节对提高多羔羊产品的附加值和延长保质期具有重要意义。在加工过程中，应严格遵循食品安全标准和卫生要求，确保产品质量和食品安全。

(3) 销售　多羔羊产业链的销售环节涉及产品的分销和零售。销售渠道可以包括线上电商平台、线下超市、批发市场等。在销售过程中，需要关注市场动态，了解消费者需求，合理定价，以实现产业链的持续发展。

(4) 服务　多羔羊产业链的服务环节包括技术支持、信息咨询、市场调研等。这一环节对于提高产业链整体竞争力具有重要作用。服务体系的完善有助于养殖端和加工企业及时了解市场动态，调整生产策略，提高产品品质和市场占有率。

近十余年来，多羔羊产业链在技术革新、政策扶持及市场需求增长的共同推动下取得了显著进展。随着市场对羔羊肉需求的日益增长，产业链各环节均致力于提升生产效率与品质。养殖环节通过引入现代化饲养设施、优化饲料配比与疫苗接种技术，显著提高了羔羊生长速度和存活率，实现了规模化经营与成本降低。加工环节同样不断革新，通过采用现代化设施与技术提升羊肉品质，满足消费者对高品质羊肉的需求。同时，多羔羊产品的分割与包装方式不断创新，适应市场多样化需求。在销售环节，多羔羊产品已拓展至超市、农贸市场及电商平台等多元渠道，方便消费者购买。展望未来，多羔羊产业链将持续受益于市场的扩大与高品质羊肉需求的增长，展现出强劲的发展势头。

二、多羔羊在生产链中的位置

多羔羊产业成为农作物秸秆资源化利用的得力助手，实现“秸秆变肉”的资源化利用，减轻环境污染压力，助力美丽乡村建设。该产业促进种植与养殖的深度融合，为生态循环农业提供高效途径。多羔羊产业独具特色，与耗粮型养羊业互补，解决秸秆处理问题的同时，为农民提供额外收入来源。农民可利用秸秆资源降低饲料成本，提高养殖效益。羊粪作为优质有机肥，还可增加土壤肥力，促进农作物生长。

多羔羊产业兴起推动农村经济发展和产业结构优化。国家可出台政策鼓励养殖，提供技术培训和市场信息，提高养殖效益和市场竞争力。同时，引导企农合作，发展秸秆产业链，拓展产业发展空间。多羔羊产业在生态循环农业中扮演重要角色，支持美丽乡村建设和农民致富。未来，随着科技进步和产业模式创新，多羔羊产业有望成为农业可持续发展的重要推动力量。

在我国，养羊业取得显著成果，多羔羊养殖因经济效益高和环保性受养殖户喜爱。现行畜牧法规和传统观念对其污染风险存在误解。多羔羊养殖污染风险低，排泄物处理有效，异味控制得当，环保优势显著。国家应修订法规，扶持多羔羊养殖，鼓励技术创新，推动环保措施的实施，加强政策宣传和培训，确保可持续发展。

多羔羊养殖环保优势渐显，需政府和社会关注。正确评价其环保价值，推广养殖，加大科研投入，优惠税收，提高养殖户的积极性。加强教育和培训，提高专业技能和环保意识。行业自律和规范管理也至关重要，通过交流与合作制定行业标准，确保可持续发展。羊粪作为有机肥深受果蔬种植者青睐，能够提高果蔬产量和品质，羊粪收入可抵消饲养员工资，彰显多羔羊场经济价值与可持续性。规模化多羔羊场地位重要，成功经验值得推广。

多羔羊产业在资源化利用、环保和经济效益方面表现突出，是推动农业可持续发展的重要力量。通过政策扶持、技术创新和行业自律，可进一步推动其在我国养羊业中的发展。

三、多羔羊产品和供应链

多羔羊具有众多的优异种质特点，每一特点在羊肉的市场供给中均可起到重要作用。羊肉根据其来源羊的年龄进行分类：12 月龄以内的羊肉被称为羔羊肉（lamb），其中 4～6 月龄的羊肉被称为肥羔肉；而 12 月龄以上的羊肉则被称为大羊肉（mutton）。肥羔肉的生产主要依赖于多羔羊的早熟特性，其在 6 月龄时的体重能够达到 40kg 以上，符合当前国际羊肉消费趋势。与周岁多羔羊相比，6 月龄的多羔羊在产肉性状方面更具优势。此外，与其他肉用绵羊品种相比，多羔羊的产肉率和肉质性状表现优异，能够满足屠宰加工企业和消费者的需求。

多羔羊产业在资源化利用、环保和经济效益方面表现显著，是推动农业可持续发展的重要力量。政府需通过政策扶持和技术创新推动其发展。多羔羊以其独特的种质特点在羊肉市场中占据重要地位，其早熟特性使肥羔肉生产符合国际消费趋势。为充分利用其优势，养殖端应实施科学饲养管理，确保营养充足、健康检查及时、羊舍清洁卫生。同时，加工环节应提升技术水平，确保羊肉品质与口感。

为推动多羔羊产业发展，国家应提供财政补贴、税收优惠等支持，并举办活动提升消费者认知。技术层面需持续选育改良品种，推广先进饲养技术，加强技术培训与生态保护，促进产业协同与品牌建设。此外，利用多羔羊耐湿热特性，可使其有效适应南方环境，丰富羊肉供给，满足市场需求，促进养羊业发展。

南方羊肉消费市场增长迅速，多羔羊以其肉质鲜美、口感细腻受到青睐。随着消费者对食品安全和健康饮食的关注度提升，多羔羊作为绿色健康产品具有广阔前景。因此，南方养羊业者应积极引进推广多羔羊品种，提升养殖效益，满足市场需求。

四、多羔羊产业链优化策略研究

多羔羊产业链涵盖养殖、加工、销售和服务等关键环节，近年来随着羊肉需求增长而迅速发展。然而，该产业链面临生产效率低、资源配置不均、环境污染等挑战，阻碍了其进一步发展。为此，需深入研究优化策略，以提升竞争力、促进协同发展和增强可持续发展能力。

（一）提升多羔羊产业链整体竞争力的策略

（1）产业融合　通过促进多羔羊产业与其他相关产业的融合，实现资源共享和优势互补，提高产业链的整体效益和竞争力。例如，可以与旅游业结合，开发羊肉美食旅游线路，增加产业链附加值。

（2）创新发展　通过引进新技术、新设备和新模式，提高多羔羊产业的生产效率和产品质量。例如，采用先进的繁殖技术，提高母羊的繁殖率和多羔羊的成活率；采用智能化的饲养设备，提高饲养效率和管理水平。

（3）资源配置　通过优化资源配置，实现多羔羊产业链的高效运转。例如，合理布局饲养基地和加工企业，降低运输成本；加强信息化建设，提高市场预测和决策能力。

（4）品牌建设　通过打造知名品牌，提高多羔羊产业链的市场影响力和竞争力。例如，加强品牌宣传和推广，树立品牌形象；开展产品质量认证和质量追溯体系建设，保障产品质量安全。

（二）加强多羔羊产业链协同发展的策略

（1）强化政策支持　制定优惠措施与资金扶持政策，助力多羔羊产业链协同发展。加大育种、饲养、加工等环节支持力度，降低企业运营成本；同时提供贷款担保与融资支持，缓解企业资金压力。

（2）加强市场沟通机制建设　促进多羔羊产业链各环节信息共享与协同合作。建立行业协会或产业联盟，增进企业间交流与合作；开展产销对接活动，提升产品市场占有率和销售率。

（3）推进多羔羊产业与其他产业跨界合作　实现资源共享与优势互补，提升产业链整体效益和竞争力。例如，与物流企业合作降低运输成本、提升物流效率；与科研机构合作引进先进技术设备，提高生产效率与产品质量。

（三）提高多羔羊产业链可持续发展能力的策略

（1）强化生态保护　通过推行生态养殖模式，优化环境治理，确保多羔羊产业链的绿色发展。此举旨在减少环境污染与生态破坏，同时推进废弃物资源化利用和节能减排工作，从而降低环境负荷与能源消耗。

（2）提升科技支撑　加强科技创新与应用，是多羔羊产业链实现可持续发展的重要保障。应引进先进的繁殖、饲养及加工技术，提升生产效率与产品品质，同时加大科技攻关力度，促进技术成果的转化与应用，以推动产业升级与技术进步。

（3）深化国际合作　推进国际交流与合作，对于提升多羔羊产业链的可持续发展能力具有重要意义。应积极参与国际羊肉协会等组织，引进国外先进理念与技术，提高生产效率与产品质量，推动多羔羊产业的国际化发展。

（四）其他优化策略

（1）文化自信　弘扬羊肉文化、发展地域特色产业有助于增强消费者对多羔羊产业的认同感与信心。例如，四川省简阳市通过举办羊肉美食文化节等活动，积极推广羊肉文化及特色产品，并强化品牌建设，提升其知名度与美誉度。近年来，简阳羊肉及其相关产品相继获得地理标志保护、新品种认定及非物质文化遗产认定等荣誉。

（2）国际交流　通过加强国际互动与合作，引入先进理念与经验，推动多羔羊产业转型升级与持续发展。参与国际养羊业展览，学习海外养殖技术与管理模式；加入国际养羊组织，展开交流合作。同时，与科研机构合作，共同研发养殖技术，提升养殖效益与产品质量。推进信息化建设，提升产业竞争力与可持续性。

（3）人才培养　强化人才培育、引进高端人才，提升多羔羊产业链整体素质与竞争力。举办职业技能培训及创业培训，提升从业人员专业素养与创业能力；引进高层次人才及领军人物，推进产业技术创新与转型升级。

第二节　多羔羊循环经济模式

全球化进程推动了人口增长和经济进步，同时也给农业生产带来巨大挑战。为提高生产效率并减轻环境负担，研究者们提出多种农业循环经济模式，其中多羔羊循环经济模式备受关注。该模式可细分为小循环和大循环。小循环以区域资源利用为核心，实现废弃物减量化循环；大循环则构建“资源-产品-再生资源-再生产品”的多级循环体系。

多羔羊循环经济模式可根据地域和资源差异细化为以下三种类型。

① 草食养羊型，适用于草原或牧草资源丰富地区，通过养羊转化牧草资源为畜产品，并利用羊粪提升牧草产量，形成牧草-多羔羊-有机肥-牧草的循环。

② 秸秆利用型，适用于秸秆资源丰富的地区，利用秸秆作为多羔羊饲料，同时以羊粪为有机肥提升土壤肥力，形成秸秆-多羔羊-有机肥-农作物的循环。

③ 能源利用型，适用于能源短缺地区，通过羊粪生产沼气或生物质能源，并利用残渣作为有机肥，形成多羔羊-粪便-能源-有机肥-农作物的循环。

总之，多羔羊循环经济模式具有多样性和适应性，应根据实际情况选择和应用。

一、多羔羊小循环养殖模式

多羔羊循环经济模式中的小循环，以区域资源高效利用为核心，构建废弃物减量化循环体系。其流程精简为：太阳能驱动作物生长，转化为饲料喂养多羔羊，羊粪则作为有机肥料回归作物种植。此模式有效整合了太阳能与本地资源，实现废弃物资源化利用，降低环境污染风险，并展现较高可持续性。然而，该模式仍需解决作物种植周期与养殖饲料需求之间的平衡问题。

二、多羔羊大循环养殖模式

多羔羊循环经济模式中的大循环在农业可持续发展中具有重要作用。该模式以食物链为主线，构建“资源-产品-再生资源-再生产品”的产业循环，涵盖作物、多羔羊、人类、生物肥和土壤等多个环节，实现资源多层次利用和废弃物多级循环利用。多羔羊粪便经处理后作生物肥，提升土壤肥力和作物产量；人类有机废弃物也可用于生物肥生产，促进资源循环利用。此模式能够优化农业产业结构，保护生态环境，但面临技术和管理挑战。

国家政策引导多羔羊养殖业发展，但可持续发展仍受设施、技术、饲料供给等制约。构建大农业循环模式需综合开发土地资源，发展饲草生产，建立高效种植模式，完善技术体系。政府应扶持多羔羊养殖业，提供优惠政策，加强技术研发与推广。企业和农户应积极参与实践，提升养殖技术和管理水平。多羔羊循环经济模式对解决资源环境问题、提高生产效益、促进可持续发展具有战略意义，有望成为农业重要发展方向。

（一）饲草周年均衡供给的种植模式

饲草是多羔羊养殖业的重要支撑，其周年均衡供给对于实现养殖业的高效、持续发展至关重要。近年来，国内外学者在饲草种植模式方面进行大量研究，以期构建高产、高效、生态的“饲、经、粮”三元种植模式，实现亩产饲草 10t 以上，优质牧草的常年均衡供给。

开展以研发生态保护型饲料生产为核心的研究，构建高产、高效、生态的“饲、经、粮”三元种植模式。通过引入禾本科、豆科等优质、高产牧草品种，筛选适应当地生产的优质、高产、抗病虫牧草品种，提高饲草的产量和质量。同时，探索“饲、经、粮”（如玉米、经济作物、豆科牧草间作套种）三元结构种植新模式及其超高产配套栽培管理技术体系，提高土地综合生产能力和利用率。

建立优良牧草种源基地，为“饲、经、粮”三元种植模式提供种源保障。通过对优良牧草种源的选育和推广，提高饲草的抗病虫害能力，降低生产成本，提高经济效益。

开展牧草和作物废弃物的调制加工技术研究，实现青绿饲草周年均衡供给。利用作物废弃物制作绿色饲料，既降低了饲料成本，又减少了环境污染。通过科学的调制加工技术，使废弃作物秸秆成为优质的青绿饲草，为多羔羊养殖提供充足的饲草来源。

饲草周年均衡供给的种植模式旨在实现多羔羊养殖业的高效、持续发展。通过构建高产、高效、生态的“饲、经、粮”三元种植模式，引进优质牧草品种，开展种源基地建设和调制加工技术研究，实现亩产饲草 10t 以上，优质牧草的常年均衡供给。这将有助于提高多羔羊养殖业的整体效益，促进农业可持续发展。

（二）作物秸秆及食品加工副产物饲料化利用

当前预处理技术主要包括物理、化学和生物处理。物理处理是通过切碎、粉碎等方式增加秸秆表面积，提升消化率；化学处理则利用酸、碱、氨等物质降解秸秆中的纤维素和木质素，但需注意废水处理；生物处理则利用微生物降解秸秆中的纤维素和木质素，如青贮、黄贮和微生物发酵等。不同秸秆的营养特性不同，需根据其特性选择合适的处理方法。例如，氨化处理或微生物发酵处理可用于提高玉米秸秆的蛋白质含量；碱处理或生物处理则适用于降低稻草中的木质素含量。

食品加工副产物也富含营养物质，可作为饲料来源。但其中的抗营养因子和有害物质需通过发酵、提取等处理技术进行降解或提取，以提高其营养价值。

将秸秆与食品加工副产物组合利用，可充分发挥各自优势，提高饲养效果。例如，秸秆与精饲料、食品加工副产物搭配饲喂，或添加矿物质、维生素等添加剂，可满足羊的营养需求，提升其生长速度和繁殖性能。

（三）多羔羊健康高效养殖与低碳氮减排关键技术

多羔羊健康高效养殖与低碳氮减排关键技术是畜牧业发展的重要研究方向。通过离地平养模式、繁殖母羊养殖、早期断奶、生长肥育等关键技术，可显著提升多羔羊生产性能与经济效益。此外，高效利用青粗饲料、节约替代能量饲料、优化利用蛋白质饲料及日粮优化调控减排技术，不仅能减少饲养成本，提高饲料利用率，还有助于减少温室气体排放，保护环境。这些技术的研发与应用，为多羔羊养殖业的可持续发展提供了有力的技术支撑。

（四）利用羊粪改良土壤和栽培作物关键技术

化肥的过量使用已导致土壤退化、污染问题加剧。因此，减少化肥用量、提升土壤肥力成为农业研究的关键。羊粪作为一种富含营养与微生物的有机肥料，在土壤改良和作物增产中发挥着重要作用。

羊粪的资源化利用主要有三个方向：一是堆肥处理，与秸秆混合进行好氧发酵，制成有机肥料；二是直接施用于农田，增加土壤有机质，改善土壤结构；三是提取有效成分，如氨基酸、蛋白质等，制成生物肥料。

羊粪在土壤中经历微生物分解、有机物矿化及养分释放等转化过程，释放氮、磷、钾等养分供作物吸收。其施用不仅能提高土壤肥力，还能促进作物生长，提升农产品和牧草品质。

为实现羊粪的生态循环利用和地力提升，需构建资源再循环与地力提升技术体系。包括羊粪收集处理、有机肥料施用、农田养分循环管理以及农产品和牧草品质提升等方面的技术。这些技术共同构成了一个完整的体系，有助于推动农业的可持续发展。

（五）多羔羊大循环养殖的保障措施

多羔羊大循环养殖的保障措施涵盖饲料营养、健康防疫、繁殖技术、养殖环境及档案管理等方面。为完善以多羔羊为核心的大农业循环经济保障体系，需结合政府引导和市场机制，构建政策、法律、组织、环境管理及绿色技术支撑体系。政府部门应树立新理念，推进制度创新，建立激励机制，并加大财政投入，加强环境管理。

同时，加强循环经济宣传，提高民众环保意识，激发其发展热情。加快高新技术研发，实现集约型发展，推动养殖、种植、加工等产业有机结合。推进多羔羊养殖产业化发展，调整优化产业结构，建立多级循环产业模式，确保大农业循环经济的持续健康发展。

第三节　多羔羊产业链布局和产研融合发展

多羔羊产业链布局应着眼于整个产业生态，包括育种、养殖、加工、销售等各个环节。通过加强产学研合作，推动科技创新和产业升级，实现多羔羊产业的融合发展。在育种环节，应加大对多羔羊品种的研发和选育力度，提高品种质量和繁殖性能。在养殖环节，应推广先进的养殖技术和管理经验，提高多羔羊的饲养效益和羊肉品质。在加工环节，应采用先进的屠宰技术和设备，提高羊肉的卫生质量和加工效率。在销售环节，应积极开展市场调研和品牌建设，拓宽销售渠道和提高产品附加值。通过多羔羊产业链布局和产研融合发展，可以推动多羔羊产业的健康发展，提高养殖端的收入水平，满足消费者对高品质羊肉的需求。

一、多羔羊场建设在饲料充足的区域

多羔羊场建设在饲料充足的区域是非常重要的，因为多羔羊的饲养需要充足的粗饲料。在选择场址时，除了依据国家规定，选择地势高、排水良好、通风干燥的地带设立畜禽养殖场，以及远离生活饮用水源地、居民区、交通干线等敏感区域外，还应特别考虑农作物秸秆资源的丰富程度。

新建的大规模多羔羊养殖场最好选址在农作物秸秆资源丰富的区域，例如黄金玉米带。这样可以确保羊场粗饲料的充足供应，并减少运输成本。所谓“千里运粮，百里运草”正是这个道理。考虑到秸秆运输成本较高，农作物秸秆建议适宜的运输距离为50km以内，有助于秸秆在当地得以消化，降低多羔羊养殖成本，为农业产业的融合发展创造条件。在农作物秸秆资源丰富的区域建设多羔羊场，可以利用当地的资源优势，提高多羔羊的饲养效益和羊肉品质。同时，还可以促进农业产业的融合发展，推动当地经济的发展和农民的增收。

在建设多羔羊场时，还应考虑环保和可持续发展的要求。可以采用先进的养殖技术和管理经验，提高多羔羊的饲养效益和羊肉品质，同时减少对环境的污染。可以利用粪便等废弃物进行有机肥料的生产，实现资源的循环利用。

多羔羊场建设还应考虑环保和可持续发展的要求，实现资源的循环利用，推动农业产业的融合发展。例如，在沙漠边缘任性选址建设超大规模羊场，显然会导致运营成本高涨。由于沙漠地带缺乏农作物秸秆等粗饲料资源，羊场需要长距离运输饲料，增加了运输成本。同时，沙漠地带的气候条件恶劣，需要投入更多的资金进行基础设施建设和维护。此外，羊粪堆积如山也会对环境造成污染和危害，需要投入更多的资金进行清理和处理。因此，在沙漠边缘任性选址建设超大规模羊场并不是明智的选择，应该充分考虑当地的自然条件和资源状况，合理选址和建设。

二、学科联动创新产研融合发展

农业产业化以产业链、价值链等现代产业组织方式融入农业，促进一二三产业融合互动，成为农业发展大趋势与转型新方向。产业融合是指不同产业间在技术与制度创新的推动下相互渗透、交叉，优化资源配置，形成新产业的过程。

多羔羊养殖业与种植业的融合遵循生物链循环逻辑，提高资源利用率，形成生态农业新业态，保护生态环境。当前，多羔羊养殖企业已初步探索畜产品加工、餐饮、电商销售等融合模式，如桐乡运北秸秆利用合作社与临海间山乔多羔羊场的实践。

然而，多羔羊产业融合仍面临诸多挑战，需加强学科联动、产学研合作，推动科技创新与产业升级；加强政策引导与扶持，促进规范化、规模化、集约化发展；加强市场开拓与品牌建设，提升产品知名度与美誉度；加强人才培养与引进力度，提高企业竞争力。

在产业融合背景下，多羔羊养殖业应实现规模化、集约化、生态化、融合化、可持续化发展，挖掘其经济、文化、社会、生态等多重功能及附加值。当前，多羔羊养殖业在融合方面尚处于初级阶段，多数企业观望态度明显，生存空间受限，亟须加强产业融合。

技术创新与应用是推动多羔羊产业融合的关键。当前，技术创新与应用尚未与实际生产充分融合，成为制约产业化发展的主要瓶颈。因此，应着重于高端羊肉生产及精深加工技术的创新，融入中医保健理念，提升产品产业层次。同时，加强学科交叉融合，促进技术创新与成果转化，加快产业融合进程，提升多羔羊养殖产业综合竞争力。

三、利用互联网优化多羔羊产业融合链

互联网技术迅猛发展，逐渐渗透到农业生产和经营环节，形成新型产业形态，如物联网、电商平台、产业互联网等，对农业产生深远影响。产业互联网以某一产业为核心，通过计算机网络和通信工具，打破地域限制，将多方参与者紧密联结，构建虚拟产业集群和资源整合平台，实现资源互利共享。互联网技术已成为推动产业融合、优化产业链的重要工具，具有巨大的经济效益潜力。

在规范化多羔羊种羊场中，计算机技术应用于系谱及生产性能数据整理与管理，提升了育种效率。监控摄像头组成的初级物联网已在大规模养殖中实际应用，但完整的多羔羊产业互联网尚未建立。政府推动畜牧领域广泛应用互联网技术优化生产管理，如奶牛生产性能测定（DHI）系统实现云端登记和档案管理，大北农集团创立的“猪联网”平台整合产业链资源，提高生产效率。

为深化多羔羊产业信息化，需借鉴国内外经验，强化产学研合作，研发符合特色的信息化管理系统。借助物联网、大数据、人工智能等技术，实现全链

条智能监控与管理，提升效率和经济效益。同时，构建稳固的产业互联网平台，确保产业链无缝对接，促进产业升级。国家应加大扶持力度，出台政策激励技术创新。此外，加强与国际先进企业的交流与合作，引进技术和管理经验，提升国际竞争力。

互联网技术还优化了交易环节，通过产业互联网实现集群内部成员无缝衔接，拓展交易渠道，降低交易成本。大数据估算市场价格，避免讨价还价。电子支付方式保障双方利益，为信用和贷款提供依据。产业互联网实现要素快速整合与交换，实现各环节无缝对接。多羔羊养殖业借助互联网有望实现更好发展，同时获得更广阔的市场空间和商业机会。然而，目前仍面临信息化程度不足、数据安全等问题，需政府、企业等加强合作，推动数字化转型和升级。总之，产业互联网对多羔羊养殖业发展具有重要意义，未来有望实现更高效、可持续的发展。

四、推进横向产业融合，实现区域产业联动，壮大休闲农业规模

休闲农业对城乡一体化、农业产业结构优化、农民增收及劳动力安置具有显著推动作用。养羊业作为动物农业的重要组成部分，亦实现了快速发展。在特定地域范围内，多羔羊养殖业与种植业深度融合，巧妙整合食、住、行、游、购、娱六大要素资源，构建横跨多子产业的融合性经营主体。此模式不仅促进了农业子产业间的联动发展，推动了循环农业、绿色农业和有机农业的进步，还降低了交易成本，显著提升了农业经济效益。

种养融合模式实现了农业生态系统内各子产业间的互补与协同，提升了资源利用效率。例如，养殖业废弃物可作为优质有机肥料，而种植业产出又可转化为养殖饲料，形成良性生态循环。此举不仅提升了农产品品质与安全性，满足了消费者对健康环保食品的需求，还为休闲农业增添了丰富内涵与多样性。该模式对美丽乡村建设及农村环境改善具有积极效应。通过科学规划与合理布局，实现养殖业与种植业紧密衔接，减少污染物排放，改善农村环境质量。同时，结合生态农业与有机农业发展策略，推动农村经济绿色化转型，实现经济与环境和谐共生。

实现融合性经营模式需整合区域产业特色资源，创新多种融合模式，如多羔羊养殖业与种植业、经济林、蚕桑业、水产养殖业等融合。开发特色旅游产品，满足游客需求，提升农业附加值与市场竞争力。同时，形成一村一品牌，增强游客对当地文化的认同感。然而，多羔羊产业在融合发展过程中仍面临产

业结构待优化、产业链待完善、技术创新不足等问题。因此，需政府、市场和社会三方共同发力，形成合力推动产业融合发展。

未来，多羔羊养殖业应逐步向规模化、集约化、融合化、生态化和可持续化转变。通过科学规划和设计，塑造崭新的产业形态，为产业融合奠定基础。同时，构建立体式融合型经营主体，促进家庭经营、龙头企业和合作经营主体一体化发展。

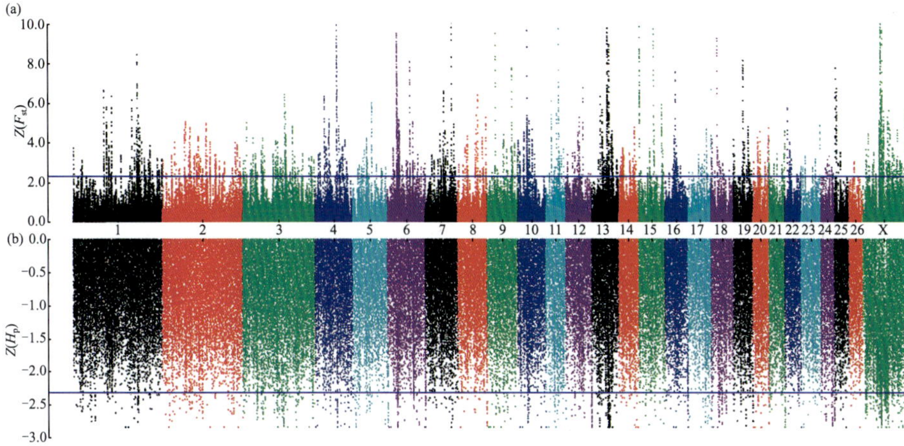

图 3-4　湖羊产羔数全基因组选择信号检测
(a) $Z(F_{st})$ 曼哈顿图；(b) $Z(H_p)$ 曼哈顿图

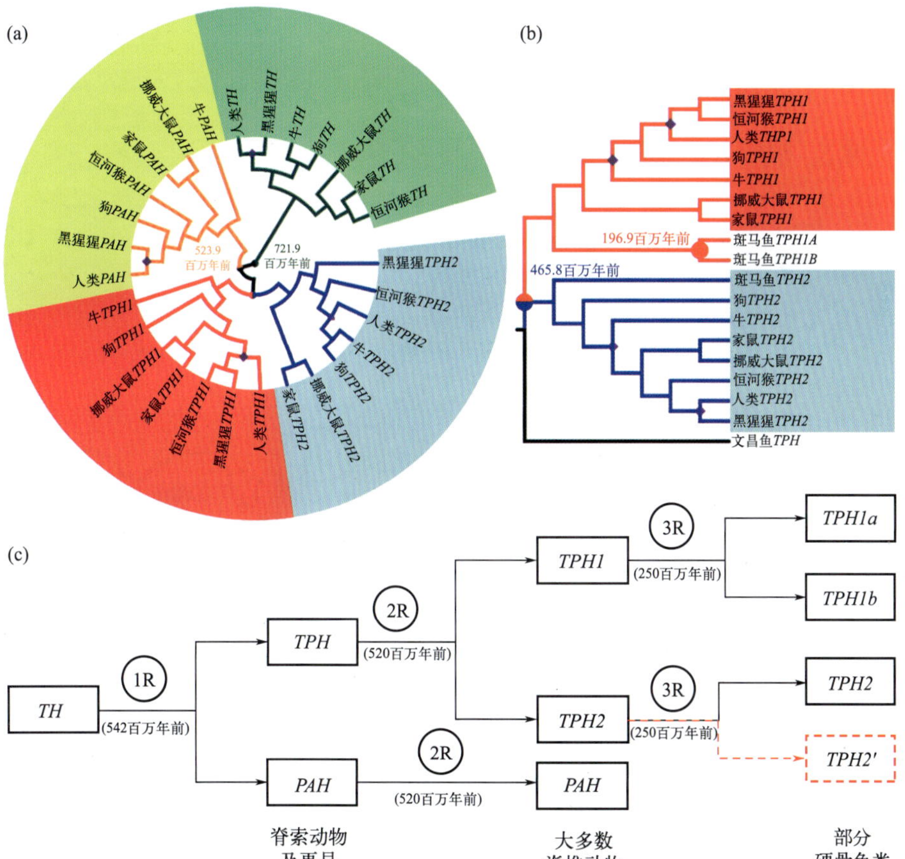

图 4-4　*TPH* 基因家族各成员的进化历史和分化时间
(a) *TPH* 基因家族的系统发生树；(b) *TPH* 基因家族进化历史；(c) 五种 *TPH* 基因复制过程示意图

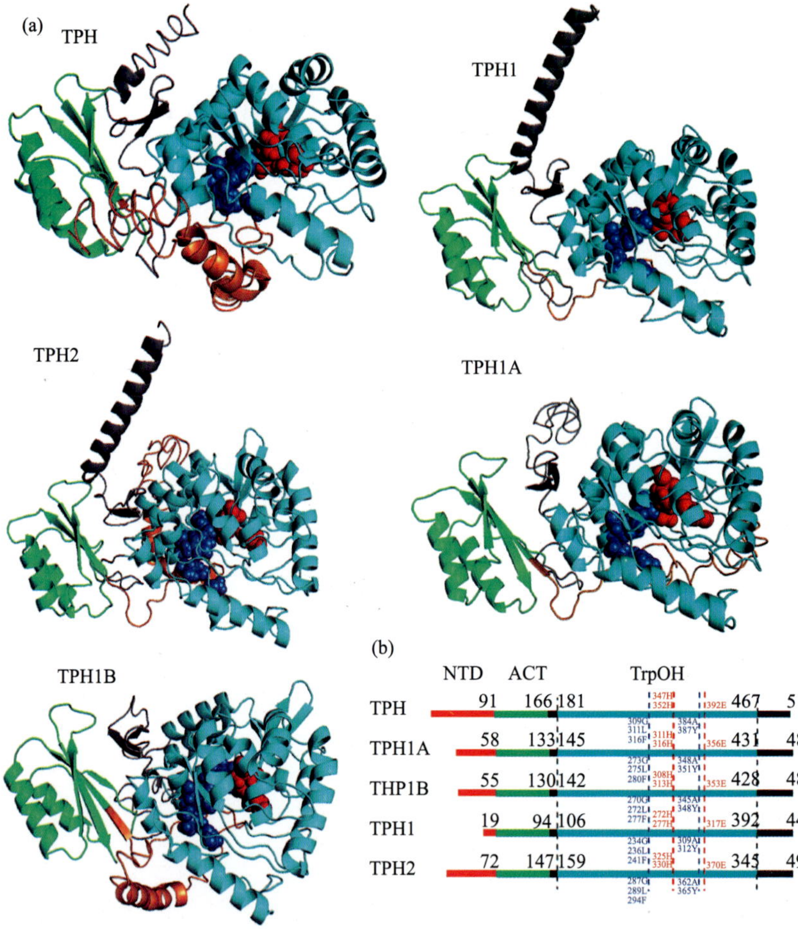

图 4-5 五种 TPH 蛋白三维结构和保守域

(a) 五种 TPH 蛋白的三维结构示意图；(b) 五种 TPH 蛋白的保守域示意图

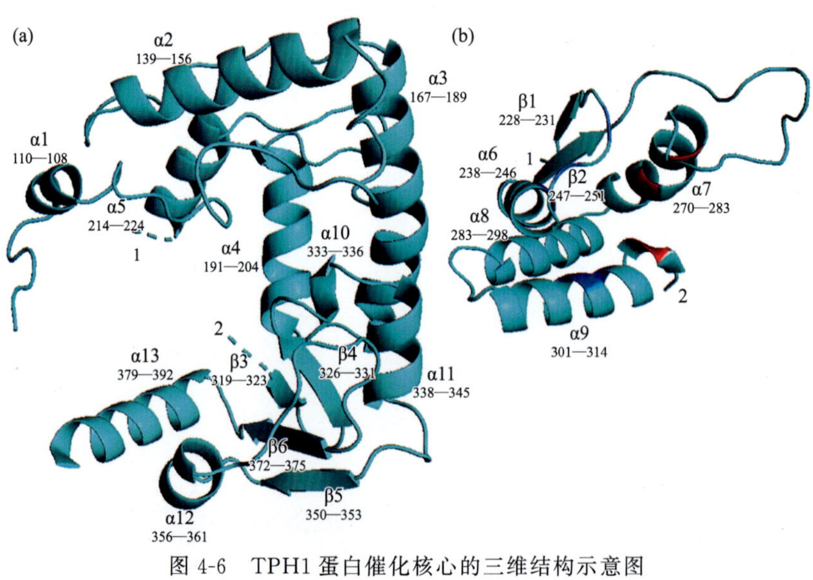

图 4-6 TPH1 蛋白催化核心的三维结构示意图

(a) 外层三维结构示意图；(b) 内层三维结构示意图

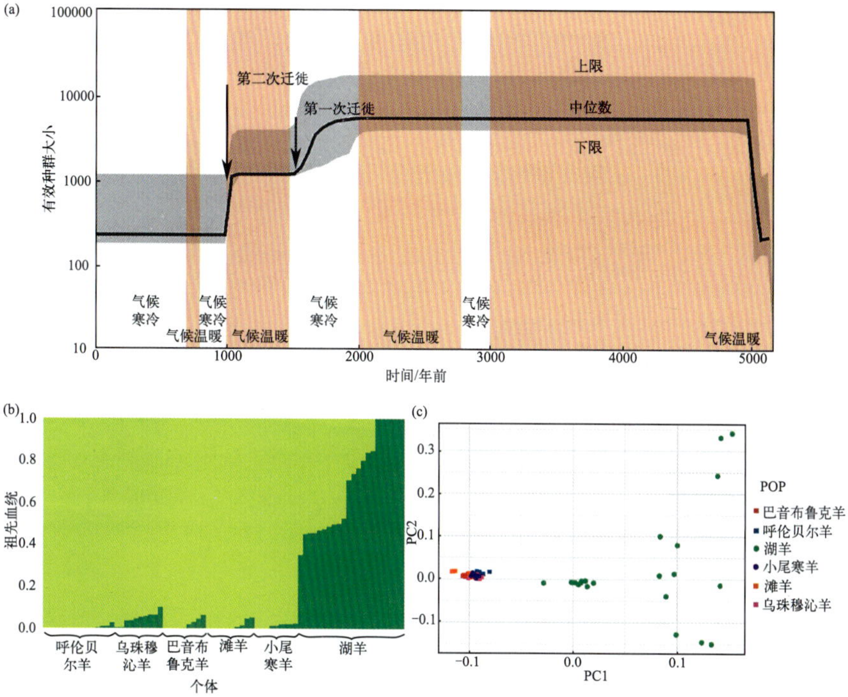

图 4-7　6 种蒙系绵羊的迁徙历史和亲缘关系

(a) 蒙系绵羊随时间的有效群体规模变化曲线；(b) 基于常染色体 SNP 的祖先预测结果；(c) 6 种蒙系绵羊间的遗传距离

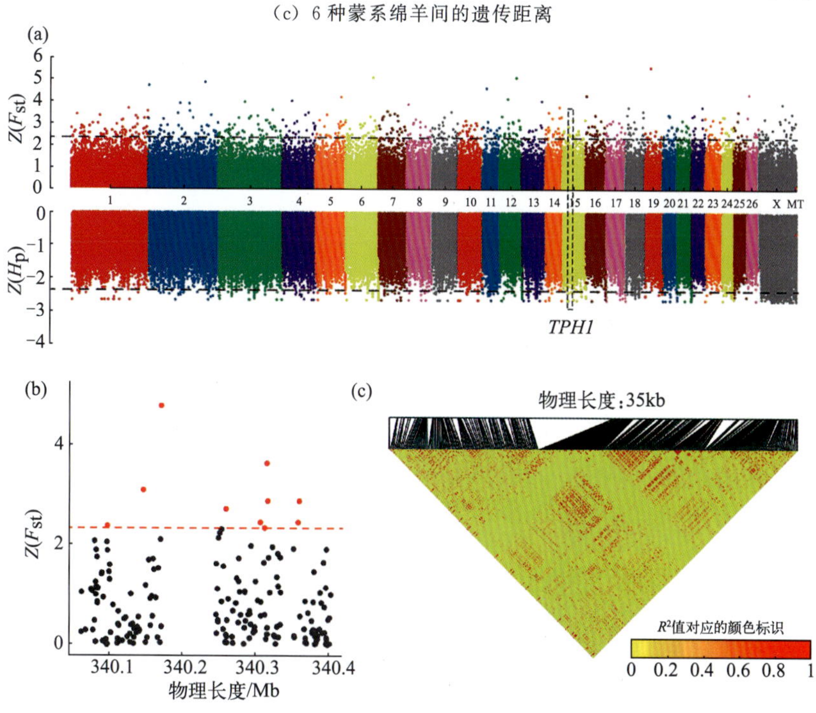

图 4-8　蒙系绵羊 6 个群体中与季节性繁殖相关的正选择信号

(a) 滑动窗口法检测全基因组中正选择信号的结果示意图；

(b) *TPH1* 基因在季节性繁殖组和非季节性繁殖组间的正选择信号检验结果示意图；

(c) *TPH1* 基因所有变异的连锁不平衡情况

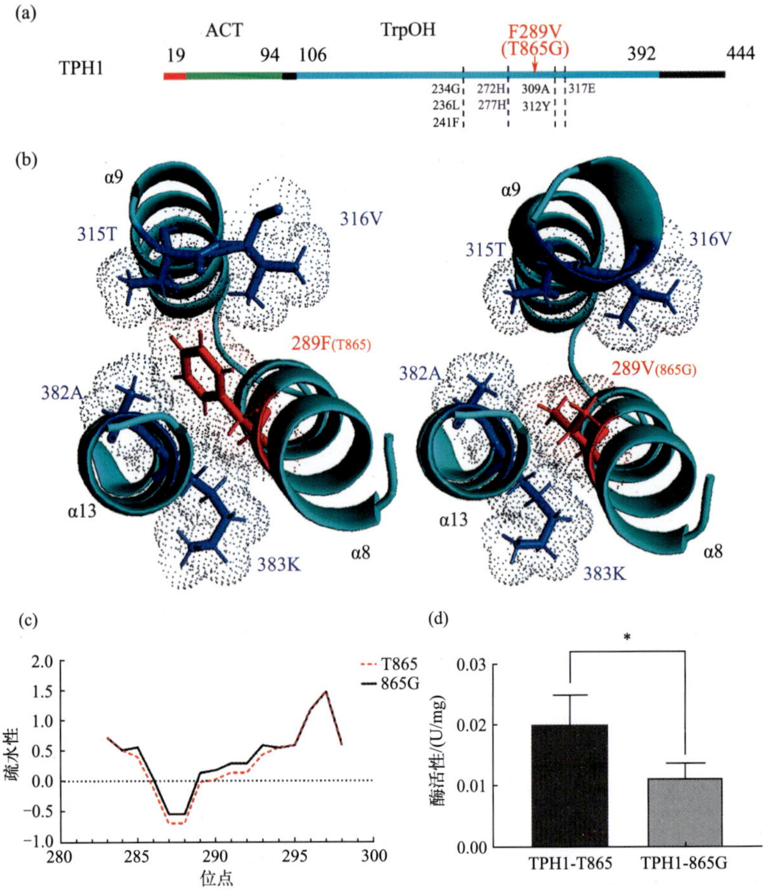

图 4-9　T865G 突变引起的氨基酸和酶活性中心疏水性变化

(a) TPH1 蛋白保守域预测结果；(b) TPH1 蛋白三维结构图；
(c) T865 与 865G 的疏水性；(d) TPH1-T865 与 TPH1-865G 的酶活性

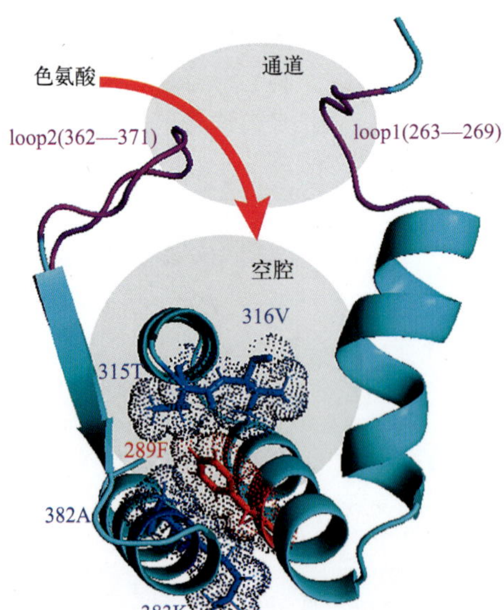

图 4-10　TPH1 蛋白酶活性中心与色氨酸结合的示意图